U0724817

Gaodeng Zhiye Xuexiao
Gonggongke Xilie Jiaocai

■ 高等职业学校公共课系列教材

职业素质教育
——职场篇

ZHIYE SUZHI JIAOYU——ZHICHANG PIAN

主　编◎冯天江　张洪林

副主编◎周　政　谭祥菊　罗亚霖　肖云瀚　陈　鹏

参　编◎刘怡然　谭建蓉　钱美容

重庆大学出版社

图书在版编目（CIP）数据

职业素质教育. 职场篇 / 冯天江, 张洪林主编.
重庆 : 重庆大学出版社, 2024. 10. -- (高等职业学校
公共课系列教材). -- ISBN 978-7-5689-4733-6

Ⅰ. B822.9

中国国家版本馆CIP数据核字第2024457ZB5号

职业素质教育——职场篇

ZHIYE SUZHI JIAOYU —— ZHICHANG PIAN

主　编　冯天江　张洪林

副主编　周　政　谭祥菊　罗亚霖　肖云瀚　陈　鹏
参　编　刘怡然　谭建蓉　钱美容
策划编辑：顾丽萍
责任编辑：李桂英　　　版式设计：顾丽萍
责任校对：关德强　　　责任印制：张　策

*

重庆大学出版社出版发行
出版人：陈晓阳
社址：重庆市沙坪坝区大学城西路21号
邮编：401331
电话：（023）88617190　88617185（中小学）
传真：（023）88617186　88617166
网址：http://www.cqup.com.cn
邮箱：fxk@cqup.com.cn（营销中心）
全国新华书店经销
重庆华林天美印务有限公司印刷

*

开本：787mm×1092mm　1/16　印张：14.75　字数：352千
2024年10月第1版　　2024年10月第1次印刷
印数：1—3 000
ISBN 978-7-5689-4733-6　定价：49.00元

前　言

在快速变化的世界中，个人成长和职业发展是每个人都必须面对的重要课题。为了更好地应对未来的挑战，我们需要深入认识自我，明确自己的兴趣、性格和优势，同时积极融入社会和职场，不断提升自己的能力和素质。

本书旨在帮助读者全面了解个人成长、职业发展和社会对职业素质的基本要求等各个方面，提供实用的方法和策略，助力读者在职业生涯中取得更好的成长。通过本书的学习，读者可以更好地认识自我，了解自己的兴趣、性格和优势，明确自己的职业目标和方向。同时，本书还介绍了融入社会和职场的必备知识和技能，帮助读者更好地适应职场环境，处理好与企事业单位、同事、上司和客户之间的关系。

模块一，引导读者进行自我认识与定位。通过认识自我、职业兴趣探索和职业性格探索，读者可以更好地了解自己的内心世界和潜在能力，为自己的职业生涯打下坚实的基础。同时，我们还将探讨如何创造自己的职业品牌，提升个人在职场中的知名度和影响力。

模块二，重点关注融入社会与职场适应。正确看待社会、职场礼仪及职场适应与压力管理是每个人都需要掌握的基本技能。通过本模块的学习，读者可以更好地了解社会和职场的规则和文化，掌握与人交往的礼仪和技巧，提高自己的适应能力和抗压能力。

模块三，带领读者走进企业，了解企业的规章制度和职业化要求。通过认识与遵守企业规章制度及走进企业，我们需要职业化等任务的学习，读者可以更好地适应企业环境，提升自己的职业素养和综合能力。

模块四，探讨学会吃亏的智慧。吃亏是福，通过吃亏的经历我们可以学到很多宝贵的经验。本模块将引导读者学会调整心态、平衡竞争与分享的关系，从而在吃亏中获得成长和进步。

模块五，专注于善于与人沟通的能力。高效的沟通技巧训练和建立良好的人脉网络是提升个人影响力和实现职业目标的重要途径。通过本模块的学习，读者可以掌握有效的沟通技巧和方法，扩大自己的人脉圈子，提高自己的社交能力。

模块六，提升团队协作精神与领导力。团队合作的重要性不言而喻，而领导力则是实现团队目标的关键因素。本模块将探讨团队建设与维护方法、团队角色认知与定位及领导力的提升等方面的内容，帮助读者成为优秀的团队成员和领导者。

模块七，强调做一个靠谱的人的重要性。兑现承诺、保证质量是做一个靠谱的人的基本准则。通过本模块的学习，读者可以培养自己的责任心和诚信意识，成为别人值得信赖的人。

模块八、模块九，分别培养读者的写作能力和口语表达能力。学会写策划方案、写合同及演讲、谈判等技能是职场中不可或缺的能力。通过本模块的学习，读者可以提升自己的写作水平和口语表达能力，更好地应对工作中的各种挑战。

模块十，激发读者内在追求卓越的精神。战略思维、关注组织与平台建设及跨部门合作等内容将帮助读者提升自己的综合素质和竞争力，实现个人和组织的共同发展。

本书是一本全面而实用的个人成长和职场发展指南。通过本书的学习，读者可以更好地认识自我、融入社会和职场、提升个人素质和能力，实现自己的职业目标和梦想。我们衷心希望本书能成为读者成长道路上的良师益友，陪伴读者走向更加美好的未来！

本书的编写人员均是从事高等职业院校教育的德育工作者和一线教师，具有丰富的经验，既有高职教育的针对性，又有拓展训练的延展性。全书由冯天江、张洪林担任主编，周政、谭祥菊、罗亚霖、肖云瀚和陈鹏担任副主编，刘怡然、谭建蓉和钱美容参与编写。

本书在编写过程中，借鉴和参考了许多同类教材和文献资料，汲取了其中精髓，同时引入了一些专家和企业家的理论观点，也得到了广大师生的支持和帮助，在此表示衷心感谢！

由于编者水平有限，加之时间仓促，书中存在的疏漏和不足之处，敬请广大读者批评指正，以便更好地修订和完善。

编　者

2024 年 4 月

目录

C O N T E N T S

自我认识与定位

模块导读

　　在这个快速变化的时代，了解自我并找到与之匹配的职业方向显得尤为重要。本模块旨在帮助你深入探索自我，从认识自我、职业兴趣、职业性格到打造个人职业品牌，一步步引导你走向职业发展的清晰路径。通过本模块的学习，你将更加明确自己的优势和潜力，为未来的职业生涯做好充分准备。

学习目标

1. 深入了解自己的兴趣爱好和擅长领域。
2. 探索适合自己的职业类型和工作环境。
3. 学会如何有效地展现自己的个人特色和价值。
4. 初步构建个人职业品牌，提升职场竞争力。

知识图谱

自我认识与定位

- 自我认识：我是谁
  - 认识自我
  - 自我认识的途径
  - 自我意识测评

- 职业兴趣探索：我喜欢做什么
  - 霍兰德职业兴趣六边形概述
  - 霍兰德职业兴趣六边形的构成要素
  - 霍兰德职业兴趣六边形的应用
  - 霍兰德职业兴趣六边形的关键及内在关系

- 职业性格探索：我适合做什么
  - 迈尔斯-布里格斯类型指标（MBTI）的主要特征
  - 了解职业性格测试和测试结果样例
  - 进行 MBTI 性格测试
  - 正确看待 MBTI 性格测试

- 创造自己的职业品牌
  - 关注自己的职业品牌
  - 个人职业品牌的价值
  - 塑造自己的职业品牌

扫码下载
模块学习资料

任务一　认识自我：我是谁

任务准备

（1）通过阅读材料，反思对自我认知的困惑，如自信与自卑的矛盾。

（2）探索自我意识的内涵，包括自我认识、自我体验和自我监控，以及其价值。

（3）了解自我意识的三个组成部分：自我认识、自我体验和自我监控，并学习如何培养和运用。

任务实施

（1）接受自我：教育学生正确对待自己的优点和缺点，认识到每个人都有各自的天赋和客观环境的差异，强调接受自我是改变自我和实现自我价值的前提。

（2）克服自卑：通过理解自卑的三种表现和克服自卑的方法，如正确评价自己、设定目标、增加社交等，帮助学生建立自信。

（3）面对挫折：阐述挫折的积极作用，鼓励学生培养积极的人生态度，学会处理个人得失，寻求支持，从挫折中学会成长。

任务分析

一、认识自我

（一）认识自我的重要性

认识自我是职业素质教育的核心组成部分，它对于个体的职业发展具有深远的影响。自我认识有助于个体了解自己的兴趣、价值观、能力和个性特点，从而为职业规划和发展提供重要的参考依据。通过深入了解自己，个体可以更好地选择适合自己的职业方向，提高职业满意度和成就感。同时，自我认识还可以帮助个体在职业生涯中不断适应变化，提高自己的职业适应能力。

（二）正确看待自我

认识你自己，首先要肯定自己的价值。在人生的长河中，我们都是孤独的旅者，但我们并不是无依无靠的。我们的存在，就像一幅未完成的画卷，等待着我们去填满每一处空白。而在这场旅行中，我们的第一步便是认识自己，肯定自己的价值。

每个人都是独一无二的存在，都有自己独特的光芒和价值。不要轻易否定自己，不要因为外界的眼光而贬低自己的存在。当你开始更加清晰地了解自己，认识到自己的优点和不足时，你就会发现自己的潜力和可能性。

回顾过去的自己，你会看到自己的成长和变化。从儿时的无知到现在的成熟，每个阶段都有它的意义和价值。同时，你也会意识到自己在成长过程中受到了哪些人和事的影响，这些经历如何塑造了现在的你。

在这一过程中，保持客观和理性至关重要。不要被个人情感左右，避免过度自信或自卑。如果发现自己的看法与他人存在较大的偏差，不妨静下心来思考一下原因所在。通过深入剖析自己的内心世界，你将能够更好地认识自己，找到适合自己的道路。

记住，这是一个持续不断的旅程。随着时间的推移和经验的积累，你的自我认知将会越来越深入。不要急于求成，享受这个过程，让自己成为更好的自己。

1. 接受自我

要正确地认识自我，首先要接受自我，就是要树立起"坚信每个人都有其独特的价值和潜力，值得被发掘和实现"的思想。每个人都有自己的天赋，也有自己的客观环境。我们如果只看重天赋，那只是看到了事物的一半，而且是比较容易做到的一半。另一半就是自我的客观现实，它是通过学习、锻炼和争取的一半，是可以改变的一半。因此，首先要接受自我，才能改变自我，也才能达到自我实现。接受自我的方法包括以下四种。

①正确地对待自己的短处。

②避免总是拿自己的短处与他人的长处竞争。

③积极地进行自我调控。

④注重培养和体验乐观向上的情绪。

2. 克服自卑

要正确地认识自我，就要克服自卑的心理。自卑是个体对自身价值的低估和否定，常伴随着自我贬低和消极情绪。这种心理状态可能导致个体在面对挑战时缺乏自信，容易因一时的挫败而对自己产生怀疑，进而可能陷入自责和愧疚的旋涡。长此以往，自卑感还可能使个体在社交中感到不安和退缩，从而影响人际关系的建立和维护。同时，自卑也可能削弱个体的进取心和竞争意识，使他们在追求目标的过程中难以充分发挥自己的潜力，享受不到成功的喜悦和满足感。

自卑心理的三种表现：胆怯封闭、自傲逼人、跟随大流。

自卑者的典型心理：消极看问题、自怨自艾、意志消沉、多疑、高兴不起来、老是想扫兴的事和不愿改变等。

克服自卑心理的方法有以下六种。

①正确地评价自己和别人，尺有所短，寸有所长。

②反复暗示：我能行，我还可以。

③树立适当的奋斗目标，正确地表现自己（多做一些力所能及的事，通过小的成功克服自卑心理）。

④增加交往，学会调控自己情绪的方法。

⑤积极参加各种活动，扬长避短、体验成功。

⑥设法正确地补偿、奖励自己。

3. 学会面对挫折与困难

历史上的伟人往往经历过许多艰难困苦，挫折不仅是我们成长道路上的忠实伙伴，更是疗愈心灵的良药，以及构筑人生基石的重要元素。要全面了解自己，就必须学会勇敢面对挫折。

挫折是一个人从事有目的的活动时，遇到阻碍和干扰，需求得不到满足所表现出的一种消极情绪。人生难免会遇到挫折，没有经历过挫折和失败的人生是不完整的。人就是在挫折和失败中，不断地认识自我、体验自我而成长起来的。

在人生的道路上挫折和失败是不可避免的，但是我们完全有办法应对它。应对挫折的办法有以下五种。

①培养积极向上的人生态度。

②不要过分计较个人得失。

③转移和分散注意力。

④主动找知心朋友谈心，寻求支持和安慰。

⑤吸取教训，重新认识自我。

二、自我认识的途径

（一）自我探索

自我探索是个体了解自己的基本途径。通过深入思考和反思，个体可以逐渐认识自己的兴趣、价值观、能力和个性特点。自我探索包括以下四个方面。

1. 兴趣探索

了解自己的兴趣和爱好是自我认识的重要组成部分。个体可以通过尝试不同的活动、阅读、旅行等方式来发现自己的兴趣所在。例如，如果一个人对艺术有浓厚的兴趣，他可以参加美术课、音乐会等活动来进一步探索自己的兴趣。

2. 价值观探索

价值观是个体行为的指导原则，它决定了个体对事物的评价和选择。通过思考自己的信仰、道德观念和生活目标，个体可以了解自己的价值观。例如，一个人可能非常重视家庭和人际关系，他的价值观可能包括对亲情、友情和爱情等方面的偏好与取向。

3. 能力探索

了解自己的能力和技能是自我认识的另一个重要方面。通过参加考试、竞赛或实践活动，个体可以评估自己的能力水平。例如，一个人可能发现自己在数学方面有天赋，他可以通过参加数学竞赛来进一步发展自己的数学能力。

4. 个性探索

了解自己的性格和个性特点对于自我认识也非常重要。通过观察自己的行为、思考方式和情绪反应，个体可以了解自己的性格特点。例如，一个人可能发现自己是一个内向、细心和耐心的人，这些性格特点使他适合从事需要细致观察和长时间专注的工作。

（二）他人反馈

他人反馈是个体了解自己的重要途径之一。通过与他人的交流和互动，个体可以获得关于自己的信息，从而更全面地了解自己。他人反馈包括以下四个方面。

1. 家人反馈

家人是个体最亲近的人，他们对个体的了解最深入。通过与家人的交流，个体可以了解自己在家庭中的角色和地位，以及家人对自己的期望和看法。例如，一个人的父母可能认为他具备领导才能，鼓励他从事管理工作。

2. 朋友反馈

朋友是个体生活中的重要伙伴，他们可以提供关于个体的直接反馈。通过与朋友交流，个体可以了解自己在社交场合中的表现和人际关系，以及朋友对自己的看法。例如，一个人的朋友可能认为他具有幽默感和沟通能力，这些特质使他在社交场合中备受欢迎。

3. 同事反馈

同事是个体工作中的重要伙伴，他们可以提供关于个体在工作中的表现和能力的反馈。通过与同事交流，个体可以了解自己在团队中的地位和贡献，以及同事对自己的看法。例如，一个人的上司可能认为他具备创新能力和解决问题的能力，这些特质使他在工作中表现出色。

4. 专业人士反馈

专业人士如心理咨询师、职业规划师等可以提供关于个体的专业反馈。通过与专业人士交流，个体可以了解自己的心理状态、职业倾向和发展方向。例如，一个人可能通过心理咨询了解自己的焦虑情绪和应对策略，从而更好地管理自己的情绪和压力。

（三）心理测评

心理测评是个体了解自己的科学途径之一。通过心理测评，个体可以获得关于自己的心理特征、能力水平和职业倾向的客观数据。心理测评包括以下四个方面。

1. 性格测评

性格测评可以帮助个体了解自己的性格类型和特点。例如，MBTI（迈尔斯 - 布里格斯类型指标）是一种常用的性格测评工具，它可以帮助个体了解自己的外向型、内向型、感觉型、直觉型、思考型和情感型等特点。通过性格测评，个体可以了解自己的性格特点和优势，从而选择适合自己的职业方向。

2. 能力测评

能力测评可以帮助个体了解自己的能力水平和兴趣方向。例如，职业能力倾向测验（CPT）是一种常用的能力测评工具，它可以帮助个体了解自己在语言、数学、空间、人际交往等方面的能力水平。通过能力测评，个体可以了解自己的优势和不足之处，从而为职业发展提供有针对性的指导。

3. 价值观测评

价值观测评可以帮助个体了解自己的价值观和人生目标。例如，价值观问卷调查是一种常用的价值观测评工具，它可以帮助个体了解自己对工作、家庭、金钱等方面的看法和态度。通过价值观测评，个体可以了解自己的价值观和人生目标，从而为职业发展提供有针对性的指导。

4. 360° 反馈

360° 反馈是一种收集来自不同角度的反馈意见的工具。通过向同事、上司和下属等不同层级的人征求意见，个体可以了解自己在工作中的表现和影响，从而发现自己的优点和不足之处。360° 反馈可以帮助个体更全面地了解自己的职业形象和发展方向，为职业发展提供有针对性的指导。

三、自我意识测评

（一）自我意识测评的目的

自我意识测评的目的在于帮助个体更全面、客观地了解自己的心理状态、能力水平和职业倾向。通过自我意识测评，个体可以发现自己的优势和不足之处，从而为职业发展提供有针对性的指导。同时，自我意识测评还可以帮助个体提高自我认知水平，增强自我效能感，从而更好地应对职业生涯中的挑战。

（二）自我意识测评的方法

1. 问卷调查法

问卷调查法是一种常用的自我意识测评方法。通过设计问卷，收集个体对自己的看法和评价，从而了解个体的心理状态、能力水平和职业倾向。问卷调查法具有操作简便、数据易于统计和分析等优点。例如，可以设计一份包含多个维度的问卷，如情绪管理、压力应对、团队合作等方面，通过问卷调查了解个体在这些方面的表现和能力水平。

2. 访谈法

访谈法是一种定性的自我意识测评方法。通过与个体进行深入的对话，了解其内心世界、价值观和职业倾向。访谈法可以获得个体的真实想法和感受，但需要较高的技巧和经验。例如，可以与个体进行一对一的访谈，了解其对职业发展的期望和目标，以及其在职业生涯中遇到的挑战和困难。

3. 观察法

观察法是一种直接的自我意识测评方法。通过观察个体的行为、言语和表情等方面，了解其心理状态、能力水平和职业倾向。观察法需要较高的观察力和判断力，但可以获得个体的真实表现。例如，可以观察个体在团队合作中的表现，了解其沟通能力和协作精神等方面的特点。

4. 实验法

实验法是一种科学的自我意识测评方法。通过设计实验，模拟实际情境，了解个体在特定条件下的心理状态、能力水平和职业倾向。实验法具有较高的科学性和可靠性，但需要较长的时间和较多的资源投入。例如，可以设计一项实验，模拟工作场景，了解个体在压力下的表现和应对策略等方面的特点。

（三）自我意识测评的应用

1. 职业规划

通过自我意识测评，个体可以了解自己的兴趣、价值观、能力和个性特点，从而为职业规划提供重要的参考依据。例如，一个人通过测评发现自己对创意工作有浓厚的兴趣，他可以选择从事广告设计或市场营销等职业领域。

2. 职业发展

自我意识测评可以帮助个体了解自己的优势和不足之处，从而为职业发展提供有针对性的指导。例如，一个人通过测评发现自己在沟通能力方面有待提高，他可以参加沟通技巧培训课程，提高自己的沟通能力。

3. 团队建设

在团队建设中，自我意识测评可以帮助团队成员了解彼此的优势和不足，从而更好地发挥各自的优势，弥补不足。例如，在一个团队中，通过自我意识测评发现某个成员具备较强的领导力和组织能力，而另一个成员具备较强的创新思维和解决问题的能力，团队可以根据这些特点合理分配任务和资源。

4. 心理健康

自我意识测评可以帮助个体了解自己的心理状态，及时发现潜在的心理问题，从而采取相应的措施维护心理健康。例如，一个人通过测评发现自己存在焦虑情绪和压力过大的问题，他可以寻求心理咨询或参加放松训练课程来缓解焦虑情绪和压力。

任务二　职业兴趣探索：我喜欢做什么

任务准备

（1）让学生理解兴趣对工作态度和成果的影响，认识到探索职业兴趣对职业选择的重要性。

（2）让学生思考自己是否真正考虑过职业兴趣，以及自己对兴趣的了解程度。

任务实施

（1）通过霍兰德职业兴趣六边形，理解职业兴趣对工作态度和成果的影响，以及如何通过自我评估确定兴趣。

（2）通过活动和案例，如卡夫卡的故事，理解性格与职业匹配的重要性。

任务分析

一、霍兰德职业兴趣六边形概述

霍兰德职业兴趣六边形，又称霍兰德职业兴趣模型，是由美国心理学家约翰·霍兰德提出的。该模型认为，人们可以根据自己的兴趣、能力和价值观分为六种不同的人格类型，即现实型（Realistic, R）、研究型（Investigative, I）、艺术型（Artistic, A）、社会型（Social, S）、企业型（Enterprising, E）和常规型（Conventional, C）。这六种人格类型分别对应不同的职业领域和工作环境，人们可以通过了解自己的人格类型来选择适合自己的职业方向。霍兰德职业兴趣六边形不仅在职业规划和职业发展领域有着广泛的应用，而且对于个人成长和自我实现也具有重要的指导意义。

二、霍兰德职业兴趣六边形的构成要素

（一）现实型（R）

特征：现实型的人喜欢与物体、机器和工具打交道，他们通常具有动手能力和空间感知能力。他们善于解决具体问题，喜欢从事需要体力劳动和操作技能的工作。

职业示例：机械工程师、建筑师、农业从业者、电工等。

发展策略：提升动手能力和空间感知能力；培养解决具体问题的能力；寻找实践机会，如实习、兼职等。

（二）研究型（I）

特征：研究型的人喜欢探索和研究，他们通常具有分析能力和创新能力。他们善于思考和推理，喜欢从事需要智力劳动和创新思维的工作。

职业示例：科学家、研究员、工程师、医生等。

发展策略：培养分析能力和创新能力；参与科研项目，积累实践经验；持续学习，关注最新科技动态。

（三）艺术型（A）

特征：艺术型的人喜欢创造和表达，他们通常具有创造力和想象力。他们善于表达自己的想法和感受，喜欢从事需要创造力和想象力的工作。

职业示例：艺术家、设计师、作家、演员等。

发展策略：培养创造力和想象力；参加艺术培训和实践活动；建立自己的作品集，展示自己的才华。

（四）社会型（S）

特征：社会型的人喜欢与人交往，他们通常具有良好的沟通能力和人际交往能力。他们善于关心他人，喜欢从事需要与人打交道的工作。

职业示例：教师、社会工作者、护士、心理咨询师等。

发展策略：培养沟通能力和人际交往能力；参与志愿服务和社会实践活动；建立良好的人际关系网络。

（五）企业型（E）

特征：企业型的人喜欢领导和管理，他们通常具有领导能力和决策能力。他们善于组织和协调资源，喜欢从事需要领导和管理的工作。

职业示例：企业家、经理人、销售人员、市场营销专家等。

发展策略：培养领导能力和决策能力；学习市场营销和企业管理知识；积累创业经验，了解市场需求。

（六）常规型（C）

特征：常规型的人喜欢稳定和有序，他们通常具有细致入微的观察力和执行力。他们善于处理数据和信息，喜欢从事需要细致入微和有条理的工作。

职业示例：会计师、行政人员、文秘、数据分析师等。

发展策略：培养细致入微的观察力和执行力；学习财务管理和数据分析技能；保持工作环境的整洁和有序。

三、霍兰德职业兴趣六边形的应用

（一）职业选择

通过了解自己的人格类型和兴趣倾向，选择适合自己的职业方向。例如，一个艺术型的人可能更适合从事设计或表演类的工作，而一个研究型的人可能更适合从事科研或技术开发类的工作。

（二）职业发展

在职业发展过程中，了解自己的人格类型和兴趣倾向可以帮助个人更好地定位自己的优势和不足，从而有针对性地提升自己的能力和技能。例如，一个企业型的人可能需要加强自己的沟通能力和领导力，而一个现实型的人可能需要提升自己的动手能力和空间感知能力。

（三）团队建设

在团队中，了解团队成员的人格类型和兴趣倾向可以帮助管理者更好地分配任务和资源，发挥每个成员的优势。例如，一个社会型的人可能适合担任团队协调者，而一个研究型的人可能适合担任技术顾问。

（四）教育和培训

在教育和培训领域，了解学生或学员的人格类型和兴趣倾向可以帮助教师或培训师更好地设计教学内容和方法，提高教学效果。例如，对于艺术型的学生，可以采用更多的实践和创作活动来激发他们的学习兴趣。

（五）个人成长

了解自己的人格类型和兴趣倾向不仅有助于职业规划和发展，还可以促进个人成长和自我实现。通过发掘自己的潜力和兴趣，个人可以找到真正适合自己的生活方式和发展方向。

霍兰德职业兴趣六边形（图1-1）是一种实用的职业规划和职业发展工具。通过了解自己的人格类型和兴趣倾向，选择适合自己的职业方向，并不断提升自己的能力和技能，可以更好地实现个人职业目标。同时，建立人脉网络和持续学习也是职业发展过程中不可忽视的重要环节。

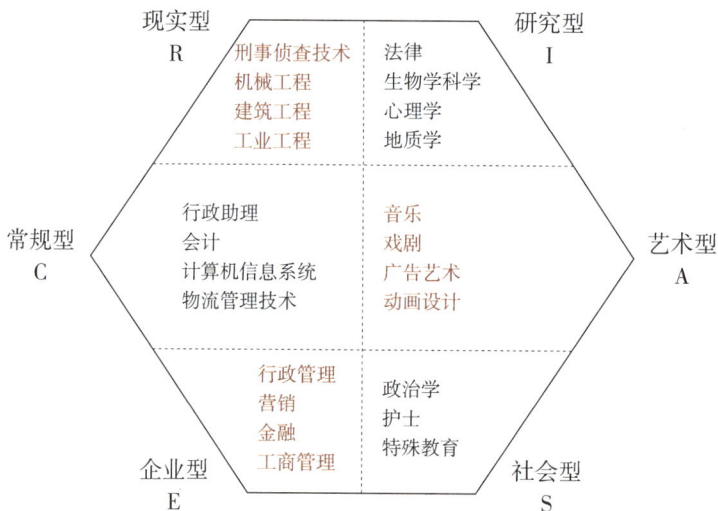

图 1-1　霍兰德职业兴趣六边形

四、霍兰德职业兴趣六边形的关键及内在关系

理解霍兰德职业兴趣六边形模型的关键有以下三点。

①个体之间在人格方面存在着本质差异。

②个体具有不同的类型。

③当工作环境与人格类型协调一致时，会产生更高的工作满意度和更低的离职可能性。

霍兰德所划分的六大类型，并不是并列的，图 1-1 霍兰德职业兴趣六边形有着明晰的边界，它们之间存在如下的内在关系。

①相邻关系，如 RI、IR、IA、AI、AS、SA、SE、ES、EC、CE、RC 及 CR，属于这种关系的两种类型的个体之间的共同点较多，现实型 R、研究型 I 的人就都不太偏好人际交往，这两种职业环境中也都较少有机会与人接触。

②相隔关系，如 RA、RE、IC、IS、AR、AE、SI、SC、EA、ER、CI 及 CS，属于这种关系的两种类型个体之间的共同点较相邻关系少。

③相对关系，在六边形上处于对角位置的类型之间即为相对关系，如 RS、IE、AC、SR、EI 及 CA，相对关系的人格类型的共同点少，因此，一个人同时对处于相对关系的两种职业环境都兴趣很浓的情况较为少见。

任务三　职业性格探索：我适合做什么

任务准备

（1）通过阅读相关资料，让学生思考、理解个体差异，准备进行 MBTI 性格测试。

（2）让学生根据自己的想法，分析出未进行 MBTI 测试前自己适合从事什么职业。

（3）通过课堂提问，引导学生对自己的职业性格进行思考。

任务实施

（1）使用迈尔 - 斯布里格斯类型指标（MBTI）识别个体性格，如 E/I、S/N、T/F、J/P，理解性格与职业选择的关系。

（2）通过活动和案例，如卡夫卡的故事，理解性格与职业匹配的重要性。

（3）让同学们分组讨论，正确看待自己和他人的 MBTI 测试结果。

任务分析

一、迈尔斯 - 布里格斯类型指标（MBTI）的主要特征

迈尔斯 - 布里格斯类型指标（Myers-Briggs Type Indicator, MBTI）是一种广泛使用的心理评估工具，旨在帮助人们了解自己的性格类型、偏好和行为模式。MBTI 基于瑞士心理学家卡尔·荣格的理论，由美国心理学家伊莎贝尔·迈尔斯和凯瑟琳·库克·布里格斯母女二人发展而成。MBTI 将人们的性格类型划分为 16 种，每种类型由四个字母组成，分别代表不同的性格特征。

（一）外向（E）与内向（I）

这一维度描述了个体在获取能量方面的差异。外向者倾向于从与他人的互动中获得能量，他们乐于参与社交活动，享受与人交流的乐趣。相比之下，内向者倾向于从独处中获得能量，他们更喜欢独自思考和内省，避免过多的社交活动。

（二）感觉（S）与直觉（N）

这一维度涉及信息的接收和处理方式。感觉型个体注重现实和具体的信息，他们倾向于依赖五官感知和实际经验来了解周围的世界。相反，直觉型个体倾向于关注潜在的可能性和抽象概念，他们善于从大局出发，预测未来的趋势和发展。

（三）思考（T）与情感（F）

这一维度描述了决策时的考量因素。思考型个体在做决策时侧重逻辑和客观性，他们倾向于分析事实和数据，以做出最合理的选择。相反，情感型个体更注重人际关系和价值观，他们在做决策时会考虑他人的感受和需要，力求做出公正与和谐的决定。

（四）判断（J）与感知（P）

这一维度描述了个体对外部世界的态度。判断型个体倾向于有计划和组织，他们喜欢制订明确的目标和计划，以确保事情能够按计划进行。相反，感知型个体更加灵活和开放，他们倾向于适应变化和接受新的信息，以保持对周围环境的敏感度。

二、了解职业性格测试和测试结果样例

职业性格测试是一种评估工具，旨在帮助个人了解自己的职业倾向、兴趣和能力，以便更好地规划职业生涯。MBTI 性格测试是其中一种常见的职业性格测试，它通过一系列问题来评估个体的性格类型。

测试结果样例：

假设一个人完成了 MBTI 性格测试，结果显示其性格类型为 INTJ（内向、直觉、思考、判断）。这意味着他倾向于独立思考、追求完美、有强烈的目标导向和决策力。他可能适合从事需要高度分析和创新能力的职业，如工程师、科学家或企业家。

测试结果样例：

假设一个人完成了 MBTI 性格测试，结果显示其性格类型为 ENFP（外向、直觉、情感、感知）。这意味着他热情、创意丰富、善于沟通，并乐于探索新的可能性。他可能适合从事需要创造力和人际交往能力的职业，如广告创意、公关或心理咨询。

三、进行 MBTI 性格测试

（一）MBTI 性格测试流程

1. 选择合适的测试工具

选择一个经过验证的 MBTI 测试工具，确保测试的准确性和可靠性。可以选择在线测试平台或纸质测试问卷。在选择测试工具时，注意查看其背景信息、测试流程和结果解释等方面的资料，以确保其科学性和有效性。

2. 认真回答问题

在测试过程中，认真回答每个问题，不要急于选择答案，确保回答真实地反映了自己的性格和偏好。每个问题都有四个选项，分别对应不同的性格特征。根据自己的情况选择最符合自己的选项。在回答问题时，尽量保持客观和诚实，不要受到外界因素的干扰或影响。

3. 完成测试后，仔细阅读结果

完成测试后，仔细阅读并理解你的性格类型描述。注意测试结果中提到的优点和潜在的改进领域。性格类型描述通常包括自己的性格特点、优势、潜在的挑战以及适合的职业领域等方面的信息。仔细阅读并理解这些信息，以便更好地了解自己的性格和职业倾向。

4. 结合自己的实际情况

将测试结果与自己的实际情况相结合，考虑自己的兴趣、价值观和职业目标。这将有助于个体更好地理解自己并做出明智的职业选择。结合实际情况时，可以考虑自己的教育背景、工作经历、兴趣爱好等方面的因素，以确保职业选择与自己的实际情况相匹配。

5. 寻求专业指导

如果对测试结果有疑问或需要进一步的职业规划建议，个体可以寻求专业的职业规划师或心理咨询师的指导。他们可以提供个性化的建议和支持，帮助个体更好地规划职业生涯。在寻求专业指导时，可以向他们说明自己的情况和需求，以便他们提供更有针对性的建议和支持。

（二）识别自己的性格

1. 选择适合你的模式

阅读下面每一对描述，选择其中在大多数情况下最像你的一个。你必须设想最自然状态下的自己，你在没有别人观察情况下的举动。

①关于你精力的描述，哪一种模式更适合你？是 E 还是 I？

E	I
喜欢行动和多样性	喜欢安静和思考
喜欢通过讨论来思考问题	喜欢讨论之前先进行独立思考
采取行动迅速，有时不作过多的思考	在没有搞明白之前，不会很快地去做一件事情
喜欢观察别人是怎么做事的，喜欢看到工作的结果	喜欢理解工作的道理，喜欢一个人或很少的几个人干事
很注意别人是怎样看自己的	为自己设定标准

②下面是一些处理信息的方式，哪一种模式与你更接近？是 S 还是 N ？

S	N
主要是通过过去的经验去处理信息	主要是通过分析事实所反映出来的意义以及两者之间的逻辑关系去处理信息
愿意用眼睛、耳朵和其他器官去察觉新的可能性	喜欢用想象去发现新的做事方法感受事物
讨厌出现新问题，除非存在标准的解决方法	喜欢解决新问题，讨厌重复地做同一件事
喜欢用已会的技能去做事而不愿去学习新的东西	与其说练习旧技能，不如说更愿意运用新技能
对于细节很有耐心，但当出现复杂情况时则开始失去耐心	对于细节没有耐心，但不在乎复杂情况

③下面是描述你做决定的方式，哪一种模式与你更接近？是 T 还是 F ？

T	F
根据逻辑决策	根据个人感受和价值观决策，即使它们可能不合逻辑
愿意被公正和公平地对待	喜欢被表扬，喜欢讨好他人，即使在不太重要的事情上也是如此
可能不知不觉地伤害别人的感情	了解和懂得别人的感受
更关注道理或事情本身，而非人际关系	能够预计到别人会如何感受
不太关注和谐	不愿看到争论和冲突，珍视和谐

④下面是描述你日常生活的方式，哪一种模式更接近你？是 J 还是 P ？

J	P
预先制订计划，提前把事情落实和决定下来	保持灵活性，避免做出固定的计划
总想让事情按"它应该的样子"进行	轻松应对计划外和意料外的事情
喜欢先完成一件工作后，再开始另一件	喜欢开展多项工作
可能过快地做出决定	可能做决定太慢
按照不轻易改变的标准和日程表生活	根据问题的出现不断改变计划

2. 确定你的 MBTI 组合

回顾前面的 4 个选项，哪些类型（E/I、S/N、T/F、J/P 每组二选一）更接近于你？你的职业性格的四个字母是什么？这就是你的 MBTI 组合。

需要说明以下注意事项。

① MBTI 并不适合所有的个体。

②将测评结果与自己在生活中的经历和体验结合起来考虑。

③随着自我了解加深，MBTI 的测评结果可能会发生变化。

④思考自己个性特征在生活中的优势和不足，避免自身的局限，发挥长处。

四、正确看待 MBTI 性格测试

MBTI 性格测试是一个有用的工具，可以帮助个人了解自己的性格类型和职业倾向。然而，它并不是绝对准确的，也不应该被视为唯一的职业规划依据。以下是一些关于如何正确看待 MBTI 性格测试的建议。

（一）理解测试的局限性

MBTI 性格测试只能提供有限的信息，不能全面描述一个人的性格和能力。它不能预测个人的未来发展或成功与否。因此，在使用 MBTI 性格测试时，应将其视为一个参考工具，而不是绝对的标准。

（二）结合其他评估工具

除 MBTI 性格测试外，还可以使用其他职业评估工具，如霍兰德职业兴趣量表、斯特朗兴趣量表等。这些工具可以提供不同角度的信息，帮助个体更全面地了解自己。结合使用多种评估工具可以提供更全面的信息，帮助个体更好地了解自己的职业倾向和兴趣。

（三）保持开放心态

不要让 MBTI 性格测试限制你的职业选择。即使测试结果显示你适合某种类型的工作，也可以尝试探索其他领域。保持开放的心态，勇于尝试新的事物可以帮助你发现自己的潜力和兴趣所在，从而做出更好的职业选择。

（四）不断学习和成长

无论你的性格类型如何，都需要不断学习和成长。通过不断地学习和实践，你可以提升自己的能力和技能，增加职业发展的可能性。不断学习和成长可以帮助你适应不断变化的职业环境和市场需求，从而保持职业竞争力。

（五）寻求专业指导

如果个体对 MBTI 性格测试或职业规划有疑问或需要帮助，可以寻求专业的职业规划师或心理咨询师的指导。他们可以提供个性化的建议和支持，帮助个体更好地规划职业生涯。在寻求专业指导时，可以向他们说明自己的情况和需求，以便他们提供更有针对性的建议和支持。

任务四 创造自己的职业品牌

任务准备

（1）理解个人品牌的价值，准备塑造个人职业形象。

（2）让学生根据自己的想法及相关测试结果，思考自己的职业品牌。

（3）通过课堂提问，引导学生对自己的职业品牌进行思考。

任务实施

（1）找准职业定位，提升职业品牌的知名度、美誉度和忠诚度，过好品德关、技能关和结果关。

（2）让学生理解个人品牌是职业生涯的无形资产，通过明确定位、提升技能和创造成果，建立个人品牌，为职业发展铺路。

任务分析

进入职场，就意味着接下来的很多年我们要进入为之奋斗打拼的职业生涯。很多人以为职业只是一种谋生的手段，在哪里工作都是一样的，现在的工作达不到自己的要求，那就换一家，重新开始。但是，职场和经营一家公司有着同样的属性，工作产出就是我们自己创造的产品，我们所服务的企业就是我们的客户。

从进入职场的第一天开始，每个人都开了一家以自己的名字命名的"人生公司"，这家公司的产品就是我们自己的工作产出，而这家公司的客户就是我们服务的企业。

"客户"的满意度将影响我们的"人生公司"的发展，有些人经过多年的职业经营之后，"客户"的好评如潮，他的"人生公司"就逐渐成为"知名品牌"，职业发展越来越好；有些人的"人生公司"则从成立就开始走下坡路，直到有一天面临"倒闭"，他的职业生涯则会越走越难，直到生命耗尽，也未能实现人生价值。

一、关注自己的职业品牌

在当今社会，品牌的力量不容忽视。无论是购买商品还是选择服务，品牌往往是我们首要考虑的因素之一。品牌不仅代表着一种标志或名称，它更是一种信任、一种承诺和一种价值的象征。个人品牌同样如此，它是我们在社会中的一张名片，代表着我们的形象、信誉和专业能力。

想象一下，你是一家公司的创始人，你的公司在市场上已经取得了一定的知名度，但你并不满足于此。你希望进一步提升公司的品牌价值，吸引更多的客户，扩大市场份额。于是，你开始注重品牌的塑造和推广。你投入大量资金进行广告宣传，提升公司的知名度；你优化产品质量，确保客户的满意度；你积极参与公益活动，提升公司的社会责任感。这些努力逐渐得到了回报，公司的品牌价值逐年提升，吸引了更多的优质客户。

同样地，个人品牌的建设也需要我们用心去经营。我们需要通过不断学习和实践，提升自己的专业能力和知识水平；我们需要保持良好的品德和行为，树立正面的形象；我们需要主动展示自己的才华和成就，让更多的人了解和认可我们。

随着时间的推移，我们的名字也会成为一种品牌。每一次的成功合作、每一次的创新突破、每一次的真诚服务，都是对这个品牌的一次加固和提升。那些拥有强大个人品牌的人，往往能够在职业生涯中获得更多的机会和资源。他们的名字本身就代表着一种信任和品质保障，使他们在竞争中脱颖而出。

因此，无论我们处于哪个阶段、从事什么工作，都应该重视个人品牌的建设。它不仅是我们职业发展的基石，更是我们在社会中展示自我价值的重要途径。让我们从现在开始，用心去打造和维护自己的品牌，让它成为我们成功的助力和保障。

二、个人职业品牌的价值

个人职业品牌是有价值的，品牌的不同意味着你在未来能够赢得的机会不同，同样也意味着你在未来能够获得的职业回报不同。

（一）赢得他人的信赖，从而得到更多的发展机会

在职场中，建立良好的人际关系固然重要，但赢得他人的信赖更深层次地依赖于个人职业品牌的塑造。一个职业品牌美誉度高的人，其专业能力和工作态度得到广泛认可，从而更容易获得他人的信任和支持。这种信赖不仅有助于个人职业关系的建立，而且在更广泛的范围内为个人的职业发展创造更多机会。

以短视频博主 papi 酱为例，她通过创作内容独特、风格鲜明的短视频，成功地在观众心中建立了鲜明的个人品牌形象。她的成功不仅在于视频内容受欢迎，更在于她作为创作者的个人品牌已经深入人心，使观众对她的新作品始终抱有高度期待。这种品牌效应为她带来了大量的粉丝和商业合作机会，实现了个人品牌价值的显著提升。

在个人职业生涯中，我们都希望能够实现持续的价值增长。拥有强大的个人品牌，意味着我们的专业能力和工作成果更容易得到认可，这将直接转化为更高的职业满意度和成就感。例如，一位软件工程师通过不断学习和实践，不断提升自己的编程技能和项目管理能力，他开发的软件产品在市场上获得成功，他的名字也因此成为技术领域内的一个品牌。随着他参与更多重要项目并取得成功，其个人品牌价值不断累积，为他赢得了更高级别的职位和更丰厚的薪酬待遇。这种基于个人品牌的职业成长，不仅体现在当前的工作岗位上，更将影响到他未来的职业机会和发展路径。

（二）降低他人对你的认知成本

拥有个人品牌的人，往往已经在公众心中留下了深刻的印象。以马云、雷军和罗永浩为例，他们分别是阿里巴巴、小米和锤子科技的创始人。即使你没有见过他们，也很可能在各种媒体渠道上看过他们的演讲、文章或视频，听过他们的创业故事，或是了解过他们的行业观点。这些信息帮助你在心里形成了对他们的初步认知。

相比之下，没有个人品牌的人想要让他人了解并信任自己，就像是在茫茫人海中寻找知音。这不仅需要耗费大量的时间和精力去接触和交流，甚至可能需要借助一些外部条件

或资源来辅助建立这种认知。因此，拥有个人品牌对于个人的发展至关重要，它不仅能够加速他人对自己的了解过程，还能够在很大程度上决定这种了解的深度和广度。

（三）给自己更高的溢价

同样的商品、服务，你比别人的价格高，而且你的推广成本要比没有品牌的个人或者公司要低得多，也就意味着有更大的利润空间。

（四）在职场拿到话语权

个人品牌的建立，赋予了我们言论更大的分量。正如那些知名企业家，他们的每一次演讲都能引起广泛的关注和讨论。个人品牌不仅是我们专业能力的体现，更是我们独特见解的标志。只有通过明确表达自己的独立思考和独到的观点，我们才能在人群中脱颖而出，产生深远的影响，从而在激烈的竞争中占据一席之地。

三、塑造自己的职业品牌

（一）找准职业定位

在个人品牌建设的过程中，找到适合自己的定位至关重要。这个定位应该基于你的兴趣和擅长领域，同时既要避免盲目追求高远目标，也不能过于保守，要切实可行。在当前市场竞争激烈的环境下，定位还应注重差异化，挖掘并展现出自己独特的优势，无论是文字表达、视频制作还是音乐才艺等。只有这样，你的个人品牌才能在众多竞争者中凸显出来，吸引更多的关注和认可。

（二）建设好你职业品牌的知名度、美誉度和忠诚度

塑造你的职业品牌，建设好你职业品牌的知名度、美誉度和忠诚度。

1. 知名度

知名度是你能否进入他人视线的基础。如果你总是回避发言，不愿参与问题解决，甚至在集体活动中也找借口缺席，那你就在无形中放弃了提升知名度的机会。

要知道，职场上的每一次亮相，都是建立个人品牌的契机。只有敢于表达，乐于分享，你的存在感才会被更多人感知，你的名字才会在人们的口中频繁出现。

2. 美誉度

美誉度关乎你的职业形象和他人对你的评价。真正有价值的评价往往来自私下，如果你能够在日常工作中展现出卓越的能力和积极的态度，赢得同事和上级的尊重和信任，你的美誉度自然会有所提升。

当你的专业能力和工作表现得到认可时，你就会在需要帮助时得到更多人的支持，这对于你的职业发展无疑是加分项。

3. 忠诚度

忠诚度在企业看来是衡量员工价值的重要指标。想象一下，如果你的简历上充斥着频繁的跳槽记录，甚至在新旧东家之间存在不良记录，这无疑会让潜在的雇主对你的忠诚度产生怀疑。

企业更倾向于将重要岗位交给那些忠诚可靠的员工。虽然跳槽本身并不是问题，但频繁的跳槽和不正当的竞争行为可能会损害你的职业声誉，限制你的职业发展。

所以忠诚度在一个人的职业发展中特别重要，不要触及忠诚度这个底线。当然，忠诚

度并不是员工对企业的单向付出，而是双向的。

企业都希望内部的核心岗位由自主培养人才担任，这样对于企业来讲才是安全的，对于员工也意味着更好的发展机会。

企业当然不愿意把重要岗位的机会给到一个随便就会跳槽的人，因为给了也是白给，还不如给到那些愿意珍惜的人。你有选择的自由权，可以选择忠诚，也可以选择离开，但所有的结果都需要自己承担。

（三）过好你职业品牌经历的品德关、技能关和结果关

个人职业品牌的成长，需要经历品德关、技能关和结果关。

1. 品德关

品德关的主要构成包括忠诚、敬业、感恩、负责，这是所有企业看中的一关，也是个人职业品牌发展的重要一关。

在职场中，一个人的品德是衡量其职业素养和可信度的重要标准。一个优秀的员工应该具备忠诚、敬业、感恩和负责任的品质，这些都是企业评价员工的重要依据，同时也是个人职业品牌建立的关键要素。

从历史和现代来看，无论是在国家层面还是企业层面，品德都被视为选拔人才时的重要考量因素。例如，蒙牛集团前总裁牛根生曾强调，蒙牛在用人方面遵循的原则是优先选择德才兼备的人才，对于仅有德行而缺乏才能的人要谨慎使用，而对于只有才能却缺乏道德品质的人则坚决不用。这样的用人策略充分体现了企业对员工品德的要求。

在个人职业发展的过程中，注重品德的修养是至关重要的。只有具备良好的品德，才能赢得他人的信任和尊重，从而建立起稳固的职业品牌。因此，忠诚、敬业、感恩和负责任的精神应当成为每位职场人士的必备素质，这样才能在竞争激烈的职场中脱颖而出，实现长期的职业成功。

2. 技能关

如果说品德是个人职业品牌的基础，那么技能则是个人职业发展的阶梯，只有技能得到发展，个人职业品牌才能够朝着更高的目标发展。

技能关包括知识、技术、能力、智慧、经验等综合素质。把脑袋装得再满一些，把技术提升得再精一些，不断让自己的职业技能提升和发展，你就会在职业发展阶梯上爬得更高。

3. 结果关

有德有才就足够了吗？不是，现在的职业竞争非常激烈，机会总是少的，而和你一样希望得到机会的人却非常多。

所以，除德才兼备外，还要用结果说话，企业更愿意将机会给到那些在过去创造更好工作结果的员工。要用结果证明自己，在每一次机会来临时抓住它，并不断地创造更好的结果。

在新的工作环境中，你的起始表现将为未来奠定基调。无论面对何种任务，始终保持专注和专业，将最初的几项工作完成得尽善尽美，这不仅是展现能力的舞台，也是赢得更多机会的关键。

　　想象职场如同构筑一座大厦，你的职业生涯就是这漫长的建筑过程。大厦建成后，好坏已定，再无回头路。你将独自居住于此，体验其中的酸甜苦辣。

　　作为初入职场的新人，你需要为这座大厦打好地基。珍惜每一天，把握每一个机会，认真对待每一项工作，持续提升自己，力求使这座个人职业品牌的大厦不仅稳固无比，而且外观出众。今日的辛勤耕耘，将为你明天的辉煌成就奠定基石，你必将因今日的努力而收获更丰硕的果实。

模块二
融入社会与职场适应

模块导读

    在踏入职场之前，了解社会规则、掌握职场礼仪以及学会应对职场压力是每位求职者必须面对的挑战。本模块将带你逐步了解这些关键要素，教你如何正确看待社会、展现专业的职场礼仪以及有效管理职场压力。通过这些学习内容，你将更快地融入职场，成为一名优秀的职场人。

学习目标

1. 树立正确的社会观念，积极面对社会挑战。
2. 熟练掌握基本的职场礼仪，展现良好的职业形象。
3. 学会有效应对职场压力，保持积极的工作态度。
4. 快速融入职场环境，提升职业发展速度。

知识图谱

融人社会与职场适应
- 正确认识社会
  - 你追求什么
  - 正确认识社会与自己
  - 做正确的事情
- 职场礼仪
  - 认识礼仪、个人职场礼仪和办公室礼仪
  - 个人职业形象
- 职场适应与压力管理
  - 职场适应策略与技巧
  - 压力识别与评估
  - 压力缓解方法与实践

扫码下载
模块学习资料

任务一　正确认识社会

任务准备

（1）引导学生反思人生目标，思考个人追求与社会价值的关系。

（2）分析社会现象，如成功、健康、家庭、诚信、团队合作等，帮助学生树立正确的价值观。

（3）培养阳光心态，理解社会的多元性，明确个人在社会中的定位。

任务实施

（1）讨论成功标准的多样性，强调事业有成、健康长寿、家庭和睦等多维度的成功。

（2）分析案例，如李嘉诚的商业道德观，教育学生在追求金钱和权力时保持道德底线。

（3）讨论诚信缺失的社会现象，分析其原因和影响，强调诚信的重要性。

任务分析

一、你追求什么

（一）职业追求的内涵

1. 职业追求的定义

职业追求是指个人在职业生涯中所追求的理想状态、目标和价值观。它是个人职业发展的动力和方向，是决定个人职业选择和努力方向的关键因素。

2. 职业追求的重要性

职业追求对于个人职业生涯的成功至关重要。首先，它能够帮助个人明确自己的职业方向和目标，从而有针对性地进行职业规划和发展。其次，职业追求能够激发个人的积极性和创造力，促使个人不断学习和进步，提升自己的职业素质和能力。最后，职业追求还能够帮助个人在职业生涯中做出正确的决策，避免走弯路和浪费时间。

3. 职业追求的类型

根据个人的价值观和目标不同，职业追求可以分为多种类型。例如，有些人追求物质利益，希望通过工作获得高薪和晋升；有些人追求个人成就，希望在工作中发挥自己的才能和创造力；还有些人追求社会责任，希望通过工作为社会做出贡献。这些不同类型的职业追求反映了个人的不同价值观和目标，也决定了个人的职业选择和努力方向。

（二）如何确定自己的职业追求

1. 自我评估

要确定自己的职业追求，首先需要进行自我评估，包括了解自己的兴趣、特长、价值观和目标等方面。通过自我评估，可以发现自己的优势和不足，从而明确自己的职业方向和目标。例如，小王通过自我评估发现自己对市场营销感兴趣，并且具备较强的沟通能力和创新思维，因此，他决定将市场营销作为自己的职业追求。

2. 了解行业动态和发展趋势

了解行业动态和发展趋势是确定职业追求的重要依据。通过了解行业的发展趋势和未来需求，可以预测哪些职业领域有发展潜力和前景。例如，随着互联网技术的快速发展，电子商务行业迅速崛起。小杨敏锐地察觉到这一趋势，决定将电子商务作为自己的职业追求。他通过学习和实践，逐渐掌握了电子商务的运营和管理知识，最终在行业内取得了成功。

3. 寻求职业咨询和指导

寻求职业咨询和指导是确定职业追求的有效途径。职业咨询师和导师可以根据个体的情况和需求，为个体提供职业发展的建议和指导。他们可以帮助个体了解自己的优势和不足，明确自己的职业方向和目标。例如，张女士在职业规划方面感到迷茫和困惑，于是，她寻求了职业咨询师的帮助。职业咨询师通过与她交流和咨询，了解了她的兴趣、特长和价值观等方面的信息，随后，为她提供了职业发展的建议和指导，帮助她明确了自己的职业方向和目标。

4. 实践和体验

实践和体验是确定职业追求的重要手段。通过实践和体验，可以了解自己的职业兴趣和适应性，从而确定自己的职业方向和目标。例如，李明在大学期间参加了多次实习和社团活动，通过实践和体验发现自己对软件开发感兴趣，于是，他决定将软件开发作为自己的职业追求。他通过不断学习和实践，逐渐掌握了软件开发的技能和知识，最终在行业内取得了成功。

5. 持续学习和成长

随着社会的不断发展和变化，职业要求也在不断提高，因此，持续学习和成长是确定职业追求的必要途径。通过不断学习和成长，可以提升自己的职业素质和能力，适应职业生涯中日益复杂的工作环境和市场需求。例如，王五在职业生涯中不断学习和成长，掌握了最新的市场营销理念和策略。他通过不断学习和实践，逐渐提高了自己的市场营销能力，取得了良好的业绩。

（三）职业追求与价值观的关系

1. 价值观的定义

价值观是指个人对事物价值的判断和评价标准。它决定了个人对事物的态度和行为方式，是个人行为的内在动力和准则。

2. 价值观与职业追求的关系

职业追求与价值观密切相关。一个人的职业追求往往反映了他的价值观和目标。例如，一个追求物质利益的人可能会选择高薪的职业，一个追求个人成就的人可能会选择具有挑战性的职业，一个追求社会责任的人可能会选择公益性质的职业，因此，明确自己的价值观对于确定职业追求至关重要。

3. 如何确定自己的价值观

确定自己的价值观需要进行深入的思考和反思。可以通过阅读、旅行、参加社交活动等方式来拓展自己的视野和知识面，了解不同的文化和思想。同时，还需要关注自己的内心感受和需求，了解自己真正重视的东西是什么。例如，陈七通过阅读和旅行了解了不同的文化和思想，逐渐明确了自己的价值观。他认为人生的意义在于追求自己的梦想和目标，为社会做出贡献，因此，他选择了一份具有挑战性和社会责任感的职业。

4. 如何将价值观融入职业追求

将价值观融入职业追求需要在实际工作中体现自己的价值观和目标。可以通过选择符合自己价值观的职业领域、积极参与公益活动、关注社会问题等方式来实现这一目标。例如，赵八选择了一份符合自己价值观的职业领域，积极参与公益活动，关注社会问题。他通过自己的努力和行动，实现了自己的职业追求和人生价值。

5. 价值观的变化与调整

随着时间的推移和经验的积累，个人的价值观可能会发生变化和调整，因此，需要不断反思自己的价值观是否仍然符合自己的需求和目标，并根据实际情况进行调整。例如，孙九在职业生涯中发现自己的价值观发生了变化，他开始关注社会问题和可持续发展，因此，他调整了自己的职业追求，选择了一个与社会责任相关的职业领域。他通过自己的努力和行动，为社会做出了贡献。

（四）如何实现职业追求

1. 制定明确的职业规划

要实现职业追求，首先需要制定明确的职业规划，包括设定具体的职业目标、制订实现目标的计划和行动步骤等。通过制定明确的职业规划，可以帮助个人有针对性地进行职业发展和努力。例如，周十制定了一份详细的职业规划，设定了具体的职业目标和实现目标的计划和行动步骤，她按照计划逐步实现了自己的职业目标。

2. 提升职业素质和能力

提升职业素质和能力是实现职业追求的关键因素，可以通过参加培训课程、阅读书籍、与他人交流等方式来提升自己的专业知识和技能，同时，还需要注重培养自己的沟通能力、团队合作能力和创新思维能力等。例如，王五通过参加培训课程和阅读书籍不断提升自己的市场营销知识和技能。他还注重培养自己的沟通能力和团队合作能力等，最终在市场营销领域取得了成功。

3. 建立良好的人际关系

建立良好的人际关系对于实现职业追求至关重要。可以通过积极参与社交活动、与同事建立良好的合作关系、尊重他人等方式建立良好的人际关系，同时，还需要注重培养自己的沟通能力和人际关系管理能力等。例如，赵六通过积极参与社交活动和与同事建立良好的合作关系，建立了良好的人际关系。

4. 保持积极的心态和持续的努力

保持积极的心态和持续的努力是实现职业追求的必要条件。在职业生涯中可能会遇到各种挑战和困难，但只要保持积极的心态和持续的努力，就能够克服困难并取得成功。例如，孙七在职业生涯中遇到了很多挑战和困难，但他始终保持积极的心态和持续的努力。他不断学习和进步，最终克服困难并取得了成功。

二、正确认识社会与自己

如何看待社会上的种种现象，需要我们应用唯物辩证法和灰度思维方式，结合自己的阳光心态，正确地认识社会和自己的定位。

（一）正确认识社会现象

1. 什么是成功

在当今社会，对于成功的评价标准存在着显著的偏差。许多人将成功等同于物质财富的积累，认为登上富豪榜就是人生巅峰。这种观念在某种程度上反映了社会对物质主义的过度推崇。

然而，财富并非成功的唯一标准。事实上，过度追求财富可能导致人们忽视其他重要的生活领域，如家庭、健康和个人成长。成功的定义应该更加多元化，包括个人成就、社会贡献和个人幸福等多个方面。

此外，名声也常被视为成功的象征。在社交媒体盛行的时代，拥有大量粉丝和关注度似乎成为衡量成功的重要指标。然而，这种名声往往是短暂的，而且可能建立在表面的光鲜之上，缺乏深度和实质的价值。

同时，做官在某些文化中也被视为成功的标志之一。然而，这种观念可能导致人们过于追求权力和地位，而忽视了个人的道德和价值观。这种追求可能会导致不道德的行为和决策，最终损害社会的整体利益。

因此，我们需要重新审视成功的定义，并树立更加全面和深入的价值观。成功不仅是外在的成就和荣誉，更是内在的成长和满足。我们应该追求那些能够带来长期幸福和满足感的目标，而不是仅仅追求短期的物质利益和名声。

同时，我们也应该尊重每个人的选择和价值观。每个人都有权利定义自己的成功，不必受到社会标准的束缚。我们应该鼓励多样性和包容性，让每个人都能够找到属于自己的成功之路。

总之，成功是一个复杂且多维的概念，不能简单地用财富、名声或权力来衡量。我们应该树立全面的价值观，尊重个体差异，并追求真正的成功，即个人的全面成长和幸福。

（1）事业有成是相对的

每个人都渴望在事业上取得成功，但成功的定义因人而异，取决于个人的期望和满足程度。如果个体对自己的现状感到满足，那么就可以认为自己是成功的。相反，即使个体拥有财富、房产和豪车，但仍对现状感到不满意，那么可能也会被视为不成功。

每个时代都有其独特的楷模，成功的标准也随之变化。在战争年代，将军的英勇和领导才能是成功的象征；在和平年代，经济和科技的快速发展则催生了新的成功楷模，如"80后"企业家。因此，我们需要用开放的心态和变化的眼光来看待成功，理解它是多元化的，与时代背景紧密相关。

（2）父母在堂及健康长寿

有些人在追求成功的过程中，无法在家人需要时给予关爱和支持，比如在父母生病时无法照顾他们，或者在伴侣和孩子需要陪伴时缺席。这样的成功似乎失去了其应有的意义。

如果社会普遍采取这种做法，那么老年人可能缺乏必要的关怀，配偶可能感到被忽视，子女可能缺乏适当的教育和指导。这不仅会影响家庭的和谐，也会对社会的整体稳定构成威胁。

因此，我们需要重新审视成功的定义，将家庭的天伦之乐和对家人的关爱纳入考量。年轻人应该将孝顺父母、确保他们的健康作为衡量自己成功的重要指标之一。这样，我们才能在追求个人成就的同时，维护家庭和社会的和谐与稳定。

（3）家庭和睦的幸福生活

我们时常目睹一些人在获得社会认可的成功后，却面临家庭内部的混乱和问题，这样的状况令人质疑其成功的真实价值。家庭是构成社会的基本单元，是维系社会和谐的核心力量，同时也是个人在面对职业挑战时的坚强后盾。

在追求事业发展的道路上，困难和挫折是不可避免的。有句话说"成功者往往是孤独的"，意指在追求成功的过程中，个人可能会经历孤独和压力。然而，一个和谐美满的家庭环境可以为个体提供情感支持和精神慰藉，成为他们克服困难、继续前进的动力源泉。

因此，我们应该认识到，真正的成功不仅体现在职业成就上，更在于能否在家庭生活中找到平衡和满足。一个健康和谐的家庭关系，不仅是个人幸福的基石，也是推动社会持续进步与和谐发展的重要因素。

（4）履行对后辈的教育责任

家庭的整体幸福和成员的共同成长才是衡量成功的全面标准。父母不应仅专注于个人事业的辉煌，而应兼顾对子女的正确教育和引导。

在履行教育下一代的责任时，父母自身的行为至关重要。如果父母经常熬夜打牌，或是沉迷于喝酒，却期待孩子能够考入顶尖大学，这样的家庭教育方式是不合适的。即使父母经济条件优越，但若在家庭教育和个人品德上未能做好表率，这样的家庭也难以称为真正成功。

（5）自己身心健康快乐

多年来，媒体和有关部门所塑造的成功人物形象往往与健康问题相伴，有些人因长期带病工作而早逝。然而，健康才是成功的基石，因为只有健康，我们才能更长久地投入工作，实现更多的可能。

除了身体健康，良好的精神状态也同样重要。一个身心健康的人，能够以积极的态度面对公众，承担责任，并享受生活，这才是真正成功的标志。

（6）社会关系和谐，受人尊重

现代生活的快节奏使人际关系，包括邻里关系，越来越注重实用性，有时甚至以金钱作为衡量标准。但除了物质交往，亲情的温暖和邻里间的相互帮助同样重要。当他人愿意将重要事务托付于你，这不仅是对你能力的信任，也使你成为社区中备受尊敬和喜爱的成员。

2. 为了梦想可以不择手段吗

孔子曾说过："君子爱财，取之有道。"这句话传达了两个信息：君子喜欢财富，但他明白，获取财富必须遵循正当的途径，不能通过不道德的方式来获得。这句话虽然诞生于两千多年前，但至今仍具有警示意义。

在现代社会中，人们为了追求财富常常不择手段，甚至违背道德和良知。尤其是商人，他们常常只考虑利益，不顾及他人的感受和权益。面对食品安全等问题，我们不禁思考：经商是否真的需要不择手段？人活着不仅是为了赚钱，即使商人是以赚钱为目标，也不应该为了追求利益而不顾一切。

请不要带着罪恶的想法去经商，不要欺骗他人，不要占他人便宜。如果你对他人友善，你也会得到他人的善待。这样的生活，何乐而不为呢？

3. 在利益面前，还有理想情怀吗

最近，关于青年一代的话题引发了社会的关注。本是最富朝气锐气的年轻一代，却陷入了利益的羁绊，追求物质利益而忽视理想。在利益的驱动下，人们往往会做出违背良心的选择，甚至牺牲他人的利益来追求自己的利益。

然而，当物质的欲望占据生活，利益的喧嚣遮蔽了生命的光芒，我们会感到迷茫和空虚。理想情怀的缺失，让我们的生活变得毫无意义。理想让我们跳脱个人得失，眼界更宽广，胸怀更开阔，找到更深远的生命出口。

在改革的关键时期，我们需要超越个人和利益的理想。只有理想，才能引导我们走出利益的旋涡，找到真正的自我。在这个物质利益至上的社会，我们需要多一份理想情怀，让我们的社会更加美好。

4. 如何看待诚信缺失

当前，中国社会正在经历一场诚信危机。这一危机体现在假冒伪劣商品的普遍存在以及各种形式的诈骗层出不穷。这些问题不仅给消费者带来了损失，更破坏了社会的风气，打击了人们相互信任的基础。

尽管诚信缺失的现象令人担忧，但我们仍然要坚持诚信。作为社会的一分子，我们每个人都有责任和义务维护诚信，从个人做起，从小事做起，以诚信为价值取向，不断建立和完善个人信用制度。作为当代大学生，我们更应该自觉肩负起诚信建设的重任，树立牢固的诚信意识，为诚信社会建设起到引领作用。

诚信建设需要每个人的参与，只有每个人都行动起来，才能真正实现诚信社会的目标。

诚信不仅是个人的事情，更是社会的事情，让我们共同努力，让诚信成为我们社会的主流，为我们的生活增添更多的信任和温暖。

5. 要不要冷眼看待这个社会

在成长的道路上，我们总会听到长辈们叮嘱："别跟陌生人说话。"这句话背后蕴含着他们对世界的复杂认知和对我们安全的深切关怀。他们见证了社会的光明与黑暗，但在教育我们时，更倾向于分享他们所经历的挑战和困境，以此警示我们防范潜在的危险。他们的初衷是希望我们能够保持警惕，保护自己。

然而，这种教育方式可能会让我们对社会产生误解，过分关注其阴暗面，而忽视了社会的美好和温暖。我们不应仅被负面新闻所影响，而应学会欣赏社会的光明面，认识到每个人都有能力为社会的进步贡献力量。

我们应该学会全面看待社会，既要警惕潜在的风险，也要积极发现和传播社会的正能量。父母可以引导我们关注那些无私帮助他人的故事，让我们从小就培养起助人为乐的品质。

社会是复杂多元的，它既有不尽如人意的地方，也有值得我们珍惜和赞美的美好。我们要学会用开阔的视野去接纳和理解这个世界，用积极的态度去面对生活中的每一次挑战。这样，我们才能真正成长为有责任感、有同情心的公民，为社会的发展贡献自己的力量。

6. 如何对待不合群问题

我认为不合群的现象大致分为两种情况：一种是由于个体性格孤僻、自我封闭，或是道德品质低下，导致他人对其产生距离感；另一种则是由于个人才华出众或追求卓越，超出了大众的理解范围，因此在人际关系处理上显得相对独立，可能会遭受误解或嫉妒。

在面对人际关系时，我们应当努力寻求平衡，既要维护良好的社交关系，也要坚定自己的追求和理想。优秀的个人往往会显得与众不同，但这并不意味着他们注定要孤立。当个人取得显著成就时，人们会回顾并肯定其过去的不同寻常之处，认识到其成功的必然性。

因此，我们不应害怕与众不同，而应勇敢追求自己的梦想。在这个过程中，适当处理人际关系，既能促进个人成长，也能为未来的成功奠定基础。记住，真正的成就来自对自我价值的坚持和实现。

（二）保持自我

1. 客观事实才是我们真正需要关注的

在面对各种现象时，我们要有敏锐的洞察力，透过表面现象，深入挖掘事物的本质和真相，不要轻易被表面的现象所迷惑，要学会独立思考，运用逻辑和证据来验证自己的判断。

2. 保持独立思考

在信息爆炸的时代，我们要保持独立思考的能力，不轻易被他人的意见左右。要有自己的见解和判断，不盲从、不随波逐流。同时，也要学会尊重他人的意见，通过交流和讨论，不断丰富自己的知识和见识。

3. 接纳社会的多元性

我们要认识到社会的复杂性和多样性，不要轻易对他人进行评判和指责。要学会换位思考，理解他人的立场和观点。同时，我们也要坚定自己的信仰和价值观，不被外界所干扰。

4. 团结可以战胜一切黑暗

在面对困难和挑战时，我们要学会团结协作，共同应对。只有通过集体的努力和智慧，才能克服困难、取得成功。同时，我们也要珍惜团队的力量，学会与他人合作、共同成长。

三、做正确的事情

（一）做正确的事的含义与重要性

1. 做正确的事的含义

做正确的事意味着在职业生涯中做符合道德、法律和社会规范的决策和行为，包括遵守职业道德、尊重他人的权益、承担社会责任等方面的内容。做正确的事不仅关乎个人的职业形象和声誉，更关乎整个社会的和谐稳定和发展。

2. 做正确的事的重要性

做正确的事对于职业生涯至关重要。首先，它能够帮助个人树立良好的职业形象和声誉，赢得他人的信任和尊重。在职场中，一个有良好职业形象和声誉的人更容易获得他人的支持和合作，从而取得成功。其次，做正确的事能够帮助个人遵守职业道德规范，尊重他人的权益，维护社会的和谐稳定。这对于个人和整个社会都是有益的。最后，做正确的事能够帮助个人承担社会责任，为社会做出贡献。这不仅能够提高个人的社会价值，还能够促进社会的进步和发展。

（二）如何做正确的事

1. 遵守职业道德规范

职业道德规范是职业生涯中必须遵守的基本规则和行为准则。遵守职业道德规范意味着在职业生涯中保持诚实、守信、公正、负责等基本品质。例如，在工作中要保持诚实守信的态度，不欺骗客户或同事；要公正对待他人，不偏袒或歧视任何人；要对工作负责，不敷衍塞责或推卸责任。通过遵守职业道德规范，我们可以赢得他人的信任和尊重，提高自己的职业形象和声誉。

2. 尊重他人的权益

尊重他人的权益是做正确的事的重要体现。在职业生涯中，我们需要尊重他人的劳动成果、知识产权、隐私等方面的权益。例如，在工作中要尊重他人的劳动成果，不盗用他人的创意或成果；要保护他人的知识产权，不侵犯他人的专利权或商标权；要尊重他人的隐私，不泄露他人的个人信息或商业机密。通过尊重他人的权益，我们可以建立良好的人际关系，促进团队合作和协作。

3. 承担社会责任

承担社会责任是做正确的事的重要体现。在职业生涯中，我们需要关注社会问题和公共利益，积极履行自己的社会责任。例如，在工作中要关注环保问题，采取措施减少污染和浪费；要关注弱势群体的权益，为他们提供帮助和支持；要关注公益事业，积极参与志愿者活动或捐赠资金。通过承担社会责任，我们可以为社会做出贡献，提高自己的社会价值和影响力。

4. 不断学习和成长

不断学习和成长是做正确的事的重要保障。随着社会的不断发展和变化，我们需要不断学习新知识、新技能和新思维方式，提高自己的竞争力和适应能力。例如，在工作中要关注行业动态和市场需求的变化，学习新知识和技能；要关注新技术和新趋势的发展，了解新的商业模式和管理方法；要关注自己的不足之处，努力改进和提升自己。通过不断学习和成长，我们可以更好地适应社会的发展和变化，做出正确的决策和行为。

（三）实践案例分析

1. 案例背景介绍

我们将通过一个具体的实践案例来分析如何做正确的事。这个案例涉及一家公司在面对市场竞争时做出的决策和行为。

2. 案例分析

（1）遵守职业道德规范

该公司在面对市场竞争时，始终保持诚实守信的态度。它没有采取不正当手段来获取市场份额或竞争对手的商业机密。相反，它通过提供优质的产品和服务来吸引客户，赢得了市场的认可和信任。同时，它还注重保护客户的利益，不损害客户的利益来获取利润。通过遵守职业道德规范，该公司树立了良好的职业形象和声誉，赢得了客户的信任和支持。

（2）尊重他人的权益

该公司在面对市场竞争时，尊重了其他公司的知识产权和劳动成果。它没有侵犯其他公司的专利权或商标权，也没有盗用其他公司的创意或成果。相反，他们注重自主创新和研发，通过自己的努力创造独特的产品和服务。同时，它还尊重员工的劳动成果和知识产权，为员工提供良好的工作环境和待遇。通过尊重他人的权益，该公司建立了良好的人际关系和合作伙伴关系，为自己的发展创造了良好的条件。

（3）承担社会责任

该公司在面对市场竞争时，积极承担社会责任。它注重环保问题，采取措施减少污染和浪费；关注弱势群体的权益，为他们提供帮助和支持；积极参与公益事业，为社会做出贡献。通过承担社会责任，该公司提高了自己的社会价值和影响力，赢得了社会的认可和尊重。同时，它还注重企业的可持续发展，为企业的长期发展打下了坚实的基础。

（4）不断学习和成长

该公司在面对市场竞争时，注重不断学习和成长。它关注行业动态和市场需求的变化，学习新知识和技能；关注新技术和新趋势的发展，了解新的商业模式和管理方法；关注自己的不足之处，努力改进和提升自己。通过不断学习和成长，该公司提高了自己的竞争力和适应能力，为市场竞争做好了充分的准备。同时，它还注重培养员工的创新能力和解决问题的能力，为企业未来的发展注入了新的活力。

3. 案例启示

通过该公司的实践案例，我们可以得出以下三点启示。

①做正确的事需要遵守职业道德规范、尊重他人的权益、承担社会责任以及不断学习和成长。这些原则不仅是职业生涯中必须遵循的基本规则和行为准则，更是个人职业发展的关键因素。

②做正确的事需要具备高度的职业道德意识和社会责任感。只有具备高度的职业道德意识和社会责任感，我们才能真正做到遵守职业道德规范、尊重他人的权益、承担社会责任以及不断学习和成长。同时，我们还需要注重培养自己的创新能力和解决问题的能力，以更好地适应市场竞争和社会发展的需要。

③做正确的事需要注重细节和执行力。在职业生涯中，我们需要关注细节问题，确保自己的行为和决策符合道德、法律和社会规范的要求。同时，我们还需要注重执行力，将自己的想法和计划付诸实践并取得实际成效。只有注重细节和执行力，我们才能真正做到做正确的事并取得成功。

任务二　职场礼仪

任务准备

（1）介绍礼仪的定义、内容和原则，让学生理解其在职场中的重要性。
（2）讲解个人职场礼仪，如握手、介绍、名片使用、称谓、寒暄等基本礼仪。

任务实施

（1）细化职场礼仪的实践，如握手的正确方式、名片交换的礼节、介绍他人的技巧等。
（2）通过角色扮演和模拟练习，让学生在实际情境中运用所学礼仪。
（3）分析不同场合的礼仪差异，如中餐与西餐的礼仪，以及电话和会议中的礼仪。

任务分析

一、认识礼仪、个人职场礼仪和办公室礼仪

（一）认识礼仪

职场礼仪，作为衡量职业素养的关键因素，涉及工作场合内需要遵循的行为标准和社交规范。它不仅塑造个人的外在形象和职业晋升路径，还深深影响着企业氛围和人际交往的品质。其核心价值体现在尊重他人、保持谦和、展现专业度和追求效率上。在实际工作中，通过恰当的言行，我们能够构筑和谐的人际网络，提高自身的专业水平，并为公司带来实质性的增值，推动其不断向前。

首先，职场礼仪是至关重要的，它在塑造个人职业形象方面起着决定性作用。人们常常通过日常行为来判断一个人的专业能力和职业态度，而得体的礼仪能树立起可靠且专业的形象，增强个人在职场中的影响力。其次，礼仪是建立有效人际关系的桥梁。在与同事、领导、客户等多元互动中，遵循礼仪规范能促进相互理解和合作，有利于团队的和谐与业务的推进。最后，职场礼仪对企业形象的塑造起着关键作用。一个展示出专业精神和诚信的企业，更容易赢得客户和合作伙伴的信任，从而增强其在市场中的竞争优势。

（二）个人职场礼仪

1. 仪表礼仪

仪表礼仪是个人职场礼仪的基础，它要求我们保持整洁、得体的外表，展现出专业、自信的形象。以下是部分具体的建议。

（1）着装

根据公司的风格和特定职位的规定，选择适宜的着装至关重要。在正式的商务环境中，通常需要身着正装，如精致的西装，搭配衬衫和领带。而在较为轻松的非正式场合，可以挑选更为舒适的休闲装，但务必保持干净、合体。应当避免穿着过于夸张或与职场氛围不符的服饰，以确保个人形象与职业环境相协调。

（2）发型

确保维持整洁、得体的发型，要避免选择可能显得过于标新立异或不符合职业要求的样式。男士，应保持简洁的短发造型；女士，长发通常应束起或整理得当。

（3）饰品

选择恰当的配饰可以提升个人的风格，但要确保它们不过于显眼或不符合职场的正式感。男士可以选择佩戴手表或简洁的领带夹来点缀；女士则可以搭配耳环、项链等精致饰品。然而，应避免佩戴过于耀眼或显得不专业的配饰，以保持整体形象的和谐与专业。

（4）个人卫生

维持优秀的个人卫生习惯至关重要，这包括经常洗手以保持清洁，以及确保口腔清新。应避免如吸烟、嚼口香糖等可能影响他人或不适宜职场的行为，以展示专业且尊重他人的形象。

2. 沟通礼仪

沟通礼仪是个人职场礼仪的关键，它要求我们在与人交往中保持礼貌、尊重和有效的沟通技巧。以下是部分具体的建议。

（1）语言表达

使用清晰、准确、礼貌的语言进行沟通，避免使用粗俗、冒犯性的语言或方言。保持语速适中、音量适宜，避免大声喧哗或低声嘟囔。

（2）倾听

认真倾听对方的意见和建议，不打断对方的发言。通过点头、微笑等方式表达对对方的尊重和认同。避免只顾自己说话或忽视对方的存在。

（3）非语言沟通

注意自己的肢体语言和面部表情，保持自信、友好的态度。避免使用过于消极或攻击性的肢体语言，如交叉双臂、瞪眼等。保持眼神交流，但不要盯着对方看。

（4）电话沟通

在电话沟通中保持礼貌和耐心，自我介绍时要简洁明了，避免在电话中大声喧哗或使用不礼貌的语言。注意控制电话费用，避免长时间占用电话线路。

（5）电子邮件和短信沟通

在电子邮件和短信沟通中保持礼貌和专业，使用恰当的称呼和结尾敬语，避免使用过于随便或不专业的语言。注意邮件和短信的格式和排版，使其易于阅读和理解，避免发送带有攻击性或不礼貌的邮件和短信。

3. 时间管理礼仪

时间管理礼仪是个人职场礼仪的重要组成部分，它要求我们合理安排时间，遵守约定，提高工作效率。以下是部分具体的建议。

（1）守时

准时参加会议、约会等活动，避免迟到或早退。如果无法按时到达，应提前通知对方并说明原因，避免出于个人原因而耽误他人的时间。

（2）预约

在需要会见他人时提前预约，并确认时间和地点。避免临时取消或更改预约，以免给对方造成不便。尊重他人的时间安排，避免占用他人过多的时间。

（3）工作效率

合理安排工作时间，提高工作效率，避免拖延工作或浪费时间。在工作中保持专注和高效，避免分心或闲聊。合理利用碎片时间进行学习和提升自己。

（4）休息时间

合理安排休息时间，保持身心健康，避免过度劳累或长时间连续工作。注意保持良好的作息习惯，保证充足的睡眠和饮食。在休息时间进行适当的运动和娱乐活动，放松身心。

（三）办公室礼仪

1. 办公室环境维护

保持办公室整洁有序是基本的办公室礼仪，包括定期清洁办公桌、椅子和地面，以及妥善处理垃圾。此外，避免在办公室内乱扔垃圾或杂物，以免影响他人的工作环境。同时，保持办公室的安静也是非常重要的，避免在办公室大声喧哗或播放音乐，以免干扰他人的工作。如果需要与他人交流，应使用低声交谈或去会议室进行讨论。此外，注意节约用电和水资源，关闭不必要的灯光和电器设备，以降低能源消耗。

2. 与同事相处的礼仪

与同事相处时，应保持友好、尊重和合作的态度。避免在办公室中争吵或产生冲突，以免影响团队氛围。在与同事交流时，应使用礼貌用语，尊重对方的意见和建议，避免使用攻击性或贬低性的语言。同时，注意保护同事的隐私和个人信息，不要随意透露他人的秘密或敏感信息。

3. 与上级相处的礼仪

与上级相处时，应保持谦逊、尊重和专业的态度。在与上级交流时，应使用恰当的称呼和敬语，表达对上级的敬意，避免使用过于随便或不敬的语言。同时，注意听从上级的指示和安排，认真完成工作任务。在需要向上级汇报工作时，应简明扼要地说明工作进展和成果，避免内容冗长和啰唆。

4. 与下级相处的礼仪

与下级相处时，应保持耐心、关心和支持的态度。在指导下级工作时，应给予明确的指导和帮助，鼓励他们发挥自己的潜力，避免使用过于严厉或贬低性的语言。同时，注意关心下级的成长和发展，为他们提供必要的支持和培训机会。在需要与下级沟通时，应使用简洁明了的语言，避免使用过于复杂或晦涩的词汇。

5. 接待来访者的礼仪

接待来访者时，应保持热情、友好和专业的态度。在接待来访者之前，应做好充分的准备工作，了解来访者的身份和目的。在接待来访者时，应主动问候并自我介绍，使用礼貌用语。同时，注意保持办公室的整洁和安静，为来访者提供舒适的环境。在需要与来访者交流时，应认真倾听对方的意见和建议，保持耐心和友善的态度。在送走来访者时，应表达感谢并送上名片或宣传资料。

6. 电话礼仪

在接打电话时，应保持礼貌、耐心和专业的态度。在接电话前，应先确认对方的身份和来电目的。在通话过程中，应使用清晰、准确、礼貌的语言进行沟通，避免使用过于随便或不敬的语言。同时，注意控制电话费用，避免长时间占用电话线路。在挂电话前，应再次确认对方的信息并表示感谢。

7. 电子邮件和短信礼仪

在发送电子邮件和短信时，应保持礼貌、专业和清晰的态度。在发送电子邮件和短信之前，应仔细检查拼写和语法错误。在邮件和短信的开头部分使用恰当的称呼和敬语，结尾部分使用感谢语或祝福语，避免发送带有攻击性或不礼貌的邮件和短信。同时，注意控制邮件和短信的长度和内容，使其易于阅读和理解。在回复邮件和短信时，应及时回复并保持礼貌和专业的态度，避免使用过于简单或不专业的回复语。

8. 会议礼仪

在参加会议时，应保持专业、尊重和积极的态度。在会议开始前，应准时到场并签到。在会议过程中，应认真听讲并记录重要信息，避免在会议中使用手机或其他电子设备，以免分散注意力。在发言时，应先举手示意并等待主持人同意后再发言。发言时语言应清晰、准确、简洁，避免冗长和啰唆。同时，注意尊重他人的意见和建议，不要打断他人的发言。在会议结束时，应整理好自己的笔记和资料，并及时清理座位周围的垃圾。

9. 餐桌礼仪

在参加商务宴请或聚餐时，应保持礼貌、尊重和专业的态度。在进餐前，应等待所有人就座完毕后再开始用餐。在用餐过程中，应使用正确的餐具，并保持餐具的清洁，避免发出过大的声音。在与他人交谈时，应保持适当的距离，避免打扰他人用餐。同时，注意尊重他人的饮食习惯和文化背景，不要强迫他人吃不喜欢的食物。在用餐结束后，应将餐具整齐地放在桌子上，并向主人表示感谢。

10. 网络礼仪

在使用网络时，应保持礼貌、尊重和负责任的态度。在发表言论时，应避免使用攻击性或贬低性的语言。同时，注意保护自己的隐私和个人信息，不要随意透露给陌生人。在浏览网页或下载文件时，应遵守版权法和相关规定，不传播非法或有害的信息。在使用社交媒体时，应注意言行举止，避免发布不当言论或图片。同时，注意维护网络安全，不点击不明链接或下载未知来源的文件。

二、个人职业形象

（一）个人职业形象概述

根据心理学中的首因效应，每个人的仪容仪表以及仪态在社交中是构成他人对我们初步认知（俗称"第一印象"）的主要因素，个体的仪容仪表以及仪态会影响扩散至他人对你的专业能力和任职资格的判断。

个人职业形象包括技术层面和非技术层面两个方面。

①技术层面：衣着呼应、仪态训练、礼仪修养、表情管理。

②非技术层面：气质风度、气度气场、人格魅力、美仪美姿。

个人形象塑造与提升包含静态和动态两个方面。

①静态：身材、容貌、服饰、妆容、发型。

②动态：行为、谈吐、举止、表情、声音。

（二）职场个人形象规范整理汇总表（表2-1）

表 2-1　职场个人形象规范表

部位	男性	女性
整体	大方自然得体，在确保安全工作的原则上，还应符合行业、职业、岗位工作需要，凸显出与职业相适应的特点与专业度，整齐清洁	
头发	头发要经常梳洗，保持干净整洁、色泽自然，切忌标新立异	
发型	男性前发不过眉，侧发不盖耳，后发不触后衣领，不染发烫发	发长不过肩，如留长发须束起或使用发髻，适当使用发胶发网定型
面容	●脸、颈及耳朵绝对干净 ●每日剃刮胡须，面部整洁	●脸、颈及耳朵绝对干净 ●上班要化淡妆、工作妆，但不得浓妆艳抹和在办公室或工位上化妆补妆
身体	●注意个人卫生，身体、面部、手部保持清洁 ●勤洗澡，无体味 ●上班前不吃异味食物，保持口腔清洁，上班时不在工作场所内吸烟，不饮酒，以免散发烟味或酒气	
衣服	●工作时间内着本岗位规定制服，非因工作需要，外出时不得穿着制服。制服应干净、平整，无明显污迹、破损 ●制服穿着按照公司规定执行，不可擅自改变制服的穿着形式，私自增减饰物，不敞开外衣，不卷起裤脚、衣袖 ●制服外不得显露个人物品，衣裤口袋平整，勿显鼓起 ●西装制服按规范扣好，衬衣领、袖整洁，纽扣扣好，衬衣袖口可长出西装外套袖口的0.5～1厘米	
裤子	裤子应时常熨烫，无过多不规则折痕，长度触及鞋面	
手	保持指甲干净，不留长指甲及涂有色指甲油	

续表

部位	男性	女性
鞋	● 鞋底、鞋面、鞋侧保持清洁，鞋面要擦亮，以黑色为宜，无破损 ● 勿钉夸张的金属纽扣、挂件，禁止着露趾凉鞋上班	
袜	男员工应穿黑色或深蓝色、不透、较厚实的短中筒袜，切忌西装搭配白袜	女员工着裙装须着与肤色相贴近的肉色袜，袜无破洞

任务三　职场适应与压力管理

任务准备

（1）让学生认识到职场适应和压力管理是职业生涯的关键技能。

（2）强调适应新环境、建立人际关系和提升职业技能的重要性。

任务实施

（1）提供职场适应策略，如了解公司文化、建立人际网络、寻求导师指导。

（2）教授压力识别和评估的方法，如观察身体信号和情绪变化。

（3）分享压力缓解技巧，如时间管理、放松训练、积极心态培养。

任务分析

在快速变化的现代社会，职场适应与压力管理已成为每位职场人士必备的技能。本书旨在为学生提供一份实用的职场生存指南，帮助他们掌握有效管理职场压力的方法，顺利过渡到职场生活。

一、职场适应策略与技巧

（一）快速融入新环境

1. 了解公司文化

在入职初期，花时间了解公司的使命、愿景、价值观以及日常运作方式。这有助于你更快地融入公司文化，理解并遵循公司的行为规范。例如，如果公司强调团队合作，那么你应该积极参与团队活动，与同事建立良好的合作关系。

2. 建立人际网络

主动与同事建立联系，无论是通过团队项目合作还是日常闲聊。参加公司组织的社交活动，如团建、聚餐等，以增进彼此了解。例如，你可以主动邀请同事共进午餐，或者在休息时间与他们聊天，了解他们的兴趣爱好和工作经验。

3. 寻求导师指导

找到一位经验丰富的导师，他们可以提供宝贵的职业建议，帮助你更快地适应职场环境。导师可以是你的上司、资深同事或行业内的专家。例如，你可以向导师请教如何处理复杂的工作任务，或者如何与不同性格的同事相处。

（二）建立良好的人际关系

1. 有效沟通

清晰、准确地表达自己的想法，同时也要善于倾听他人的意见。避免误解和冲突，通过积极的沟通来解决问题。例如，在开会时，你可以主动发言，清晰地表达自己的观点；同时，也要注意倾听他人的意见，尊重不同的观点。

2. 团队协作

在团队中发挥积极作用，与团队成员共同努力达成目标。尊重他人的贡献，认可团队的努力，共同庆祝成功。例如，你可以主动承担团队中的一些任务，帮助其他成员解决问题；在团队取得成功时，你可以表达对团队的赞赏和感谢。

3. 建立信任

通过诚实、可靠的行为来建立信任。遵守承诺，履行职责，让他人相信你是一个值得信赖的人。例如，你可以按时完成工作任务，不辜负他人的信任；在与同事合作时，你可以坦诚地表达自己的想法和意见，不隐瞒重要信息。

（三）提升职业技能

1. 持续学习

随着行业的不断变化，持续学习新的知识和技能是必要的。利用在线课程、研讨会、培训等资源，不断更新自己的专业知识。例如，你可以报名参加与自己专业相关的在线课程，或者参加行业研讨会，了解最新的行业动态和技术趋势。

2. 技能提升

除了专业知识，还应提升与工作相关的技能，如项目管理、数据分析、领导力等。这些技能可以帮助你在工作中更加高效，提高自己的竞争力。例如，你可以学习如何使用项目管理软件，或者参加领导力培训课程，提升自己的领导能力。

3. 反馈与改进

定期向同事或上司寻求反馈，了解自己的优点和不足，根据反馈进行改进，不断提高自己的工作表现。例如，你可以向上司请教如何改进自己的工作方法，或者向同事征求对自己工作的意见和建议。

二、压力识别与评估

（一）识别工作中的压力源

1. 内部压力源

自我期望、完美主义倾向、对失败的恐惧等，这些压力源通常来自个人内心，需要通过自我反思来识别。例如，你可能会因为对自己的高标准而感到压力，或者因为害怕失败而不敢尝试新的任务。

2. 外部压力源

工作负载、截止日期、人际关系冲突、工作环境不佳等，这些压力源可以通过观察和分析工作环境来识别。例如，你可能会因为工作任务过重而感到压力，或者因为与同事的关系紧张而感到不适。

3. 识别方法

注意身体的信号，如头痛、肌肉紧张、胃痛等，这些信号可能是压力的早期警示。同时，也要注意情绪变化，如焦虑、沮丧、易怒等。例如，当你感到头痛或肌肉紧张时，可能是因为你承受了过多的压力；当你感到焦虑或沮丧时，可能是因为你面临了某些挑战或压力。

（二）评估压力的大小和影响

1. 主观评估

根据个人感受来评估压力的大小。使用压力量表或心理测试工具，如斯皮尔伯格压力量表（SAS）或状态–特质焦虑问卷（STAI），来量化压力水平。例如，你可以填写压力量表，了解自己的压力水平；或者使用心理测试工具，如 STAI，来评估自己的焦虑水平。

2. 客观评估

观察工作表现和生活质量的变化。如果工作效率下降、睡眠质量变差、人际关系紧张等，可能表明压力过大。例如，你可以记录自己的工作表现，如完成任务的数量和质量；同时，也可以观察自己的生活质量，如睡眠时间和质量、与家人和朋友的关系等。

3. 评估工具

使用压力日记来记录压力事件、情绪反应和应对策略。通过回顾日记，可以更好地了解自己的压力模式，并找到潜在的压力源。例如，你可以每天记录自己遇到的压力事件、自己的情绪反应以及采取的应对策略；通过回顾日记，你可以发现自己在哪些方面容易受到压力的影响，以及自己应对压力的方式是否有效。

三、压力缓解方法与实践

（一）时间管理与工作效率

1. 优先级清单

每天早晨列出当天最重要的任务，并根据优先级进行排序。使用四象限法则（紧急重要、重要不紧急、紧急不重要、不紧急不重要）来区分任务的优先级。例如，你可以使用四象限法来安排自己的工作任务，将紧急重要的任务放在首位，重要不紧急的任务放在第二位，紧急不重要的任务放在第三位，不紧急不重要的任务放在最后。

2. 避免拖延

设定明确的截止日期，并使用番茄工作法来提高工作效率。每 25 分钟集中工作，然后休息 5 分钟，每两小时休息一次更长时间。

3. 任务批处理

将类似的任务集中在一起批量处理，以减少任务切换带来的时间损耗。比如，回复所有邮件或整理所有文件。例如，你可以将一天中的所有邮件回复任务集中在一起处理，或者将所有文件整理任务集中在一起完成，以提高工作效率。

（二）放松训练与身心调适

1. 深呼吸练习

每天抽出几分钟进行深呼吸练习，以放松身心。深呼吸可以帮助减轻紧张感，降低心率和血压。例如，你可以每天早晨起床后进行 5 分钟的深呼吸练习，或者在工作间隙进行深呼吸练习，以缓解紧张和压力。

2. 冥想与正念

尝试冥想或正念练习，如坐禅、行走冥想或正念呼吸，这些练习有助于提高注意力，减少杂念，达到放松身心的效果。例如，你可以每天晚上睡前进行 10 分钟的冥想练习，或者在午休时间进行 5 分钟的正念呼吸练习，以帮助自己放松和缓解压力。

3. 运动与锻炼

定期参加有氧运动，如跑步、游泳或骑自行车。运动可以释放内啡肽，改善心情和提高自信心，同时也有助于减轻压力。例如，你可以每周至少进行三次有氧运动，每次 30 分钟以上，以提高自己的身体素质和心理健康。

（三）积极心态培养

1. 认知重塑

当面对压力时，尝试改变自己的思维方式，将消极想法转化为积极的自我对话，以提高自己的情绪状态。例如，当你遇到困难时，不要想"我做不到"，而是想"我可以尝试不同的方法来解决这个问题"。

2. 感恩练习

每天花时间思考自己感激的事情，并记录下来。感恩练习可以帮助培养积极的情绪，提高生活满意度。例如，你可以每天晚上睡觉前花 5 分钟时间思考自己感激的事情，如家人的关爱、朋友的支持、工作的机会等。

3. 寻求支持

与亲朋好友分享自己的压力和困扰，寻求他们的理解和支持。有时候，倾诉可以减轻压力，获得新的视角和建议。例如，你可以与朋友或家人分享自己的工作压力，听取他们的意见和建议；或者参加支持小组，与其他人分享自己的经历和感受。

模块三
走进企业

模块导读

　　当你步入企业的大门，了解并遵守企业的规章制度是你首要的任务。这不仅是对企业文化的尊重，更是你职业成长的基石。同时，职业化也是每个企业员工必备的素质，它涉及你的工作态度、职业操守以及团队协作能力。本模块将帮助你深入了解企业文化，培养职业化素养，让你在职场中更加得心应手。

学习目标

1. 全面了解并遵守企业规章制度，维护良好的职场秩序。
2. 提升职业化素养，展现专业的工作态度和职业操守。
3. 加强团队协作能力，提高工作效率和团队凝聚力。

知识图谱

走进企业
- 认识与遵守企业规章制度
  - 理解企业规章制度
  - 企业规章制度的意义
  - 毕业生对企业规章制度的看法存在的问题
  - 学会遵守企业规章制度
- 走进企业，我们需要职业化
  - 什么是职业化
  - 理解职业化
  - 职业化是正确做事的基础

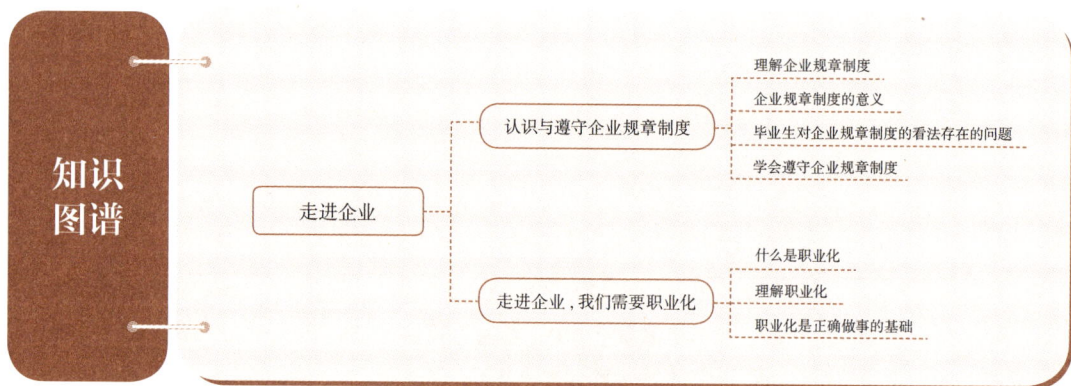

任务一　认识与遵守企业规章制度

扫码下载
模块学习资料

任务准备

（1）理解企业规章制度的重要性：让学生认识到规章制度是企业正常运营的基石，是维护企业秩序和员工权益的保障。

（2）阅读和学习规章制度：提供企业规章制度的样本，让学生熟悉其结构和内容，了解其分类和效力。

（3）角色扮演：通过案例分析，让学生扮演员工角色，理解规章制度在实际工作中的应用。

任务实施

（1）分析案例：讨论案例中的公司管理制度大纲，理解规章制度如何维护公司秩序和员工权益。

（2）规章制度的分类讨论：让学生分组讨论不同类型的规章制度（如行政管理、财务管理、生产管理、业务管理等）在企业中的作用。

（3）规章制度的效力探讨：通过最高人民法院的司法解释，让学生理解规章制度的法律效力。

（4）规章制度的特点分析：通过案例《坚守规章制度，是企业可持续发展的基石》，让学生理解规章制度的约束性、权威性、稳定性、规范性。

任务分析

一、理解企业规章制度

（一）了解规章制度

1. 企业规章制度的概念

规章制度，作为一种规范性文件，是国家机关、社会组织、企事业单位等为了保障其内部运作秩序、确保政策执行效率，以及促进各项任务顺利完成而依据法律法规和政策所制定的具有强制性和指导意义的文本。它们构成了各类行政法规、章程和制度的整体框架，旨在为不同层级的组织机构及其成员提供明确的行为指南和操作规程。

这些规章制度的应用范围极为广泛，从宏观的国家治理层面延伸至微观的基层单位管理，涵盖了政府机关、社会团体、各个行业领域以及具体的商业实体、部门乃至工作小组。它们是国家法律体系的重要补充和细化，是将抽象的法律条文转化为可实施、可操作的具体规则，从而为人们的日常活动和社会交往提供了基础性的行为规范和依据。

在企业环境中，公司规章制度尤为关键，它们是企业用来统一规范员工行为和企业经济活动的标准化文件，同时也是企业内部经济责任制得以落实的具体表现形式。这些规章制度的设计和实施必须紧密结合企业的经营特性与业务需求，同时严格遵循《中华人民共和国劳动法》等相关法律规定，确保每项规定都与现行法律法规相吻合，避免出现任何可能侵犯员工合法权益的内容。值得注意的是，制定和完善规章制度不仅是企业的一项法定权利，更是其不可推卸的责任。根据《中华人民共和国劳动法》第四条的规定，用人单位有责任依法建立健全内部规章制度，以保障劳动者能够充分行使劳动权利并履行相应义务。这表明，一套科学合理的规章制度对于维护劳动者权益具有重要作用。

一方面，完善的规章制度能使企业的管理行为更加规范化和有序，防止管理者滥用权力或随意施加惩罚，从而切实保护员工的合法权益。另一方面，若规章制度存在不合理甚至违法行为，则可能导致大量员工权益受损，长期来看，这对企业的稳定与发展也将造成负面影响。合理的规章制度还能帮助员工清晰了解自身的权利与职责，相较于盲目服从个人意志，员工更倾向于遵守既定规则。优秀的规章制度通过明确特定岗位的权利、义务和责任，让员工能够预见自身行为对企业及个人带来的潜在影响，进而激发其工作积极性。

此外，对于那些法律规定必须由职工代表大会或职工大会审议通过的规章制度，企业在制定过程中务必遵循民主程序，确保职工通过民主途径参与企业管理，这也是实现职工民主参与企业管理的重要方式之一。

2. 企业规章制度的分类

规章制度包括行政法规、章程、制度、公约四大类，公司的规章制度比较宽泛。

一般来说，公司规章制度涉及面很广，包括经营企业管理制度、安全生产管理制度、组织机构管理制度、会计审计管理制度、办公室资产管理制度、财务财政管理制度、装备设备管理制度、人事管理制度、薪酬管理制度、职务职称评选制度、福利待遇管理制度、质量管理制度、采购管理制度、供应链管理制度、仓储管理制度、销售管理制度、代理连锁业务管理制度、广告策划制度、公共关系管理制度、工程管理制度、信息管理制度、紧急预案、公司信息保密制度等方面。

案例 1　某公司的管理制度大纲

为加强公司的规范化管理，确保公司运营的高效性和合规性，提高员工的工作满意度和公司整体效益，特制定本公司的管理制度大纲。

一、公司全体员工必须遵守国家法律法规，遵守公司章程和公司各项规章制度。

二、公司倡导诚信、公正、公平的企业文化，禁止任何形式的欺诈、贪污、贿赂等不正当行为。

三、公司致力于提升员工的工作技能和职业素养，通过培训、教育和激励机制，鼓励员工不断学习和成长。

四、公司推行绩效考核制度，以员工的工作表现为基础，公正评价员工的贡献，为优秀员工提供晋升机会。

五、公司注重团队建设，倡导团队合作和相互尊重，鼓励员工之间的沟通和协作。

六、公司实行薪酬制度，保证员工的基本生活需要，并根据员工的工作表现和公司业绩给予适当的激励。

七、公司强调节约和环保，鼓励员工在工作中节约资源，保护环境，实现可持续发展。

八、公司对员工的行为进行监督，对违反公司规定的行为进行严肃处理，以维护公司的正常运营秩序和良好形象。

通过实施上述管理制度，公司旨在建立一个公正、透明、高效、和谐的工作环境，激发员工的工作热情和创新精神，实现公司和员工的共同发展。

（1）行政管理

行政管理包括考勤管理、办公设备管理、人力资源管理、岗位职责、工资福利、印章管理、社会保障、档案管理、着装管理、绩效考核、后勤管理、公用品管理、卫生管理、办公安全管理等方面。

（2）财务管理

财务管理包括现金管理、仓储管理、账册报表管理、数据统计分析、电话费标准、费用开支、差旅费标准、计量管理、会计审计等内容。

（3）生产管理

生产管理包括岗位职责、操作规程、产品标准、工艺流程、控制参数、安全规程、设备管理、现场管理、质量管理、产品检验等内容。

（4）业务管理

业务管理包括采购管理、供应链管理、销售管理、经销商管理、价格管理、物流运输、市场调研、宣传推广、客户服务等内容。

（5）其他

其他方面如产品开发研发、科技创新、投资融资、资本运作、进出口贸易等一般小企业是不涉及的。

3. 企业规章制度的效力

《最高人民法院关于审理劳动争议案件适用法律若干问题的解释一》第十九条规定，用人单位根据《中华人民共和国劳动法》第四条之规定，通过民主程序制定的规章制度，不违反国家法律、行政法规及政策规定，并已向劳动者公示的，可以作为人民法院审理劳动争议案件的依据。该司法解释实际上赋予了用人单位规章制度以类似于法律的效力，来约束规范劳动者。

4. 规则制度的特点

（1）约束性

规章制度清晰地划定了允许与禁止的行为，作为人们行动的指导，一旦生效，所有组织和个体都必须坚决遵循并执行，任何违反规定的行为都将招致相应的惩罚。

（2）权威性

规章制度的效力源于制定它的机构的权威，这些规则由法律认可的实体所编写，它们有权行使职能并承担责任。规章制度直接体现这些法定作者的职能权限和意志，是其权力范围内的决策体现。

（3）稳定性

作为行为规范的规章制度，应保持一定的稳定性，避免频繁变动，确保人们能够遵循，因此，不应将不切实际、临时性或在当前无法实施的特殊条款纳入其中。然而，规章制度并非固定不变，当实际情况发展、环境变迁或条件成熟时，适时地修订和优化是必要的。

（4）规范性

规章制度应由企业内的授权部门制定或经过其审核同意，并需遵循企业内部设定的制定流程。如果法律法规对规章制度的制定有特定步骤，这些步骤必须严格遵守。此外，这些规则必须透明地传达给所有劳动者。

（二）企业规章制度的作用

企业的规章制度在塑造员工行为规范、维护企业形象、保障日常运营秩序以及推动企业可持续发展方面发挥着至关重要的作用。

1. 规章制度使企业可实现标准化、规范化的管理

规章制度能够具体指导员工行为和企业管理，从而激发员工的工作热情。例如，当制度确保了多劳多得，即辛勤工作的员工不会与工作量较少的同事获得相同报酬时，它直接关乎到员工的公平感和职业发展，从而有效提升整体的工作满意度和团队动力。公平就是靠制度来体现的。

规章制度有助于消除管理的主观随意性，确保员工的合法权益得到保障。对于员工来说，遵循既定的规则往往比服从可能带有个人偏见的直接命令更为可接受。制定和执行公正的规章制度能够满足员工对公平环境的期望，从而增强他们的归属感和工作积极性。

（1）正面引导与教育作用

规章制度作为企业内部的行为指南，旨在指导员工在工作中的行为。一旦发布，员工便能明确了解自身的权利、获取权利的途径，以及应尽的职责和执行职责的方式，从而在

工作中有明确的遵循标准。

例如，规章制度明确列出的上下班时间表，使员工清晰地了解工作与休息的界限，有助于他们遵守工作时间，避免迟到或早退带来的纪律问题。同时，通过规定工作行为标准，规章制度能够指导和培养员工的良好职业习惯，确保他们的行为符合公司期望，从而避免不当行为的发生。

由此可见，一套优良的规章制度通过明确的权利与义务划分，能让员工预见自己行动和付出的结果，从而激发他们的工作热情。因此，通过设定公正的责任框架，员工能够预见到他们的行为如何影响自身和企业的目标，进而促使他们更积极地为实现公司的愿景和目标贡献力量。

（2）反面警戒与威慑作用

反面警戒与威慑作用主要体现在以下两个方面。

首先，规章制度通过明确违规行为的后果，起到警示作用，使员工在工作前就能预见其行为可能带来的影响，从而自发地避免不当行为，确保劳动生产过程的合规性。

其次，通过对违反规章制度的行为予以惩处，让违反规章制度的员工从中受到教育的同时也使其他员工看到违反规章制度的后果，达到警戒和威慑全体员工的效果。

案例2　李某违规操作导致生产事故

李某是一家制造企业的操作员，负责操作关键生产设备。一天，他在未经允许的情况下擅自调整设备参数，导致生产过程中出现故障，引发了一起小型爆炸事故。事故造成了设备损坏和部分员工受伤，给企业带来了直接经济损失和声誉损失。

企业调查后发现，李某的行为违反了公司的操作规程和安全规定。根据公司的规章制度，此类行为属于严重违纪行为，应予以严肃处理。因此，企业决定解除与李某的劳动合同关系。

李某对此不满，认为企业处理过重，于是提起了劳动争议仲裁申请，要求恢复劳动关系并获得赔偿。在仲裁过程中，企业提供了相关规章制度和事故调查报告，证明李某的行为确实构成了严重违纪。

最终，劳动争议仲裁委员会认定李某的行为构成了严重违纪，驳回了他的请求。

（3）事后支持与提供处理劳动争议证据的作用

劳动关系具有对抗性的一面，因此企业在劳动生产过程中，劳资矛盾是无法避免的，人力资源管理者所能做到的也只是尽量缓和劳资矛盾，无法消除、杜绝劳资矛盾。

当劳资矛盾爆发无法通过协调解决时，诉诸法律就是唯一的选择。劳动争议仲裁机构和法院审理劳动争议案件时，需要依据国家法规政策、劳动合同、集体合同。由于规章制度也涉及劳资双方的权利和义务，裁判机关也会依据企业的规章制度来裁判案件。

特别是在国家法规、劳动合同和集体合同对纠纷的有关事项规定不明确、不具体时，规章制度就显得尤为重要。

绝大多数企业在面临劳动争议纠纷中解除劳动关系这一难题时，都输在了"规章制度"

上。而有远见的企业在制定规章制度时，会全面预见并详细规定可能引发争议的各个方面，确保以书面形式明确记录，这样一来，当纠纷发生时，这些规章制度就能有效地保护企业的合法利益。可以说，规章制度在企业的日常运营和纠纷处理中扮演着至关重要的角色。

2. 企业规章制度有法律的补充作用

企业的规章制度不仅是公司规范化、制度化管理的基础和重要手段，同时也是预防和解决劳动争议的重要依据。鉴于劳动关系中雇员对雇主的依赖性，国家法律往往无法对所有管理细节做出全面规定，因此，企业依法制定的规章制度在实际操作中扮演了补充法律的角色，具有类似法律效力，确保劳动管理的合规性和有效性。

例如《中华人民共和国劳动合同法》规定，员工严重违反公司规章制度可以解除劳动关系并予以辞退。这些规章制度就是指企业内部为确保正常生产经营工作秩序所制定的各项规章制度。

3. 依法制定的规章制度可以保障企业合法有序地运作，将纠纷降低到最低限度

企业生产劳动的过程，也是劳资双方履行义务、享受权利的过程。

劳资双方权利义务的实现需要多种措施来保证，劳动合同、集体合同和国家法规政策是其中的重要保证之一，而企业规章制度也是重要的保证之一。规章制度不仅界定清楚了雇主与员工的权利与责任，还详细规定了双方行使这些权利和履行义务的具体步骤、方式和途径，确保了实施的可操作性。

因此，当通过规章制度详细列明了雇主与员工的权利、义务，以及实现这些权利和义务的具体操作流程后，能显著减少潜在的冲突，有助于保持企业生产与工作的稳定。例如，尽管休息和休假在劳动合同中是强制性内容，但通常只概述了假期类型，而请假条件、申请流程和假期期间的待遇等细节通常不会在合同中详尽说明。这就需要规章制度来补充这些细节，以防止因规定不明导致的纠纷。

案例 3　赵某违反请假规定被解除劳动合同

赵某是某公司的一名销售经理，负责公司的重要客户关系。一天，赵某突然向公司提出请假申请，理由是要处理家中紧急事务。然而，他并未按照公司的请假规定，向部门主管提交书面请假申请，也未说明具体的请假时间和原因。

公司按照规定，要求赵某提供相关证明材料，但赵某未能提供。公司认为赵某的行为违反了规章制度，决定解除与赵某的劳动合同关系。

赵某对此不满，认为公司处理不公，于是向劳动争议仲裁委员会申请劳动仲裁，要求支付经济补偿金。在仲裁过程中，双方各执一词。

最终，劳动争议仲裁委员会认为，单位的规章制度经过员工签收，是合法有效的；而赵某提供的请假条并没有按照单位规定的程序办理，手续不合法，应视为旷工。根据法律的规定，单位在有合法证据证明员工严重违反用人单位的规章制度的情况下是可以单方解除劳动合同关系的。劳动争议仲裁委员会据此支持了单位的主张。

4. 好的企业规章制度可以保障企业的运作有序化、规范化，降低企业经营运作成本

良好的规章制度为企业节约大量的人力物力，为企业的正常运行提供保障。

5. 规章制度还有一个很重要的作用，就是政策应对

比如，设立股份制企业的申报材料中，有一项就是公司章程及管理制度，必须有着非常完善的企业规章制度才可以申请注册公司。

同理，许多项目竞标也都需企业提供本公司的规章制度（如房地产在申报招投标资料中就要求施工单位必须有全套的施工方案及各种管理制度），并将其作为考核企业是否合格的标准之一。再如，在企业申报的许多争取项目基金的材料中，就要求企业必须有着非常完善的企业规章制度才可能申请到国家的项目基金支持。

6. 完善的规章制度可以得到合作伙伴的信任，容易赢得商业机会

企业在选择合作伙伴时，会进行相关的尽职调查，而完善的企业规章制度将是加分项，帮助企业赢得更多商业机会。

二、企业规章制度的意义

每个人首先有他的社会性，而成为一个企业的员工，职业身份和职业操守是第一位的。企业的每一个规章制度都是依据国家法律法规，结合公司管理特点和企业文化制定的。

企业规章制度的目的不是惩罚和控制，而是实现公司管理的公平性，使企业和员工始终保持在统一价值标准内，为了同一目标努力，实现双方更好的可持续发展。

1. 企业内部规章制度是法律、法规的延伸和具体化，是《中华人民共和国劳动法》规定的义务

企业内部规章制度的制定权是法律赋予企业的用人权的重要组成部分。《中华人民共和国宪法》规定，遵守劳动纪律是公民的一项义务。《中华人民共和国劳动法》规定，用人单位应当依法建立和完善规章制度，劳动者应当遵守劳动纪律。

制定和实施内部劳动规章制度，是企业在其自主权限内用规范化、制度化的方法对劳动过程进行组织和管理的行为，是企业行使用工自主权的重要方式之一。因此，规章制度也称为"企业内部法"，是相关法律、法规在企业管理过程中的延伸。对违反规章制度的企业应当追究法律责任。职工与企业因执行规章制度发生争议，应当依法定的劳动争议处理程序处理。

案例4　坚守规章制度，是企业可持续发展的基石

李强是一名科技有限公司资深的研发经理，负责一个关键的新产品开发项目。在一次例行检查中，他注意到一名初级工程师在编写代码时，为了赶进度而忽略了安全协议，这可能导致产品上市后的安全隐患。

李强深知公司规章制度中对产品质量和安全性的严格要求，立即叫停了该工程师的工作，并召集整个团队进行紧急会议。在会议上，李强重申了遵守规章制度的必要性，并解释了违规操作可能带来的严重后果，包括法律责任和公司声誉的损害。

随后，李强亲自指导该工程师按照正确的流程修正代码，并监督整个团队重新审视各自的工作，确保每一步都符合公司的质量标准。他还提议增加额外的培训课程，

以提高团队成员对规章制度的认识和执行力。

这次事件虽然导致了项目进度的短暂延迟，但最终产品的质量和安全性得到了保障，成功通过了内部和外部的严格审核。李强的决策和行动得到了公司高层的认可，他也被提名为年度最佳管理者候选人。更重要的是，他的行为在公司内部树立了一个典范，提醒每位员工在追求效率和创新的同时，必须始终坚守规章制度，这是企业可持续发展的基石。

2. 制定企业规章制度是建立现代企业制度的需要

建立现代企业制度，是市场经济主体建设的目标，公司法等一系列关于"企业主体"的法律从宏观角度设定了企业的组织和行为框架。要在微观层面上塑造企业的运作模式，就需要制定内部规章，确保法律规定的权利和义务在日常运营中具有实际操作性，以有效应对具体挑战。这是一个既复杂又至关重要的任务。

决策层与管理层的分工，职、权、责的划分，章程的细化，依赖于企业的规章制度来体现、实施和保障。

3. 规范、指引企业部门工作与职工行为的需要，有利于保证生产和经营的安全有效

规章制度的清晰性和稳定性有助于界定企业内部各部门和员工的行为准则，确保每个角色各负其责，各尽其能。

有效的规章制度展现了职责、权力和责任的和谐结合，能有效激发各部门和员工的活力，进而为公司带来更多价值。企业治理的理想状态是减少对个人意志的依赖，管理决策和员工行为都应基于明确的规章制度进行。

企业应通过入职培训，确保员工理解各部门间的协同工作，清晰了解各自的岗位任务，了解行为的界限和激励措施。当员工充分理解和适应这些规章制度后，他们能有清晰的目标，行为一致，进而塑造和体现企业独特的文化及精神风貌。

因此，为了保证企业生产或经营的正常秩序，企业有权对违反规章制度的职工采取某些处理措施，从而有利于保证企业有序生产或经营。

4. 完善"劳动合同制"，解决劳动争议不可缺少的有力手段，并有利于保护职工的合法权益

劳动合同制是适应社会主义市场经济的劳动制度，规范了企业人才、职工的合理、有序流动，成为处理劳动争议的基本制度。然而劳动争议的复杂多样性，仅靠劳动合同并不足以调整，需要借助企业规章制度才能处理解决。

劳动法在制定时就认识到企业规章制度在解决劳动纠纷中的必要性，它在基础条款中明确规定了企业劳动制度合法设定员工权利和义务，并在劳动合同章节中强调了这些规章制度在处理与劳动者关系时的参照作用。没有这些规章制度，仅依赖劳动合同来解决争议会显得力不从心。

企业的内部法规往往包含多项措施以保障员工的合法权益，涵盖安全作业规范、解约补偿、社会保障、福利计划、休息与休假安排，以及对女性员工的产假规定等。这些规定

对维护员工的权益起到关键作用。

案例5　赵某与公司劳动合同纠纷案

赵某自1999年9月起在某某（中国）投资有限公司担任销售经理一职，双方签订的最后一份劳动合同于2009年3月31日到期。

2007年11月20日，赵某收到公司一份关于解除劳动合同的通知。公司指责赵某违反"利益冲突政策"，包括其妻在公司的经销商处工作未申报以及向该经销商借款2万元。基于这些指控，公司决定立即解除劳动合同。

赵某否认所有指控，认为公司违法解除劳动合同，侵犯了他的合法权益。因此，赵某委托律师向劳动争议仲裁委员会提起仲裁，要求公司支付违法解除劳动合同的经济补偿金人民币120000元及替代通知金15000元。

在庭审中，公司提供了"会议记录"，证明赵某承认借款事实，并声称已通过电话向经销商了解赵某妻子的工作情况。赵某否认参加过会议，对会议记录的真实性不予认可，并提供了妻子的工作证明，证明她并非在经销商处工作，而是在一所大学任教。从双方提供的证据来看，很显然，公司认为赵某之妻在公司的经销商处工作和赵某向经销商借款的事实很难被仲裁委员会采信。

《中华人民共和国劳动法》第二十五条规定，用人单位可以解除严重违反劳动纪律或规章制度的员工的劳动合同。然而，公司未能提供足够的证据证明赵某的行为构成严重违反规章制度。此外，公司未能证明已将最新版本的《职业行为准则》告知赵某，因此该准则对赵某无约束力。

仲裁委经过审理，认为公司未能提供有效的证据证明赵某严重违反规章制度，公司也未提供有效证据证明曾将2007年版本的《职业行为准则》告知赵某。因此，公司对赵某严重违反规章制度而解除劳动合同缺乏事实和法律依据，不能成立，根据相关法律法规，对赵某的申诉请求，予以支持。

5. 企业内部规章制度有利于避免用人单位的任意行事

企业设定的规则和程序为员工提供了统一的行为准则，确保了劳动中的公平衡量标准，如薪酬设定、工作时间安排、安全与健康保障、职业发展培训、纪律要求以及岗位资格和奖惩制度。这些规定有助于防止在管理中出现对员工的不公正行为。

总结起来，企业内部的规则体系至关重要，它与公司的运营效率及员工权益保障紧密相连。因此，关注并确保规章制度的建立健全，使其在法律框架内稳健发展是至关重要的。

三、毕业生对企业规章制度的看法存在的问题

1. 毕业生对企业的规章制度的几种错误看法

（1）企业规章制度是一种束缚枷锁

企业更看重能够有效执行任务的员工，因此需要建立有效的规章制度来引导员工朝着企业目标前进。新毕业的员工如同组织的新鲜血液，带来活力，但初期的不适应是常见的。毕业生应学会融入环境，调整自身行为以符合企业的要求。

（2）企业的规章制度是一种对自由的摧残

在校时，社会生活似乎代表着无拘无束的自由，没有了课业负担和定时的课程，也没有了师长和家长的直接监督。然而，步入职场后，才发现工作环境有着更严格的规范，甚至常常伴随着额外的工作时间。

一分辛劳一分收获，为了将来的辉煌我们必须做出牺牲。

（3）企业规章制度禁锢着我们的思想

规章制度无法制约我们的思想，思想的迸发只是缺少了适宜的时间、环境。

（4）企业规章制度要我们改变许多自己的生活方式

无规矩不成方圆，改变只要是好的，又有何不可。

2. 毕业生在企业规章制度面前出现的问题

（1）心态问题

企业规章制度与自己预想出现差距，出现消极抵触情绪，影响工作状态。

在学校时期，有老师和家长的指导与宽容，犯错往往能得到理解和纠正的机会。然而，职场中的错误可能带来更直接的后果，企业对失误的容忍度较低，这使初入职场的职员可能在规章制度的约束下显得小心翼翼。

对企业的现行规章制度产生怀疑，加之周围的老员工相关抱怨，产生抵触情绪。

当个人利益与企业规章制度产生冲突时，不考虑解决方法，产生抵触情绪。

（2）对工作时间的限定

为提高企业效益，规范企业管理，企业普遍会对上班时间做出严格的规定。毕业生令人头疼的问题有两种：在校时，就没有时间观念；到企业后，缺少人员敦促，变本加厉。

案例6　工作与生活平衡挑战

在成都的一家知名儿童摄影公司，三名来自同一职校的毕业生小李、小王和小张，通过严格的面试选拔，成功获得了实习机会。他们满怀期待地开始了新的职业生涯，但很快就遇到了一个棘手的问题——通勤困难。他们租住的地方距离公司较远，每天早上都需要花费大量时间在路上，导致经常迟到。尽管他们尽力调整作息时间，但仍然无法保证准时到达公司，最终不得不遗憾地选择离职。与此同时，另一位毕业生小赵，在成都一家图文有限公司找到了一份设计助理的工作。他在校期间就对设计充满热情，但由于缺乏自律，经常沉迷于网络游戏。在大学期间，班主任老师的严格监管帮助他保持了一定的学习和生活秩序。然而，进入职场后，没有了老师的约束，小赵逐渐放松了对自己的要求。他开始频繁迟到，甚至有时一整天都无法集中精力工作。一个月后，公司对他的表现感到失望，决定与他解除劳动合同。

（3）对个人生活习惯的规定

每位员工都是企业形象和企业能力的展现，尤其在大型企业中，员工的言行举止和着装规范往往被视为公司文化和实力的外在标志。因此，这些企业通常会设定详细的行为准则。毕业生可能在日常生活中形成了一些不经意的习惯，这些在进入职场后可能会不经意间流露出来，需要格外注意。

案例 7　职场礼仪与专业形象的重要性

在成都一家知名的图文设计公司，毕业生张某凭借出色的专业能力和积极的态度获得了一份重要的职位。公司对员工的言谈举止有着严格的要求，尤其是在与客户交流时，必须保持专业和礼貌。为了确保员工能够遵守这些规定，公司专门制定了一系列规章制度，包括禁止跷二郎腿等不雅行为。

张某最初非常重视这些规定，每次与客户见面都保持着良好的姿态。然而，随着时间的推移，他逐渐放松了警惕，开始在交谈中不自觉地跷起二郎腿。老板发现这一情况后，多次提醒张某注意言谈举止，但张某并未引起重视。最终，公司决定将张某开除，以维护公司的专业形象和客户关系。

另一位毕业生徐某在一家网络科技公司的面试中表现得非常出色，几乎已经确定了录用资格。然而，在面试结束时，他突然接到了朋友的电话，情急之下说出了一句脏话。这一幕恰好被面试官听到，对徐某留下了极其不良的印象。公司认为徐某的行为严重违反了公司的职业道德和形象要求，因此决定不予录用。

这两个案例都强调了职场礼仪和专业形象在职场中的重要性。无论是在与客户交流还是在日常工作中，员工都应该保持良好的言谈举止，展现出专业和尊重他人的态度。对于公司而言，维护公司的形象和客户关系是至关重要的，因此对于违反规定的员工将采取严厉的措施。对于个人而言，保持良好的职业形象不仅有助于获得更好的职业发展机会，还能够提高自己的自信心和竞争力。

（4）企业生产流程的规定

为了规范企业生产秩序，各公司都会根据行业特点制定相关的生产流程。毕业生在上岗后，为图简单或想当然地认为该程序无用，在工作中跳过该部分的工作。

案例 8　忽视企业流程带来的后果

在成都一家装饰工程有限公司，设计师李某凭借其丰富的经验和对材料市场的敏锐洞察力，自认为能够准确判断装饰材料的价格波动。因此，在一次与客户的合作中，他选择了跳过预算部的审核环节，直接与客户签订了合同。然而，由于市场价格的不稳定性，该天然大理石板材的价格在几天内竟然上涨了两倍，给公司带来了巨大的经济损失。面对这一局面，李某深感自责，最终选择主动辞职，以承担责任。

另一位毕业生李某在蓝狐策划公司担任策划师一职。在一次大型宣传活动中，他负责方案的制作和执行。然而，在方案定稿后，他并未按照公司的流程与印刷厂方进行详细的沟通，以确保宣传册的质量。结果，印刷出来的上万册宣传册封面出现了严重的偏色问题，导致客户对产品质量产生了极大的不满，拒绝接收货物。面对这一突发状况，李某感到十分无奈和沮丧，最终选择以自动离职的方式结束了自己的职业生涯。

这两个案例都凸显了忽视企业流程带来的严重后果。无论是设计师还是策划师，都应该严格遵守公司的规章制度和流程，以确保工作的顺利进行和公司的利益得到保障。同时，这也提醒我们在工作中要时刻保持谨慎和细致的态度，不要因为一时的疏忽而造成不可挽回的损失。对于企业而言，建立健全的流程和制度是至关重要的，它能够确保公司的运营效率和风险控制。对于个人而言，遵守企业流程不仅是一种职业素养的体现，更是对自己和他人负责的表现。

现代企业管理是流程管理和制度管理的时代，企业制定的每个流程都有其用意所在，我们要学会从所谓的"烦琐"中学习一种做事的方法和态度。

（5）企业保密规则的相关规定

对企业的商业机密，各企业都做出了严格的规定，其中包括客户资料、内部文件、工艺流程等。为了维护员工团结，对薪资待遇也有相关规定。

案例9 商业机密泄露的后果

在某图文公司，毕业生王某担任了一份关键职位，负责处理公司的重要文件和项目。一天，王某在与一位久未见面的朋友聊天时，无意中将公司正在准备的一份房地产标书内容透露了出去。标书中包含了一些敏感的数据和信息，这些信息对于公司来说具有极高的价值。

然而，王某并没有意识到自己的行为已经触犯了公司的保密规定。他的朋友出于好奇，将这些信息告诉了其他人，最终这些信息被竞争对手得知。竞争对手利用这些信息，成功地击败了公司，赢得了项目。这不仅给公司带来了巨大的经济损失，也严重破坏了公司的声誉和形象。

当公司得知这一情况后，立即展开了调查。经过核实，确认是王某泄露了商业机密。公司对此事非常重视，认为王某的行为严重违反了公司的保密规定和职业道德，对公司造成了不可挽回的损失。因此，公司决定将王某开除，并保留追究其法律责任的权利。

这起事件给我们敲响了警钟，提醒我们在职场中要时刻保持谨慎和责任心。商业机密是企业的核心竞争力之一，保护商业机密是每个员工的基本职责。我们应该严格遵守公司的保密规定，不随意透露任何敏感信息。同时，企业也应该加强对员工的培训和教育，提高员工的保密意识和职业道德水平，以防止类似事件的再次发生。

毕业生步入社会时间不长，较缺乏社会经验，加之思想单纯，与人沟通中不经意泄密。每个组织都有其内部规则来保护敏感信息，作为企业员工，理解和遵守这些规定以维护信息安全是基本的职业操守。

四、学会遵守规章制度

（一）新员工在企业规章制度前应具有的自身素质

作为新手，适应新的职场环境时，理解和遵循规章制度是至关重要的第一步。这不仅能帮助你洞察公司的核心理念和文化，还能帮助你明确在公司中的权利、职责和义务，从而加速你对工作环境的适应，顺利地与团队建立联系，享受工作过程。

1. 要平衡自己的心理，调整好自己的心态

对于毕业生而言，迅速适应从学生到职场人的身份过渡是必要的，不应期待环境迎合自己，而应主动融入企业。虽然在校期间可能对未来职业抱有美好憧憬，但当现实的职场规则与个人期望不符时，有些人可能会选择回避或情绪低落，这可能导致他们的工作表现逐渐下滑，最终可能无法在职场中立足。

2. 要加强对规章制度的学习

公司的规则和程序往往根据其所在行业的特性制定。深刻理解这些规定的精神实质，是创新和提升个人专业技能的关键，这有助于我们在遵守规则的同时，找到改进和优化工作流程的方法。

通过深入学习公司的各项规定，我们能更深刻地理解企业，这强化了我们遵守规则的意识和主动性。规章制度构成了企业稳定运营的基石，是企业成长的护航者。没有这些规则，企业难以实现目标，就像"无规矩不成方圆"所言。缺乏完善的制度，企业运营将变得混乱，方向不明，阻碍其进步。因此，每个员工学习并遵循规章制度是确保企业有序发展、不断壮大和强盛的关键。

3. 以身作则，做执行公司规章制度的典范

规章制度执行得好坏，对企业的发展至关重要，这就要求我们每个员工应该以身作则，时时以执行规章制度为荣，处处做执行规章制度的表率，自觉遵守公司的各项规章制度，一切以规章制度为标准来要求自己，衡量自己。

严格执行公司规章制度也是承担责任的一种表现，既是对企业负责，也是对个人发展负责。

案例10　培养孩子的责任感

在一个中国家庭中，有一个活泼可爱的小男孩。一天，他在玩耍时不小心打翻了花瓶，花瓶碎了一地。小男孩吓得脸色苍白，站在原地不知所措。

这时，他的妈妈走了过来，看到地上的碎片，她没有责怪小男孩，而是安慰他说："没关系，只是一个花瓶而已。但是，我们要学会对自己的行为负责。现在，你去拿扫帚和簸箕，把碎片打扫干净。"

小男孩虽然有些不情愿，但还是听从了妈妈的话，去拿了扫帚和簸箕。他认真地打扫着碎片，虽然过程有些艰难，但他还是完成了任务。

这个例子展示了父母应该如何培养孩子的责任感。当孩子犯错误时，父母应该引导他们认识到自己的行为并承担相应的责任。通过这样的教育方式，孩子会逐渐明白自己的行为会带来什么样的后果，从而培养出良好的责任感和自我管理能力。

4. 要讲究解决问题的方式、方法

新员工进入岗位以后，在适应企业的规章制度的过程中，难免会出现问题。这时我们应主动地对问题进行改正，如遇到无法解决的问题时，应谦虚委婉地与企业负责人沟通解决。

（二）毕业生应对企业规章制度的措施

1. 知己知彼、百战不殆

要在企业规章制度面前游刃有余，首先要充分了解企业规章制度，除要了解它的外在，还要了解它的本质，这样我们才能充分地贯彻执行。

2. 遇海填海、遇河造舟

在遇到企业规章制度与实际情况发生冲突时，首先是与自己的直接领导沟通，看能否协调，实在无法协调时，改变实际情况，寻求解决办法。

案例 11　积极应对上班迟到问题

毕业生王丽面临着与张某相似的困境。她住在离公司较远的郊区，每天早晨需要花费近两小时乘坐公共交通工具前往公司。由于交通状况不佳，她经常无法准时到达公司，这给她的工作带来了很大的不便。

王丽意识到，仅依靠公司协调并不能解决她的问题。于是，她开始积极寻找其他解决方案。首先，她对公交线路进行了深入的查询，了解了不同线路的班次和时间，以便更好地规划自己的出行路线。其次，她向老板和同事们咨询，看是否有人在她的方向有车，可以顺路带她一起上班。最后，她还考虑购买一辆自行车或电动汽车，以便提前出门，避免因交通拥堵而迟到。

在尝试了以上几种方法后，王丽发现与附近的同事合租是最可行的解决方案。她与一位同样住在郊区的同事达成了共识，两人轮流开车上下班，既节省了时间又降低了成本。

通过积极寻求最佳解决方案，王丽不仅解决了上班迟到的问题，还提高了自己的工作效率和生活质量。这个例子告诉我们，面对问题时，我们应该持有积极的态度，勇于尝试不同的方法，寻找最适合自己的解决方案。

---

3. 辨明是非、严格执行

企业在执行规章制度时，往往会遇到老员工主动"指点迷津"，诱导你做出一些对他有利的事情，所以在企业中，为防止被利用，我们只能对规章制度严格执行，少说话、多做事。

案例 12　听信谗言导致职业失败

王某刚加入公司不久，对公司的业务和环境还不太熟悉。一天，他遇到了一位老员工，老员工向他传授了一些所谓的"职场经验"，告诉他这个公司没有前途，建议他晚班时到隔壁小房间多睡会儿，以图轻松度过每一天。

王某听信了老员工的建议，开始违反公司规定、消极怠工。他不再努力工作，也不再关心公司的业务和发展。然而，这种行为很快被公司领导发现，并给予了他相应

的处分。最终，王某被迫离开了公司。

这个案例告诉我们，职场中存在着各种各样的人，其中不乏有不良动机的人。他们可能会向你灌输一些错误的观念和行为方式，如果你轻信他们的话，就可能会走上错误的道路。因此，我们在职场中要保持清醒的头脑，不要轻易被他人左右。同时，我们也要时刻关注自己的行为和态度，努力提升自己的职业素质和能力，为公司的发展做出贡献。

企业内部的竞争是残酷的，新人做好自己本职工作，严格遵守企业的规章制度是必需的，要相信规章制度而不要轻信所谓的指点"迷津"。

4. 乐观积极，永不言弃

在企业的规章制度中，可能会有很多条条框框来束缚着员工，可能很多毕业生在踏入企业后短时间内无法适应，或理想与现实的工作差距过大，进而丧失工作信心与乐趣，产生逃避的思想。

案例 13　积极适应、坚持不懈取得成功

张华，一名计算机专业的毕业生，被分配到一家软件开发公司担任程序员。起初，他被安排在一个偏远的山区进行软件测试工作，那里的工作条件艰苦，生活设施简陋。每天，张华都要在电脑前连续工作十几个小时，以确保按时完成测试任务。

尽管工作环境艰苦，但张华始终保持积极的态度。他告诉自己，只有不断适应和努力，才能在这个领域取得成功。他利用业余时间学习新技术，不断提升自己的编程能力。经过几个月的不懈努力，张华的工作表现得到了上级的认可，他从一个普通的程序员晋升为项目经理。如今，他已经成为公司的核心成员，年薪丰厚。

张华的成功秘诀在于他的积极态度和坚持不懈的精神。他相信，只要不断调整自己、保持乐观心态，就一定能够克服困难，实现自己的目标。

（三）毕业生必须知道的法律法规

你知道新入职在公司的试用期时间为多长吗？你知道怎样约定试用期是合法的吗？试用期是我们每位毕业生求职成功后必经的一道程序。

1. 试用期时间的约定

我国现行劳动法及相关法规对试用期问题作了明确规定：劳动合同期限在六个月以下的，试用期不得超过十五日；劳动合同期限为六个月以上一年以下的，试用期不得超过三十日；劳动合同期限为一年以上两年以下的，试用期不得超过六十日。试用期包括在劳动期限中。其中，六个月以下、一年以下、两年以下，分别含六个月、一年、两年。

试用期的时间与劳动合同期限应相匹配，其基本要求是"不得超过六个月"而并非可随意约定。倘若两者时间不匹配，发生试用期满解除劳动合同，就可能引发劳动争议。之前的劳动合同法规定，试用期期限约定违法的情况下，约定是无效的，但新的劳动合同法

规定，约定违法的情况下用人单位要支付双倍工资。

2. 合法延长试用期

用人单位常遇到这样的问题：劳动者在进入一个新的用人单位后，熟悉新环境，认识新同事需要一段时间，熟练业务也需要时间，有的用人单位还要对劳动者进行岗前培训。这样算下来，一个月、两个月的试用期并不能考察出劳动者是否完全胜任工作，对企业文化是否完全认同，怎样能合理合法地延长试用期呢？

延长劳动合同的期限，试用期的长度可相应地延长。"原本签的合同是一年的，可以延长到三年；原本合同期限是三年的，可延长到三年以上。这样试用期的长度也相应地延长了。"同时，延长试用期必须是在试用期内，双方协商一致，同意延长试用期。延长后，必须将原来的劳动合同收回，重新签订劳动合同。

3. 试用期只能约定一次

案例14　企业违反试用期规定被裁定违法

李明曾在一家知名互联网公司担任产品经理，但出于个人原因离职，两年后，他决定重返这家公司，并申请了相同的职位。公司同意了他的请求，并与他签订了新的劳动合同。然而，在试用期间，公司发现李明的工作表现并未达到预期标准，遂决定解除劳动合同。

李明对此感到不满，认为公司违反了《中华人民共和国劳动合同法》中关于试用期的规定。于是，他向当地劳动仲裁委员会提起申诉。仲裁委员会经审理认定，根据《中华人民共和国劳动合同法》规定，同一用人单位与同一劳动者只能约定一次试用期。因此，公司与李明约定的试用期为违法约定，应予以撤销。

此案提醒用人单位在用工过程中必须严格遵守法律法规，合理设置试用期，并确保试用期的约定符合法律规定。同时，劳动者也应充分了解自己的权益，维护自己的合法利益。

依据我国现行劳动法及相关法规、规章、政策性文件的有关规定，"试用期"仅适用于初次就业或再次就业时改变劳动岗位或工种的劳动者。法律规定，对于工作岗位保持不变的同一劳动者，雇主只能进行一次试用期。试图在续约劳动合同时以设置新的试用期为借口来降低员工薪酬的行为是不合法的，无法得到法律的支持。

任务二　走进企业，我们需要职业化

任务准备

（1）职业化的概念介绍：让学生理解职业化是工作标准化、规范化和制度化的过程。

（2）职业化的重要性：通过案例，让学生认识到职业化对于个人和企业成功的影响。

（3）职业化内容的冰山模型：展示显性和隐性素养的区分，引导学生思考职业化的全面性。

任务实施

（1）显性素养的实践：通过角色扮演或小组讨论，让学生体验职业化形象、语言和动作的塑造。

（2）隐性素养的培养：让学生分享如何在日常生活中培养职业道德、职业意识和职业心态。

（3）职业化语言沟通：进行情景模拟，练习如何在职场中进行有效的沟通。

（4）职业化动作的展示：观看或演示职业化动作的视频，让学生理解其在工作中的重要性。

任务分析

一、什么是职业化

（一）认识职业化

1. 职业化的基本概念

在现代社会，职业化是指个人或组织在从事某一职业活动时所展现出的专业知识、技能、态度和行为规范。它要求从业者具备高度的责任感、敬业精神、团队协作能力和持续学习的意愿，以提供高质量的服务或产品，满足客户需求，推动企业发展。

2. 职业素养

职业道德、职业意识、职业心态是职业化素养的重要内容，也是职业化中最根本的内容。若把整个职业化作为一个树状模型，那么职业化素养则是这棵树的树根。

（1）职业道德

职业人应该遵循的职业道德包括诚实、正直、守信、忠诚、公平、关心他人、尊重他人、追求卓越、承担责任。这些都是最基本的职业化素养。

（2）职业心态

职业心态是指在职业中，应该根据职业的需求，表露出的心理感情，即指职业活动的各种对自己职业及其职业能否成功的心理反应。

良好的职业态度如同滋补品，它能丰富我们的职业生涯，从小自信心的积累到远大抱负的实现，从小成就到宏图伟业。许多人混淆了个人情绪与职业态度，常以个人感受来应对工作。明确个人心态与职业心态的界限，有助于我们更专业地满足职场期望。

（3）职业意识

职业意识（Professional Awareness）是作为职业人所具有的意识，包括使命感、责任感，也叫作主人翁精神。职业意识体现为个体对职业劳动的认知、判断、情感及态度等心理要素的综合体现，它如同一个指挥棒，指导和影响着个人的所有职业行为和职业活动。职业意识不仅影响个人的求职选择和职业定位，还对社会整体就业格局产生影响。它由两部分组成：就业意识，即个人对所从事职业及其职责的理解和态度；择业意识，则涉及个人对理想职业的期望和选择。

3. 职业化技能

职业化技能是企业员工对工作的一种胜任能力，通俗地讲，就是你是否有能力来承担这项工作任务。职业化技能大致可以包括两个方面的内容，即职业资质和资格认证。

（1）职业资质

学历认证是最基础的职业资质，如专科、本科、硕士、博士等，通常就是进入某个行业某个级别的通行证。

（2）资格认证

资格认证是对某种专业化的东西的一种专业认证，比如会计，就必须拥有会计上岗证、其次就是注册会计师资格认证，做精算的，就要拥有精算师资格证书。虽然证书认证和资格证明是正式的资质认可，但在实际中，还存在一种非正式的认证形式，即社会认可。社会认可往往基于个人在社会中的声誉和地位，比如作为某个领域的知名专家或学者，即使没有官方的证书，只要得到广泛的社会认同和尊重，这就足以证明你在该行业领域的专业资质。

（二）职业化的特征

1. 专业性

随着社会的不断发展，各行业对专业素养的要求日益增强，这要求从业人员拥有深厚的专业知识和技能以满足工作需求。专业化不仅涵盖深厚的理论基础，还包括实践操作技巧和解决实际问题的能力。比如，在金融领域，从业人员需要拥有深厚的金融理论和实践经验；在医疗界，医生需要扎实的医学理论和临床操作技能；在 IT 界，程序员需要精通编程技术并具备项目管理的实际经验。

2. 责任感

在当今社会，个人对其行动和选择的责任感日益增强。在职业领域，这种责任感要求员工不仅对自己的职责尽心尽责，还要对客户、公司乃至整个组织的福祉负责。他们需要展现出强烈的责任感和职业使命感，对每项任务都精益求精，保证工作品质。比如，销售员需要对客户负责，满足客户需求，提供卓越的产品和服务；而在制造业，工人则需要确保产品质量，生产出符合标准的产品。

3. 敬业精神

如今，人们对工作的态度越来越重视。敬业精神被视为工作态度的核心。职业化提倡员工具备这种精神，愿意为达成目标付出额外的努力和时间。他们应积极面对困难，追求卓越，持续提升自身的职业能力。比如，在科研领域，研究者需持续钻研，勇于解决新问题，以期在学术上取得创新；而在创业领域，创业者需要不断发掘商业潜力，努力推动企业的成长与进步。

4. 团队协作能力

在现代社会，团队合作已经成为工作的常态。职业化要求从业者具备良好的团队协作能力，能够与同事、上级和下级有效沟通，共同完成工作任务。他们应该尊重他人，善于倾听他人的意见，积极寻求合作。例如，在项目管理中，团队成员需要相互配合，共同推进项目进度；在客户服务中，不同部门的员工需要协同工作，为客户提供全方位的服务。

5. 持续学习意愿

现今知识更新换代的速度越来越快。在职业道路上，持续学习是必不可少的，从业者应有意识地更新知识和技能以应对市场变革和技术进步。他们需保持开放思维，乐于接纳新知，敢于探索创新途径。例如，在互联网行业，专业人士必须不断学习新兴技术和工具，以适应瞬息万变的市场环境；在人力资源领域，从业者需要关注最新的招聘策略和培训方法，以更有效地支持团队发展。

（三）职业化与技能的关系

技能是职业化的基础，但并不等同于职业化。技能涵盖个体在特定领域或职务上的专业技术和实践能力，但真正实现职业化，还需要包括职业道德、诚信和积极的工作态度。因此，职业化不单纯是技能的堆砌，它更强调全面的素养。比如，一位杰出的医生，除了具备精湛的医疗技能，还需要具备高尚的医德和对患者的关怀能力；一位卓越的律师，不仅要有深厚的法律功底，还需要有敏锐的分析能力及出色的沟通技巧。

（四）职业化的历史演变

职业化的理念和实践在历史的长河中逐步演变。古代，许多手艺和职业通过家族传统或师徒相传，技能和知识的范围相对有限。随着工业革命的浪潮和现代企业结构的形成，职业化逐渐成为行业标准。企业开始注重员工的专业素养和职业能力，通过系统化的培训和评估来提升员工。职业化也从单纯的技术熟练度扩展到全面的个人素质培养。比如，20世纪初，福特汽车公司的流水线作业强调工人对标准化流程的掌握；20世纪中期，丰田汽车公司的精益生产理念则要求员工具备不断改进生产效率的智慧。这些创新都促进了职业化水平的提高。

（五）职业化的现状与挑战

职业化已成为各行各业的共同标准。无论是在金融、医疗、信息技术领域还是在制造行业，都对从业人员的专业技能和职业素养提出了高标准。然而，市场动态和技术革新带来了新的挑战。这要求从业者持续学习新技能，以适应不断涌现的技术；提供定制化服务，以满足客户日益多元的需求；提升工作效率和质量，以应对激烈的竞争。因此，如何在变革中保持适应性和提升职业能力，成为每个职业人士亟待解决的议题。例如，金融界人士需要跟进金融科技的潮流，学习区块链和 AI 等先进技术，以应对行业转型；医疗从业者需要不断更新医学知识，以提供更精确和个性化的医疗服务；在 IT 领域，开发者需掌握新的编程语言和开发工具，以适应快速演进的互联网环境。

（六）如何做到职业化

实现职业化要求多维度地提升自我。首先，保持持续的学习状态，不断更新专业知识和技能，对新知识和技术保持敏感。这可以通过定期参与专业研讨会、阅读行业资料、关注市场变化来实现。其次，树立并践行职业道德，如遵守职业规范，保护客户隐私，尊重知识产权，与人交往时展现诚信和尊重。再次，提升职业素养和多元化技能，比如增强沟通技巧、团队合作精神和创新能力。这可以通过参与团队项目、学习沟通策略和关注行业创新来实现。最后，对行业动态和市场需求保持敏感，根据市场变化和法规要求灵活调整工作策略，以确保工作的适应性和合规性。

在当今社会，职业化是个人和组织成功的关键。它涉及拥有专业知识、技术、职业态度和行为准则，以确保服务或产品的卓越品质，满足客户期望，并促进公司成长。实现职业化，意味着持续学习和提升专业技能，坚守职业道德，同时发展沟通、协作和创新能力。此外，关注行业趋势和市场变化，适时调整工作策略，是保持竞争力和适应技术进步的关键。这样的自我提升将有助于个人在不断变化的环境中为企业创造更大的价值。

二、理解职业化

（一）快乐地去做必须做的事情，无论是喜欢还是不喜欢

人们每天都在做两种事情，即喜欢做的事情和必须做的事情。大多数人每天都在做必须做的事情，尤其是管理者必须面对大量根本不愿意做的事情。

职业化确实要求一定程度的投入和奉献，但并不意味着必须牺牲全部的个性、爱好或健康。它要求职业人士在团队中找到平衡，可能需要在短期内承担不那么喜欢的任务，以实现长期的职业目标和成长。然而，这种牺牲不应被误解为对个人福祉的忽视。健康和兴趣的保持也是职业成功的重要组成部分，因为它们有助于维持工作热情和效率。正确的职业态度应是找到兼顾个人发展与身心健康的方式，同时在团队中发挥积极作用。

在面对不得不完成的任务时，人们可以选择带着痛苦的心态去执行，也可以选择以积极的态度面对。职业化的职业者倾向于选择后者，即以乐观的心态去处理不那么喜欢的工作。快乐与短暂的欢乐不同，欢乐可能源自无目的的兴奋，而快乐则源于克服困难、承受压力后的成长和收获。在工作中找到快乐，意味着在面对挑战时，能够体验到成就感、满足感，并从中学习和进步，这是职业化表现的一部分。因此，以积极、快乐的态度面对工作，是职业化道路上的智慧选择。

只有这样，才能做到做事情不为个人感情所左右，冷静且专业，达到职业化的要求。

（二）理解职业化的显性素养

显性素养是指那些可以直接观察和测量的职业素质，它们通常与个人的专业知识、技能和经验密切相关。显性素养的特点包括以下三点。

①可衡量性：显性素养可以通过考试、评估和证书等方式进行量化和评估。

②可传授性：显性素养可以通过培训、教育和实践等途径进行传授和学习。

③可展示性：显性素养可以通过个人的工作表现、成果和贡献等方式进行展示。

1. 专业知识

专业知识是职业素质的基石，它是从业者在特定领域所掌握的基础理论知识、原理和方法。专业知识的深度和广度直接决定了从业者在职业生涯中的发展空间和潜力。

在快速发展的现代社会，专业知识的迭代速度迅猛。为了在职场中保持领先地位，专业人士必须持续学习，不断充实自己的知识库。这可以通过参加专业培训、利用在线教育平台、参与行业论坛和研讨会等方式实现，以确保掌握最新的行业资讯和专业知识。同时，关注行业动态和市场变化至关重要，这包括跟踪新技术的发展、洞察市场趋势，以便适时调整个人的知识体系和技能组合，以适应不断变化的环境需求。这样的自我提升不仅有助

于保持竞争力，还能为个人的职业发展开拓新的机遇。

持续学习固然重要，但实践经验同样不可或缺，它能将理论知识转化为实际操作技能。通过参与实际项目、剖析案例，专业人士能够增强工作中的应用能力，提升效率和成果的品质。实践过程中的体验还能暴露出个人的弱点，为后续的学习和专业成长提供明确的改进路径。

2. 专业技能

专业技能是指在特定行业或职业中，个人所拥有的实际操作技巧和能力，它们构成了从业者胜任工作岗位的核心基础，并在他们的职业道路上扮演着至关重要的角色。

在当今时代，对专业技能的需求日益增长。随着科技的飞速进步和市场环境的瞬息万变，从业人员必须不断升级自身的技能，以满足日益苛刻的工作标准。这涉及学习新兴技术、熟悉新工具和策略。同时，提升实践经验同样关键，通过参与实际项目和深度案例研究，可以增强解决实际问题的能力，确保在职场中保持竞争力。

在当前工作环境中，团队协作和沟通技巧同样不可或缺。成功的职业人士不仅需精通其专业领域，还需要擅长与人沟通和协作。因此，发展团队合作精神和高效的沟通能力至关重要，这包括与同事、上级和客户建立顺畅的交流，以促进和谐的人际关系，进而提升整体的工作效率、效能和成果质量。

3. 经验与实践

实践经验与工作中的学习是塑造职业素养的关键因素。通过参与项目执行、深度案例研究等途径，专业人士能够积累宝贵的实战经验，进而提升实际操作水平。这些经验同样有助于自我反省，暴露出个人的弱点，为个人后续的成长和能力提升提供明确的改进目标。

在不断积累经验与实践经验的道路上，反思和总结是不可或缺的环节。通过深入分析自己的工作实践和思维模式，个人能识别出自身的优势和需要改进的地方，进而优化工作策略。定期回顾经验教训有助于避免重复错误，有效提升工作效能和成果的品质。

除了自我反思和总结，互动学习和跨领域交流对从业者同样重要。通过与同事、领导和客户的互动，可以汲取多元化的见解和策略，开阔思维边界。这样的交流过程也能揭示个人的弱点，为个人的持续学习和成长提供有价值的指导。

（三）理解职业化的隐形素养

隐形素养是指那些难以直接观察和测量的职业素质，它们通常与个人的价值观、态度、动机和性格等内在因素有关。隐形素养的特点包括以下三点。

①难以量化：隐形素养不容易用具体的指标或数据来衡量。

②个体差异大：不同人的隐形素养差异较大，受个人成长背景、文化环境等因素影响。

③长期形成：隐形素养需要经过长时间的积累和实践才能形成，不能一蹴而就。

1. 职业道德

职业道德是从业者在职业活动中应遵循的道德规范和行为准则。它是从业者在职业生涯中所需的基本素质之一，也是评价从业者职业素养的重要标准之一。

在当前社会，职业道德的标准不断提升，这与市场激烈竞争和消费者对个性化服务的需求息息相关。从业者必须强化道德观念和责任意识，包括确保客户隐私安全、恪守法规、秉持诚实和信誉。此外，维护个人的专业形象和名誉也是至关重要的，因为它为个人的职业道路构筑了稳固的基石。

为了塑造高尚的职业道德，从业者应当致力于个人品德的修养和提升。这涉及自我反省和持续学习，以塑造正确的道德观和行为模式。实践经验同样重要，通过分析实际工作中的实例和模拟情境，可以增强职业道德的实践应用。同时，与同行的互动和学习有助于拓宽道德视野，理解并接纳多元的职业行为准则，从而不断优化自己的职业道德框架。

2. 职业态度

职业态度是指从业者对工作的态度和看法，包括责任感、敬业精神、主动性等方面。一个良好的职业态度可以帮助从业者在工作中取得成功，同时也能够提高整个组织的竞争力。

责任感是职业态度的核心要素之一。一个有责任感的从业者会认真对待自己的工作，对自己的行为和决策负责。他们会尽自己最大的努力完成工作任务，确保工作质量和效率。同时，他们还会关注客户的需求和利益，为客户提供优质的服务或产品。

敬业精神是职业态度的另一个重要因素。一个敬业的从业者会全身心投入工作中，追求卓越和完美。他们会不断学习和提升自己的专业技能，提高自己的工作水平。同时，他们还会关注行业动态和市场需求的变化，不断调整自己的工作策略和方向。

主动性是职业态度的又一个重要因素。一个主动的从业者会积极寻找工作机会和挑战，不断拓展自己的职业发展空间。他们会主动承担责任，寻求解决问题的方法，为组织创造更大的价值。同时，他们还会关注客户的需求和利益，为客户提供更加个性化的服务或产品。

为了培养良好的职业态度，从业者需要注重自我激励和自我约束。通过自我激励和自我约束，培养自己的责任感和敬业精神。同时，从业者还需要注重实践锻炼，通过实际工作中的案例分析和模拟演练等方式，提高自己的主动性和创造力。此外，从业者还需要注重与他人的学习和交流，了解不同的职业态度和行为方式，不断完善自己的职业态度体系。

3. 沟通能力

沟通能力是指从业者与他人进行有效沟通的能力，包括倾听、表达、协商等方面。在现代社会，沟通能力已经成为非常重要的能力之一。一个具备良好沟通能力的从业者可以与同事、上级和客户建立良好的关系，促进业务合作和团队协作。

倾听是沟通能力的基础要素之一。一个善于倾听的从业者会认真听取他人的意见和建议，理解他人的需求和期望。他们会给予他人足够的时间和空间来表达自己的观点和想法，并尊重他人的意见和建议。同时，他们还会通过反馈和确认等方式确保自己正确理解他人的意思。

表达能力是沟通能力的另一个重要因素。一个具备良好表达能力的从业者可以清晰、准确地传达自己的观点和想法，使他人易于理解和接受。他们会使用恰当的词汇和语言表达自己的意思，避免使用模糊或歧义的词语。同时，他们还会注意自己的语气和语调，使自己的表达更加生动有力。

协商能力是沟通能力的又一个重要因素。在现代社会，团队合作已经成为非常重要的能力之一。一个具备良好协商能力的从业者可以与同事、上级和客户进行有效的协商和谈判，达成共识和合作。他们会了解各方的需求和期望，寻找共同点和差异点，并提出合理的解决方案。同时，他们还会注重沟通技巧和策略的运用，使自己的协商更加顺利有效。

为了培养良好的沟通能力，从业者需要注重实践锻炼和学习。通过实践锻炼和学习，提高自己的倾听、表达和协商能力。同时，从业者还需要注重与他人的学习和交流，了解不同的沟通方式和技巧，不断提高自己的沟通能力。此外，从业者还需要注重跨文化交流的学习和实践，提高自己的跨文化沟通能力，以便更好地适应国际化的工作环境。

三、职业化是正确做事的基础

（一）职业化是正确做事的基础

在现代社会的快节奏中，各行各业的从业者都在追求卓越和成功。在这个过程中，一个不容忽视的要素就是职业化。职业化不仅是个人职业生涯中的一种态度，更是正确做事的基础，它涵盖了专业素养、道德规范、技能提升和团队协作等多个方面，是确保工作高效、有序和可持续发展的关键。

同时，细节本身意味着一种规范，关注细节往往体现了一个人的修养和专业素养，这在日常工作中尤其明显。以一个简单的场景为例，如果查看一个人的电脑，发现文件杂乱无章，散布在各个文件夹中，且文件命名毫无规则，比如"通知"这样的名称重复且无特定标识，那么可以推测此人可能缺乏职业化的习惯。因为他在组织和管理信息这样的基本工作细节上不够严谨，这通常意味着他在其他工作方面也可能缺乏系统性和条理性。再如，如果一个人总是丢三落四，也绝不会给人留下一个职业化的印象。

于细节处体现职业化，就是职业化的精髓。职业化的要义在于分清楚什么样的场合要有什么样的行为，在工作的各细节上体现规则、制度、轻重缓急等特征。

1. 做事

①工作应当专注于工作本身，全身心投入，他人的态度不应影响自己的专业态度。工作不仅是对自己责任的体现，更是个人品质的展现。无论面对何种任务，都应确保自己对每个环节了如指掌，绝不敷衍了事。这样的原则，彰显了对自己工作的尊重和对结果的严谨态度。

②做事要善始善终，确保每项任务的完整性和质量。除非遇到不可抗力，否则不应将未完成的工作留给他人处理。完成工作后，要确保环境恢复到初始状态，比如会议结束后，椅子应归位，如有不慎造成的杂物散落，应及时清理干净。这种做法体现了对工作和环境的尊重，以及对细节的注重。

③确保每次完成的任务都能展现出一致性，这样他人会认为所有的工作都出自同一人之手，这反映了一种高度的规范性和专业素养。以撰写文章为例，如果文章中的一段文字混杂了两种明显不同的字体和大小，会给人留下不专业、不职业化的感觉，仿佛是不同人拼凑的结果。因此，保持格式和风格的一致性是体现职业化的重要标志。

④如果一个人的工作中经常出现明显的错误，如拼写错误、数字上的明显疏漏，这往往表明他们在执行任务时不够专注或缺乏质量控制。这样的错误容易被察觉，暗示了他们可能无法提供高质量的工作成果。因此，一个优秀的人通常会避免这类错误，确保他们的"产品"经过精心校验和打磨。

⑤尊重时间，承诺的截止时间应视为不可动摇的约定，总是力求提前完成，绝不过期。如果无法确保按时完成，那么在一开始就不应轻易承诺。这种守时和信守承诺的态度体现了专业和责任感。

2. 说话

①在非正式场合，可以尽情分享幽默和轻松的时刻，但一旦涉及工作，应立即切换到专注和专业的态度，避免不适当的幽默或过于夸张的行为，以保持工作的庄重和效率。

②在工作环境中，尽管偶尔的闲聊可以增进团队间的亲近感，但应当避免过度讨论个人私事，尤其是他人的私生活。对于那些以八卦为乐的言论，可以持保留态度，听听就好，不参与传播，以维护良好的工作氛围和他人的隐私。

③在团队中，应尊重每个成员，避免公开进行正面或负面的个人评价。如果需要表达不满，一句轻松的口头禅可以作为释放情绪的方式，但不应持续抱怨，以免影响团队的和谐与效率。保持积极和建设性的沟通至关重要。

④职场是专注于任务和创造价值的环境，尽量避免将个人生活中的困扰带入其中。虽然将工作与个人生活完全隔离可能有难度，但利用上下班途中的时间来调整心态是个好习惯。这样可以帮助你在进入办公室时保持专业和专注，确保工作效率和团队协作的和谐。

⑤沟通时应清晰明了，即使不保证每次发言都完全正确，但确保每次表达都经过深思熟虑。谈话内容应紧密围绕主题，遵循逻辑结构，突出关键点，避免冗余和偏离主题，以提高沟通效率和理解度。

3. 待人

①在职场中，要以平等和尊重的态度对待所有人，无论他们的职位高低或经验多少。对同事、下属或新入职的员工都应展现出礼貌和友善，因为每个人都有自己的价值观和成长轨迹。保持自信但不傲慢，谦逊但不自卑，这样才能建立良好的人际关系，共同营造一个和谐的工作环境。

②在与合作伙伴交往时，保持一致性是建立信任和专业形象的关键。如果你无法做到根据不同场合灵活调整自己的行为，那就坚持真实、一致的自我。无论是在公开场合还是在私下，都要展现出相同的价值观和行为准则。这样不仅让人感到可靠，也有助于维护个人品牌和声誉。

4. 接物

无论是文件、信息还是工作任务，都要养成及时整理和归档的习惯。对处理过的事务保持清晰的记忆，了解其背景和进展，这将有助于你在需要时迅速找回信息，同时也能确保你在跟进和沟通时提供准确的细节。定期回顾和总结也能帮助巩固记忆，提高工作的连贯性和效率。

（二）大学生职业化素养的自我培养

职业素养是可以通过学习和实践来提升的，不论是个人的起点、性格特点还是智力水平，只要敢于尝试和变革，都能收获意想不到的成就。对于大学生来说，大学阶段是培养职业素养的关键阶段，应当主动致力于培养职业化素养和自我提升。

1. 培养职业意识

很多高中毕业生在跨进大学校门之时就认为已经完成了学习任务，可以在大学里尽情地"享受"了。这正是他们在就业时感到压力的根源。

近期一项关于在校大学生心理健康的调查显示，75%的学生认为就业压力是主要压力源。半数大学生对毕业后的人生方向感到困惑，缺乏明确规划；超过四成的学生表示尚未深入思考未来；只有少数学生（8.3%）对他们的未来有清晰的愿景和自信。培养职业意识意味着要为未来制定蓝图。因此，在大学期间，每个学生都应该自我反思：我是怎样的个体？我期望从事何种职业？我具备哪些能力？环境能为我提供哪些机会？关键在于深入了解自我，包括个人的气质、性格、技能，以及兴趣、动机、需求和价值观等个人特质。这样有助于找到与自身特质相匹配的职业道路。

据此来确定自己的个性是否与理想的职业相符：对自己的优势和不足有一个比较客观的认识，结合环境如市场需要、社会资源等确定自己的发展方向和行业选择范围，明确职业发展目标。

2. 完成知识、技能等显性职业化素养的培养

教学计划和专业课程设计是根据社会需求和学科要求精心设计的。其目标在于确保学生掌握全面的学科基础知识和专业精粹，增强他们对所学专业的理解和知识实践能力，同时培养学生的自主学习技能和养成良好的学习习惯。

因此，大学生应该积极配合学校的培养计划，认真完成学习任务，尽可能利用学校的教育资源获得知识和技能，作为将来职业需要的储备。

3. 有意识地培养职业道德、职业态度等方面的隐性素养

隐形的职业能力是大学生职业准备的关键组成部分，包括自主性、责任感、专业承诺、团队合作精神和道德规范等核心素质。然而，数据显示不少大学生在这些关键领域有所欠缺。记者的调查揭示，如过分依赖、爱出风头、回避基层挑战等行为，往往会对大学生的职业发展造成阻碍。

例如，在厦门博格管理咨询公司的一次招聘过程中，一位来自上海知名高校的女生在书面中文测试和外语口语测试中表现出色，却在最终面试环节落选。郑甫弘提到，他在面试尾声随意问道，如果被录用为大客户经理助理，但户口迁移至深圳可能存在困难，她是否愿意接受。女生回答需要和父母讨论后再做决定，这反映出她的决策独立性不足，导致错失机会。那些倾向于抢占焦点的人往往被看作缺乏团队协作精神，这并不受雇主青睐。如今，很多大学生作为独生子女，可能在独立性、担责意识和合作精神上有所欠缺，反而可能过于关注个人表现，容易受到外界影响。

因此，大学生应当积极在校园学习和日常生活中培养自立精神，懂得合作与分享，心怀感恩，并勇于承担个人责任。不应总是将失败或问题归咎于外部因素，比如遇到挫折时，不应抱怨环境，而应首先反思自我，承认并改正自己的错误和缺点。在成长过程中，要学会从自身找原因，这样才能不断进步。

大学生提升职业素养应注重个人全面发展，包括在思想观念、道德情操、精神意志和身体健康上的自我提升。此外，他们还应磨炼心理韧性，提高处理压力和应对困难的能力，

学会在困难中发现机遇，以积极的态度面对挑战。

职业素养是所有职场人追求卓越所不可或缺的品质，特别是对于那些寻求职业发展和增强竞争力的员工来说，它是通往职场成功的关键要素。

个人的职业化素质和竞争力直接影响到职业前景，如果希望避免在面对挑战时感到困扰和尴尬，渴望进步，那么首要任务就是投身于提升职业素养的修炼，而不是回避这些对职场成功至关重要的素质和能力。

模块四
学会吃亏

模块导读

　　在生活和工作中，吃亏似乎是难以避免的一部分。然而，学会吃亏并非意味着逆来顺受，而是一种智慧的体现。本模块将引导你正确看待吃亏，从中汲取成长的力量。同时，你还将学会如何在竞争与分享之间找到平衡点，实现合作共赢。通过这些学习，你将更加从容地面对生活中的挑战，拥抱更美好的未来。

学习目标

1. 学会以积极的心态面对吃亏，从中汲取成长经验。
2. 掌握在竞争与分享中寻求平衡的方法，实现合作共赢。
3. 培养坚韧不拔的品质，勇于面对生活中的挑战与困难。

知识图谱

学会吃亏

正确看待不公平：心态调整与成长
- 如何看待"不公平"
- 正确对待职场中不公平的方法
- 结合现实生活看待"不公平"
- 奉献比聪明更重要

合作共赢：竞争与分享的平衡
- 职场中的合作与竞争
- 吃亏的智慧
- 合作共赢的实践

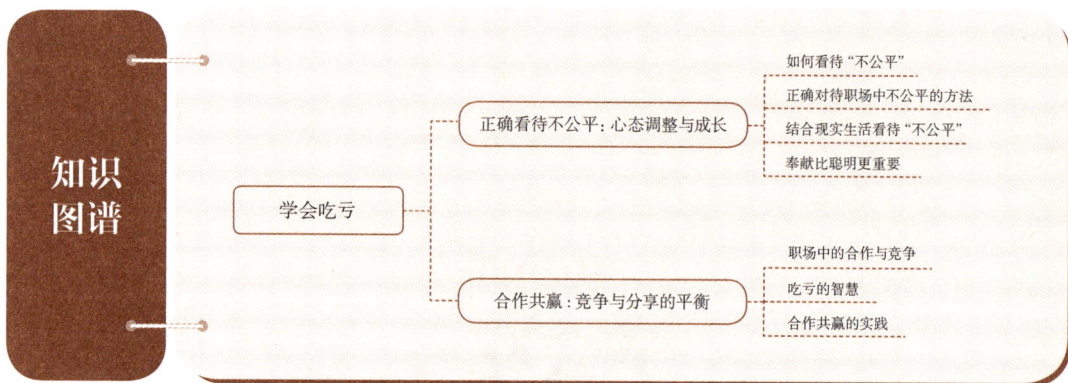

任务一 正确看待不公平：心态调整与成长

任务准备

（1）激发思考：引导学生反思自己在工作或生活中是否遇到过不公平的情况，引发对公平概念的初步思考。

（2）阐述概念：解释"不公平"的含义，强调它在社会和职场中的普遍性，以及人们对于不公平的自然反应。

（3）设置讨论议题：提出问题，如"我们如何定义公平？""如何看待他人看似不公平的优势？"等，为课堂讨论做准备。

任务实施

（1）小组讨论：将学生分成小组，讨论各自经历的不公平事件，分析原因，尤其是从自身角度寻找可能的问题。

（2）分享与反思：每个小组选出代表，分享讨论结果，全班共同分析和反思。

（3）角色扮演：设计情景剧，模拟职场中的不公平场景，让学生体验并理解不同角色的视角和感受。

（4）观点碰撞：鼓励学生提出对不公平现象的个人看法，通过辩论或观点碰撞，促进对公平的深入理解。

任务分析

一、如何看待"不公平"

在工作环境中，我们常常会遇到员工表达对"不公平"待遇的不满，如"某某同事升职了，而我认为自己并不逊色于他"，"某人绩效评分高，只是因为他讨好上级"，或者"新入职的员工薪水比我们这些工作三四年的人还要高，这太不公平了"。

事实上，无论是在个人、家庭层面，还是扩展到职场和社会范围，每个人或多或少都经历过感觉不公正的事情。人们对于不公平的感受往往伴随着强烈的不满和愤怒。那么，我们应当如何正确理解和处理这些所谓的不公平现象呢？

在这里，我使用引号来表示"不公平"，这是因为我们往往难以从一个完全客观的角度去判断一件事情是否真正公平。尽管如此，我们确实经常感觉到自己受到了不公平的对待，因此，我们需要正视并妥善应对这些感受。

（一）不存在绝对的公平

让我们首先接受这个事实，不必回避。所谓的不公平现象在任何公司都普遍存在，包括那些国际上被认为是顶尖的企业。重点不在于这些现象是否存在，而在于我们是否有决心去解决它们。

领导者也是普通人，难免会有失误、偏见和个人偏好。尽管公司的传统做法是根据业绩来评估员工，但在审查业绩时，你的直接上司几乎拥有最终的决定权。确实有些主管能够做到客观公正地评价下属的工作，但并非所有的主管都能做到这点。

在评价你的工作时，除了考虑你的个人贡献，他们可能还会考虑人际关系的亲疏、对下属的"平衡"处理，或者对工作重要性的看法与你有所不同。如果你不幸属于那些被低估的人群，可能会遭遇一些小挫折，但只要你有能力，总有一天会得到认可。

例如，曾有位经理在各个方面都明显比新来的副经理更有资历，尽管副经理比他晚四年加入公司，起薪却远高于他。这显然不公平。然而，一年半之后，这位经理的薪酬反超了副经理，并且随后连续升了两级。尽管一直清楚副经理的薪资高于自己，这位经理却从未提起过此事，他表示不想让副经理因薪资问题感到压力。

接受世界的不完美，平静地对待不公，积极地寻求变革，信任身边的人，并善待他人。这些态度会让我们的生活变得更加快乐。

（二）你所看到的公平就是客观的吗

在工作中遇到感觉不公平的情况时，我们应该更多地反思而不是一味地追求所谓的"公平"。我们需要思考为什么会出现这种情况，是因为自己只看到了表面现象，还是因为他人的个人价值超过了自己。有些员工每天按时上下班，但每月都能超额完成业绩，而另一些员工虽然每天早到晚走，却连续几个月都无法完成绩效任务。这样的结果可能导致那些"努力"的员工最终被解雇。

当我们的公平观念与领导的公平观念不一致时，我们也需要理解。例如，同样是出差，别人一天报销 500 元，可能是因为他们要去大山深处做调研或签署重要的合同，这些任务对公司来说具有重大意义。而你出差可能只是简单地拜访客户、送文件或吃饭，一天报销200 元已经足够了，还有什么可抱怨的呢？

领导更看重的是个人价值，你能为公司创造多大的价值，公司对你的认可度也会相应不同。在工作中，我们应该保持成熟的心态来审视问题，很多时候事情的本质并不是我们想象的那么简单。与其追求公平，不如加倍努力，展现自己的价值和亮点。也许有一天，你也会成为别人眼中评价的"不一般"。

（三）如何看待自己和他人的比较

当你成功晋升时，你是否会想起那些同期竞聘失利的人？或许在他们眼中，他们同样承受着不公正的待遇。这说明，往往只有处于不利地位的一方才会过分关注公平与否的问题。

实际上，一个人的价值并非通过与他人的对比来衡量，而是取决于个人能否充分发挥自己的潜力。我们应该减少与他人的横向比较，增加自我纵向的比较。在职场上，更重要的是关注自己的进步和发展，思考如何改进和提升自己的能力。

这种观念与我们的教育方式息息相关。从小我们就被灌输这样的思想：只有取得好成绩才能得到老师和家长的赞扬，只有挣到钱才能得到社会的认可。这种价值观使我们过于关注外界的反馈和评价，很少从内心出发去思考自己存在的意义和价值所在。

很多时候，个体所不满的并非自己没有获得足够的东西，而是他人比自己获得更多。这种心态被称为"不患寡而患不均"。虽然这种情绪可以理解，但它往往是导致我们烦恼和痛苦的根源之一。

有一句话说得好："人之所以痛苦，是因为在追求错误的东西。"如果我们能够更多地关注自己的内心世界和成长历程，珍惜过去六个月或一年里所取得的成就和收获，那么大多数人都是幸福的。这也正是为什么我们需要提高自身的心性和感恩之心。

以那位经理为例，尽管副经理的薪酬比他高，但副经理的贡献同样能够让他受益。如果仅从横向的角度去比较公平与否，那么他当初就不应该招聘副经理。但从纵向的角度来看，招聘副经理显然是一个明智的决策，因为他带来了更多的好处和价值。

这位经理经常强调，如果自己的某些成就被他人占有，我们应该为此感到高兴，因为这也是我们所创造的价值的一部分。真正的价值来自我们对自己的肯定和认可，而不是外界给予的反馈和评价。

每个人都有自己的追求和目标，但重要的是要思考这些追求和目标是什么，以及自己是否正在朝着正确的方向前进。在这个过程中，我们需要用心去感受和体验生活的点滴进步和成长，而不是仅依靠大脑去分析和比较。多关注内心世界的变化和成长，少关注外界的纷扰和比较。

（四）如何看待自己和激励的关系

我们工作的根本动机究竟是什么？是为了获得更高的职位和薪资，还是为了实现个人的职业抱负，或是为了赢得社会的认同？若答案是肯定的，那么我们确实可能会感到深深的苦恼，因为这种追求仿佛永无尽头。

例如，许多人在学生时代会憧憬，一旦拥有了 1 万元、10 万元，他们会如何运用这笔钱。然而，当他们真正获得了这些财富时，却可能并未按照原先的设想去行动，反而开始期待着拥有 20 万元、100 万元后的种种可能。这种现象并不罕见，它揭示了一个事实：当我们把目标设定在外在的事物上时，往往会陷入一种痛苦的追逐之中。

我们建议，不妨尝试将注意力转向自己的内心，去探寻自己真正的需求和使命是什么。工作本质上只是一个让我们实现个人使命的舞台，而公司则为我们提供了一个环境，让我们有机会去追寻那些内心深处真正渴望的东西。

对于每个人而言，激励的因素都是不同的。关键在于，我们需要先明确自己真正追求的是什么，哪些事物能给我们带来真正的快乐。只有多关注那些能给我们带来快乐的事物，我们才能找到真正的、积极的激励力量。这里需要强调的是，金钱并不是快乐的源泉。

当然，这些观念可能并不为所有人所理解，理解它们需要时间和实践的过程。如果你现在还不理解，那也没关系，不必强迫自己去接受。因为这些理解都源于我们对生活的体验和感悟，每个人都在自己的体验过程中。我们希望每个人都能享受这个探索和体验的过程。

二、正确对待职场中不公平的方法

（一）首先多思考分析，明确这种不公平出现的原因

1. 起薪很重要，但是时间越长，影响越小

有的领导会宣扬一种理论：起薪完全不重要。其实，起薪在刚刚工作的前面几年，还是很重要的。不少公司在加薪方面是结合绩效与员工当前级别的薪资范围去做调整的，比如，绩效是 top10%，则加薪幅度原则上不小于 20% 之类的。这时候，起薪高的，加薪的实际数目自然比起薪低的要高出不少。

但是，随着工作年限的增加，尤其是 5 年以上，起薪的影响就基本上可以忽略不计了。在这方面，最好适当看开一些，每年的市场薪资都会有变化，自然影响了应届生的薪资情况，这就是所谓的"生不逢时"。可是毕竟多工作了几年，无论是技术水平、做事能力，还是人脉积累，都不是应届生可比的，而这些也都是你的隐形财富。

2. 不同部门或者不同的人，分工不同，结果评估自然不同

不同的部门面对的事情自然不一样，有的需要背负指标，有的需要对客户负责，有的需要和钱打交道……在这种分工不同的情况下，结果的评估自然也会有不同。

即使职责类似的部门，甚至是相同部门的不同的人，也存在分工不同的情况，不可能所有的人都在做同样的事，那衡量的指标自然也无法做到绝对的统一和公正。

3. 多思考自己的长处与短板，扬长避短，发挥优势，使自己成为"强势方"

如果是因为自身能力或者人事关系的问题，那么请先自我进行调整，能力不够就将勤补拙，努力提升自己的业务水平。

人事关系太过于复杂的，请摆正自己的位置。人是一个社会关系的总和，为人处世需要和许多人打交道，要学会用正确的方式处理人际关系。

（二）如果遇到了同事或者上级的刁难，别气馁、别泄气，真正有才的人总会绽放自己的光彩

也许他们只是对事不对人，在工作中精益求精而已；或是你的行事风格和他们格格不入。那么这个时候你千万不能和他们关系闹僵，人与人之间需要进行沟通，在有效的沟通下问题一定能得到解决。另外，个人核心竞争力对于职场不公才是最有力的应对策略。核心竞争力通常是与工作岗位相关的技能。

（三）面对上级不正当的潜规则要求，务必学会拒绝，保护好自己

有人说在职场中只要有能力，就不需要遵守潜规则。但每个阶段有每个阶段的潜规则，

适当适应规则，可以让我们在职场中处事更灵活。比如：

①切记工作是为了赚钱，是为了更好地生活。

②你有理想是你的理想，不是老板的理想。

③你有你的短期、中期、长期利益，不是老板的利益。

④出入新环境，眼中要有活。

⑤不要小看任何人。

⑥不要欺负老实人。

⑦不要得罪大领导的身边人，他们有时候一句话就决定你所有努力。

⑧不要打听同事的薪资和待遇，正确看待"不公平"。

⑨同事关系再好，也要保持距离。

⑩重要时刻保存证据，不要随便违规，因为一旦违规，可能坐牢。

三、结合现实生活看待"不公平"

①写出你认为自己遭遇的最不公平事件。

②思考分析发生在自己身上不公平事件的原因，尤其是客观分析自身因素。

③分小组，分享自己的分析。

四、奉献比聪明更重要

（一）管理者应如何应对企业中的"不公平"

不少企业的员工对自己的薪资收入不满意，不满意的原因主要是认为薪资不公平，这种不公平来自两个方面。其一，与周围同事比，认为自己在各方面都比他人强，但收入却一样；其二，与自己过去比，认为自己的责任和付出比原来多，而收入并没增加或没增加到预期结果。这种不公平感直接影响到员工工作的积极性，管理者应该怎么应对呢？

1. 企业应建立科学的薪资体系和激励机制

应力求相对公平，使公平的等式在客观上成立。

2. 建议薪资保密、激励公开

激励是应该公开的，让所有人都明白绩效完成到什么程度就可以获得什么样的奖励或处罚。而薪资建议是保密的，不宜公开。

因为薪资通常是根据岗位、技能、学历、资历等客观因素设定的，只能是相对公平，与人们日常或阶段性的表现不能直接挂钩，而人却常用日常或阶段性的表现来进行比较，这也是导致不公平感的主要原因，因此建议薪资保密。

3. 应注意对员工进行公平心理的引导

一是要认识到绝对公平是不存在的；二是不要盲目攀比，不要高估自己的贡献和作用，压低他人的付出；三是不要按酬付劳，即给多少钱干多少活，这样会造成恶性循环。

4. 管理者的管理行为必须遵循公平公正的原则

管理者工作中是否公平，直接影响员工的公平心理和工作积极性。平等地对待每个员工，公正地处理每件事情，是管理者必须遵循的原则。

5. 培养员工对企业的认同感

员工是否感到公平，最终取决于他对企业是否认同。如果员工对企业有认同感，即使报酬低一点、付出多一点也能接受。相反，如果员工对企业不认同，即使报酬很高，也会从其他方面感受到不公平。

综上，如果企业中很多员工都感到不公平时，这个企业一定在某些方面存在问题了，管理者应深入分析、积极应对。

（二）奉献比聪明更重要

一个不懂得在团队中主动贡献、总是让团队为了他而特别费心协调的人，就算能力再强，也会变成团队进步的阻力。我们需要明确：组织内，人与人之间是奉献关系，不是管理和被管理关系，甚至也不是"合作"关系。

很多人会遇到这样的情况，当把很优秀、能力非常强的人组织起来的时候，并不一定会获得最好的绩效。能力是非常重要的，是你能够胜任工作的一个必要条件，但是同时还有一个更重要的条件，就是对于组织而言你是否愿意热情地付出。如果你不肯付出，总是让组织迁就你的习惯，那么即便你具备非常强的能力，对于组织而言都是"可有可无"的。

在今天谈奉献很多人会觉得有点不合时宜，但是，如果你要理解组织内的关系，就要理解奉献关系，没有奉献作为基础，组织关系是不成立的。组织内，人与人之间是相互付出的关系，部门与部门是相互付出的关系，上级与下级之间是相互付出的关系，在这样的相互奉献关系中，组织才会真正地存在并发挥作用。

奉献关系所产生的基本现象是：每个处于流程上的人更关心他能够为下一个工序做什么样的贡献；每个部门都关心自己如何调整才能够与其他部门有和谐的接口；下级会关注自己怎样配合才能够为上级提供支持，而上级会要求自己为下级解决问题并提供帮助。也许你会觉得这样的描述太过理想化，但如果不是这样做，组织就只是一个存在的结构而不能够充分发挥作用。

如何让组织关系变成奉献关系呢？可以从以下三个方面着手。

1. 工作评鉴来源于工作的相关者

很多组织的人员评价会采用各种评价的方式，但是不管使用什么样的方式，共同点都是工作评价会以工作结果作为评价的根本对象。如果想要获得奉献的关系，需要改变评价的主体以及评价根本对象。

在这个评价体系中，最为关键的评价主体是工作相关者，只要在流程上相关的人都是你工作评价的主体。如果你的上司没有与你构成流程关系，就不需要作为你工作评价的主体。同时，评价主体不仅要评价你的工作结果，还要评价你的工作贡献。

例如，假设你把工作完成得很好，但是因为你认为他人都没有你做得好，所以你采用自己一个人独立完成的方式，虽然工作的结果很好，但是其他人因为没有机会参与工作而无所事事，我们就不能够评价你的工作很好。

2. "决不让雷锋吃亏"

这是华为公司企业文化中非常重要的一个准则。让我们一起分享《华为基本法》的第四条和第五条，华为精神是："爱祖国、爱人民、爱事业和爱生活是我们凝聚力的源泉。""我们决不让雷锋吃亏，奉献者定当得到合理的回报。"作为一家企业的法则，它面向企业的每个员工提出了企业对员工的要求。

在《华为基本法》里我们看到更多的条例并不是"要求"，而是企业对每一个员工的承诺。华为管理层将"我们决不让雷锋吃亏，奉献者定当得到合理的回报"和"我们强调人力资本不断增值的目标优先于财务资本增值的目标"作为对每个员工业绩的承诺，这一点比任何西方管理科学中提及的"关键绩效指标"都更见效果。

3. 激励和宣扬组织的成功而不是个人的成功

其实在形成每个人的奉献行为的时候，需要一种氛围，那就是注重团队和组织的作用。多年来中国的组织一直存在一个习惯，那就是习惯把所有人的努力最终变成一个人的成就，所以就有了所谓的"组织教父""精神领袖"之说。

在中国组织的习惯里不会存在多个成功人士的说法，只能够是一个人的成就，结果出现的情况是两个极端：一个极端是组织里只有一个人的绝对权威，其他人都是配角，不能够分享成就和成功；另一个极端就是认为付出之后需要分享成功的人只好自立门户，结果形成诸侯格局，无法看到长久的成功或者大的成功，这种现象真的应该好好反思。

任务二　合作共赢：竞争与分享的平衡

任务准备

（1）引入主题：通过实例或案例，引入竞争与合作在职场中的重要性，激发学生对平衡两者关系的兴趣。

（2）设置目标：明确本节课的学习目标，如理解合作与竞争的关系，掌握实现合作共赢的策略。

（3）分配角色：为课堂活动分配角色，如团队成员、竞争对手等，让学生在角色扮演中体验合作与竞争。

任务实施

（1）角色扮演：模拟职场场景，让学生在角色扮演中体验合作与竞争，如团队项目、销售竞赛等。

（2）小组策略：小组讨论并制定在竞争中合作的策略，如资源分享、优势互补等。

（3）案例分析：分析成功合作与共赢的案例，让学生理解合作共赢的实践方法。

（4）角色反馈：角色扮演结束后，让学生分享他们的体验和学习到的教训。

任务分析

在当今这个高度竞争的社会，我们每个人都在追求个人成功和事业发展。但是，在这个过程中，我们往往会忽视一个重要的因素——合作。合作不仅能够帮助我们实现共同的目标，还能够促进个人成长和组织发展。本任务将探讨如何在职场中实现合作共赢，通过竞争与分享的平衡，创造更加美好的未来。

一、职场中的合作与竞争

（一）合作的力量

合作是实现共同目标的重要途径。在职场中，我们需要与同事、上级、下级等多方合作，共同完成工作任务。合作可以带来资源共享、优势互补的效果，提高工作效率和成果质量。同时，合作也有助于建立良好的人际关系，增强团队凝聚力。例如，在一个项目团队中，每个成员都有自己的专长和经验，通过合作，大家可以互相学习、取长补短，提高整个团队的绩效。

（二）竞争的挑战

竞争是市场经济的基本特征之一，它推动着个人和组织不断进步、创新。在职场中，竞争主要体现在职位晋升、薪资待遇、客户资源等方面。适度的竞争可以激发我们的积极性和创造力，促使我们不断提高自己的能力和业绩。但是，过度竞争也可能导致压力过大、人际关系紧张等问题。例如，在一个销售团队中，每个成员都希望获得更多的客户资源，这可能会导致内部竞争加剧，甚至出现恶性竞争的情况。

（三）合作与竞争的平衡策略

在职场中，我们既要学会合作，又要学会竞争。合作与竞争并不是相互排斥的关系，而是相辅相成、相互促进的。为了实现合作与竞争的平衡，我们可以采取以下策略。

设定明确目标：团队应该明确共同的目标，并在此基础上进行合作。这样可以确保团队成员的行动一致，提高工作效率。

公平竞争：在竞争中，应确保规则公平，避免不正当竞争。同时，要尊重他人的权益，不损害他人的利益。

合作共赢：团队成员应追求共同发展，实现共赢，避免零和游戏。通过合作，我们可以共享资源、分担风险，实现更大的成果。

二、吃亏的智慧

（一）吃亏的内涵

在职场中，学会吃亏并不意味着被动接受不公或被人利用。相反，它是一种积极的态度，意味着愿意在某些情况下放弃短期利益，以换取长期的合作关系和个人成长。这种智慧体现了对大局的考虑和对未来的投资。例如，当我们在团队中承担额外的工作时，可能会牺牲自己的休息时间，但这有助于建立团队的信任和合作关系，为未来的发展打下基础。

（二）吃亏的好处

建立信任：当我们愿意在某些情况下吃亏时，可以展现出自己的诚信和可靠性。这有助于建立同事和上级的信任，为未来的合作打下基础。例如，当我们主动承担责任时，即使出现了错误，也能够得到他人的理解和支持。

培养人际关系：通过吃亏，我们可以与他人建立良好的人际关系。当我们在需要时得到他人的帮助，也会更加愿意回报他人，形成良性的互动循环。例如，当我们帮助同事解决问题时，他们会记住我们的好意，未来也会更愿意与我们合作。

提升个人形象：在职场中，一个愿意吃亏的人往往会给人留下积极、合作的印象。这种形象有助于我们获得更多的机会和资源。例如，当我们展现出团队合作精神时，上级可能会考虑给予我们更多的发展机会。

（三）吃亏的积极面

建立信任：通过吃亏，可以建立他人对自己的信任，为未来的合作打下基础。当我们愿意为他人着想，承担一些额外的责任时，他人会更加信任我们，愿意与我们合作。这种信任是职场成功的关键之一。

提升声誉：愿意吃亏的人往往被视为有道德、有担当的人，有助于提升个人声誉。在职场中，声誉是非常重要的资产。一个有良好声誉的人更容易得到他人的尊重和信任，从而获得更多的机会和资源。

学习与成长：吃亏的经历可以成为个人成长和学习的机会，帮助我们更好地理解职场规则和人际关系。每一次吃亏都是一次学习的机会。通过反思自己的行为和思考过程，我们可以发现自己的不足之处，找到改进的方向。同时，我们还可以从他人的经验中学习，避免重蹈覆辙。

（四）吃亏的策略与技巧

选择性吃亏：并非所有情况下都应该吃亏，要根据具体情况判断是否值得。在某些情况下，为了维护自己的利益和尊严，我们不应该轻易吃亏。但是，在其他情况下，为了建立信任、提升声誉或学习成长，我们可以选择性地吃亏。

保护自己的利益：在吃亏时，要确保自己的基本利益不受损害。即使我们愿意吃亏，也要确保自己的行为不会对自己造成重大的损失。同时，要学会保护自己的权益，避免被他人利用或欺骗。

建立良好的人际关系：通过吃亏，可以建立良好的人际关系，为未来的合作创造条件。当我们愿意为他人着想时，他人会更加愿意与我们合作。这种良好的人际关系可以帮助我们在职场中获得更多的支持和帮助。

（五）如何避免不必要的吃亏

明确界限：了解自己的底线和原则，避免在不必要的情况下吃亏。在职场中，我们应该清楚地知道自己的底线和原则。只有这样，我们才能避免在不必要的情况下吃亏。同时，要学会说"不"，拒绝那些不合理的要求或请求。

提高沟通能力：通过有效的沟通，减少误解和冲突，避免不必要的吃亏。沟通是解决问题的关键，通过有效的沟通，我们可以更好地理解他人的需求和期望，减少误解和冲突。同时，要学会倾听他人的意见和建议，尊重他人的观点和想法。

增强自我保护意识：了解职场规则，提高自己的法律意识，避免被利用或欺骗。在职场中，我们应该了解相关的法律法规和规章制度，避免因为无知而吃亏。同时，要提高自己的法律意识，了解自己的权利和义务，保护自己的合法权益。

三、合作共赢的实践

（一）寻找合作机会

在职场中，我们应该主动寻找合作的机会，既可以是跨部门合作、项目合作，也可以是与外部机构的合作。通过合作，我们可以共享资源、优势互补，实现共同的目标。同时，合作也有助于我们扩大人脉，了解更多的信息和资源。例如，当公司需要与其他部门合作完成一个项目时，我们可以主动提出合作的建议，并与其他部门的人员建立良好的合作关系。

（二）建立合作关系

建立合作关系需要双方的信任和共识。我们应该尊重对方的意见和利益，积极寻求共同点，建立良好的沟通机制。同时，我们也应该明确合作的目的和规则，避免出现误解和纠纷。在合作过程中，我们应该注重团队协作，发挥各自的优势，共同完成任务。例如，当我们与其他部门合作时，可以先了解他们的需求和期望，然后制订合作计划，明确各自的职责和分工。

（三）处理竞争与合作的关系

在职场中，竞争与合作往往是相互交织的。我们应该正确看待竞争与合作的关系，既要敢于竞争，又要善于合作。在竞争中，我们可以激发自己的潜力，提高自己的能力；而在合作中，我们可以借助他人的力量，实现共同的目标。因此，我们应该根据具体情况，正确处理竞争与合作的关系。

模块五
善于与人沟通

模块导读

　　在现代社会，沟通已成为人际交往中不可或缺的一环。本模块将帮助你掌握高效沟通技巧，无论是在工作还是生活中，都能让你与他人沟通更加顺畅、有效。同时，你还将学会如何建立良好的人脉网络，拓展人际关系，为个人的成长和发展创造更多机会。通过本模块的学习，你将成为一个善于沟通、拥有广泛人脉的人。

学习目标

1.掌握高效沟通技巧，提升表达能力。
2.学会建立和维护良好的人际关系。
3.拓展人脉资源，为个人发展创造更多机会。

知识图谱

善于与人沟通
- 高效沟通技巧训练
  - 高效沟通的定义与特点
  - 沟通基础
  - 高效沟通技巧
- 建立良好的人脉网络
  - 认识人脉网络信息
  - 建立人脉网络的策略与技巧
  - 维护人脉网络的方法与工具
  - 人脉网络的应用与实践

扫码下载
模块学习资料

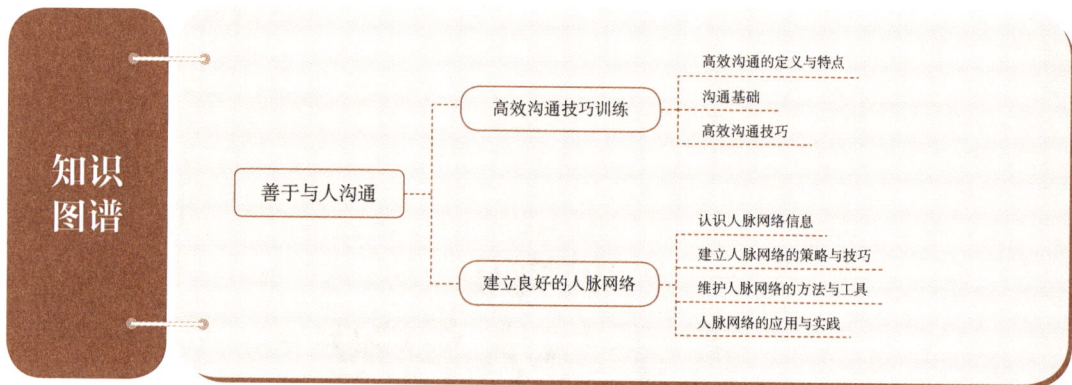

任务一　高效沟通技巧训练

任务准备

（1）设定目标：明确高效沟通课程的目标，如提升表达能力、减少误解等。

（2）课程设计：根据目标设计课程结构，包括目的性、准确性、简洁性、及时性、互动性、适应性和文化敏感性等主题。

（3）教学材料：准备相关的案例、练习题、互动活动等教学材料。

（4）环境准备：确保教学环境安静，适合进行讨论和练习。

（5）学员准备：鼓励学员预习相关概念，思考自己在沟通中的挑战。

任务实施

（1）理论讲解：详细解释高效沟通的定义、特点和要素，通过实例说明每个特点的重要性。

（2）案例分析：分析不同情境下的沟通案例，引导学员理解高效沟通的应用。

（3）角色扮演：组织学员进行角色扮演，模拟实际沟通场景，练习高效沟通技巧。

（4）小组讨论：分组讨论沟通障碍和挑战，提出解决方案，增强学员的批判性思维。

（5）反馈与调整：鼓励学员互相提供反馈，根据反馈调整沟通策略。

（6）文化敏感性训练：通过跨文化沟通练习，提升学员对不同文化背景的理解和尊重。

任务分析

一、高效沟通的定义与特点

高效沟通是指在特定情境下，以最短的时间和最少的资源，准确无误地传递信息，达到预期的沟通目的。它具有以下七个显著的特点。

①目的性：高效沟通总是围绕一个明确的目的展开，无论是传递信息、解决问题还是建立关系，都有明确的目标和期望。

②准确性：信息的准确传递是高效沟通的基础。这要求发送者清晰地表达自己的意思，接收者准确地理解信息的含义，避免误解和歧义。

③简洁性：高效沟通追求简洁明了，避免冗长和复杂的表述。通过精练的语言和清晰的逻辑结构，使信息传递更为高效。

④及时性：在现代职业环境中，时间就是一切。高效沟通要求信息能够及时传递，不延误决策和行动。

⑤互动性：高效沟通是双向的，它要求发送者和接收者之间有良好的互动，通过反馈和调整来确保信息的准确传递。

⑥适应性：不同的沟通场景和受众需要不同的沟通方式。高效沟通要求我们能够根据具体情况灵活调整沟通策略，以达到最佳的沟通效果。

⑦文化敏感性：在全球化的背景下，跨文化沟通变得越来越重要。高效沟通要求我们具备文化敏感性，能够理解和尊重不同文化背景下的沟通习惯和规则。

综上所述，有效的沟通能力对于现代职业人士来说至关重要。通过掌握高效沟通的技巧和方法，我们可以更好地应对职业生涯中的各种挑战，实现个人和组织的成功。

二、沟通基础

沟通是人类社会生活中不可或缺的一部分。在现代职业环境中，有效的沟通能力对于个人和组织的成功至关重要。现深入探讨沟通的基本要素、类型以及可能遇到的障碍与挑战，为读者提供全面的沟通基础知识。

（一）沟通的基本要素

1. 发送者（Sender）

发送者是沟通过程中的第一个要素，负责发起信息的传递。发送者的角色包括确定沟通的目的、选择合适的信息、编码信息以及选择合适的传播渠道。发送者的沟通风格、知识水平和情绪状态都会影响信息的传递效果。因此，发送者需要具备良好的沟通技巧和自我意识，以便更有效地传递信息。

2. 接收者（Receiver）

接收者是沟通过程中的第二个要素，负责接收和理解信息。接收者的角色包括解码信息、理解信息的含义以及提供反馈。接收者的背景知识、文化背景和个人偏见都会影响信息的理解。因此，接收者需要具备开放的心态和批判性思维，以便更准确地理解信息。

3. 信息（Message）

信息是沟通过程中的核心要素，是发送者想要传递给接收者的内容。信息的清晰度、准确性和完整性对于沟通效果至关重要。发送者需要确保信息的编码准确无误，以便接收者能够正确理解。同时，接收者需要具备解读信息的能力，以便准确理解发送者的意图。

4. 媒介（Channel）

媒介是沟通过程中传递信息的工具或平台。不同的媒介具有不同的特点和优势，如面对面沟通、电话沟通、电子邮件等。选择合适的媒介对于提高沟通效果至关重要。例如，面对面沟通可以提供丰富的非语言信息，如肢体语言和面部表情；电子邮件则适合传递正式的、需要记录的信息。

5. 反馈（Feedback）

反馈是沟通过程中的重要环节，它是接收者对信息的回应。反馈可以帮助发送者了解信息是否被正确理解，以及接收者的反应和感受。通过反馈，发送者可以调整自己的沟通策略，以提升沟通效果。同时，反馈也是接收者表达自己需求和意见的途径，有助于建立良好的沟通关系。

（二）沟通的类型

1. 口头沟通

口头沟通是最常见的沟通形式，它包括面对面的交谈、电话通话等。口头沟通的优点是可以快速传递信息，并且可以通过语调、语速和停顿等非语言信息来增强信息的表达效果。然而，口头沟通也存在一些缺点，如容易受到干扰、信息容易丢失等。因此，在进行口头沟通时，需要注意清晰地表达自己的意思，并确保信息的准确传递。

2. 书面沟通

书面沟通是另一种常见的沟通形式，它包括电子邮件、报告、信件等。书面沟通的优点是可以留下记录，便于追溯和参考；同时，书面沟通可以更加严谨和详细地表达思想。然而，书面沟通也存在一些缺点，如缺乏即时性、容易产生误解等。因此，在进行书面沟通时，需要注意清晰地表达自己的意思，并尽量避免歧义的产生。

3. 非语言沟通

非语言沟通是指除口头和书面信息外的其他沟通方式，如肢体语言、面部表情、眼神交流等。非语言沟通在沟通中起着非常重要的作用，它可以传递情感、态度和信任等信息。例如，微笑可以传递友好和信任的信息，而交叉双臂可能表示防御或不感兴趣。因此，在进行沟通时，需要注意自己的非语言信息，并观察对方的非语言信息，以便更好地理解对方的意图和感受。

（三）沟通的障碍与挑战

1. 语言障碍

语言障碍是沟通中最常见的障碍之一。不同的人使用不同的语言和方言，这可能导致信息传递的困难。即使使用同一种语言，不同的词汇、语法和表达方式也可能导致误解和歧义。为了克服语言障碍，我们需要学习和掌握不同的语言和方言，并使用清晰、准确的语言进行沟通。

2. 文化障碍

文化障碍是指不同文化背景的人在沟通时可能遇到的问题。不同的文化有不同的沟通习惯、价值观和行为准则，这可能导致误解和冲突。例如，一些文化中握手是常见的问候方式，而在另一些文化中则可能不太适用。为了克服文化障碍，我们需要了解和尊重不同文化的习俗和传统，并学会适应不同文化背景下的沟通方式。

3. 情绪障碍

情绪障碍是指情绪对沟通的影响。当人们处于强烈的情绪状态时，如愤怒、悲伤或兴奋等，可能会影响他们的沟通能力和判断力。情绪障碍可能导致信息传递的扭曲和误解。为了克服情绪障碍，我们需要学会控制自己的情绪，保持冷静和客观的态度。同时，我们也需要理解和尊重他人的情绪状态，并尝试以平和、理性的方式进行沟通。

4. 技术障碍

技术障碍是指在使用现代通信技术进行沟通时可能遇到的问题。例如，网络连接不稳定、设备故障或软件兼容性问题等。技术障碍可能导致信息传递的中断或延迟。为了克服技术障碍，我们需要确保通信设备的正常运行和网络的稳定连接。同时，我们也需要了解和掌握现代通信技术的使用方法，以便更高效地进行沟通。

5. 心理障碍

心理障碍是指人们在进行沟通时可能遇到的心理问题。例如，害羞、紧张或缺乏自信等。心理障碍可能导致人们在沟通时感到不舒服或不自在，从而影响沟通效果。为了克服心理障碍，我们需要增强自信心和沟通技巧，通过实践和经验积累逐渐克服自己的心理障碍。同时，我们也可以寻求专业的心理咨询或培训来帮助自己更好地应对心理障碍。

三、高效沟通技巧

（一）倾听技巧

倾听是沟通中至关重要的一部分，它不仅是理解他人的关键，也是建立良好关系的基础。以下是一些有效的倾听技巧。

1. 主动倾听的原则与方法

主动倾听意味着全神贯注地听对方说话，而不是在等待说自己的话。这要求我们做到以下三点。

①全神贯注：将注意力集中在对方身上，避免分心。这意味着在对方说话时，我们应该放下手中的工作，关掉手机或电视，确保没有任何干扰。

②身体语言：通过点头、微笑或保持眼神接触来展示我们的关注和理解。身体语言是传达我们正在倾听的重要非语言信号。

③反馈：适时地提供反馈，如"我明白你的意思"或"请继续"，以鼓励对方继续说话。这不仅表明我们在听，也让对方知道我们在理解他们的信息。

2. 倾听中的反馈与确认

为了确保我们正确理解了对方的意思，我们需要提供反馈和确认。这可以通过以下三种方式完成。

①重述：用自己的话重述对方的观点或信息，以确保我们的理解是准确的。例如，"所以你的意思是……"或"我听到你说……"

②澄清：如果有不清楚或不明白的地方，及时提出问题进行澄清。例如，"你能再解释一下吗？"或"我不太明白你的意思，你能详细说明一下吗？"

③确认：在对方完成叙述后，确认我们的理解是否正确。例如，"我理解你的意思是……，对吗？"或"你刚才说的是……，对吗？"

3. 倾听的障碍与克服策略

在倾听过程中，我们可能会遇到各种障碍。这些障碍可能来自我们自己，也可能来自对方或外部环境。以下是一些常见的倾听障碍以及相应的克服策略。

①预设立场：我们可能会根据自己的经验或偏见来预先判断对方的话，这会影响我们的理解。为了克服这一障碍，我们需要保持开放的心态，不要急于下结论，而是先听完对方的话。

②分心：外部环境或内心思绪可能会分散我们的注意力，导致我们无法专注于对方的话。为了克服这个障碍，我们需要寻找安静的环境，关闭不必要的电子设备，并将注意力集中在对方身上。

③情绪干扰：我们可能会因为自己的情绪而无法正确理解对方的话。例如，当我们生气或沮丧时，我们可能会忽略对方的话或误解其意思。为了克服这个障碍，我们需要学会控制自己的情绪，保持冷静和客观的态度。

（二）表达技巧

有效的表达技巧可以帮助我们清晰地传达自己的想法和信息，避免误解和冲突。以下是一些有效的表达技巧。

1. 清晰、准确、简洁的表达原则

为了确保信息的准确传递，我们需要遵循以下三个原则。

①清晰：使用简单、明了的语言，避免使用模糊或模棱两可的词汇。例如，使用"明天上午9点"而不是"早上"。

②准确：确保信息的准确无误，避免使用错误或过时的信息。例如，使用最新的数据和事实。

③简洁：尽量用简短的句子和段落来传达信息，避免冗长和复杂的表述。例如，使用"我们需要更多资源"而不是"由于当前资源不足，我们需要增加预算并招聘更多员工"。

2. 使用有效的语言和词汇

选择合适的语言和词汇对于有效表达至关重要。以下是一些建议。

①专业术语：在专业领域内使用专业术语，但要确保对方能够理解。如果对方不熟悉专业术语，可以用简单的语言解释。

②积极词汇：使用积极、正面的词汇来传达信息，以建立良好的氛围。例如，使用"挑战"而不是"问题"。

③避免负面词汇：尽量避免使用负面、消极的词汇，以免给对方带来不必要的压力或负面情绪。例如，避免使用"失败""错误"等词汇。

3. 避免歧义和误解

为了避免歧义和误解，我们需要注意以下三点。

①明确性：确保信息的明确性，避免使用可能引起误解的词汇或表述。例如，使用"请在明天下午3点前提交报告"而不是"请在明天下午提交报告"。

②上下文：考虑信息的上下文，确保信息在特定情境下的意义是清晰的。例如，在不同的文化背景下，某些词汇的含义可能会有所不同。

③重复和强调：如果有重要的信息需要强调，可以适当重复或强调。例如，"请记住，这次会议非常重要，我们需要准时到达"。

（三）非语言沟通技巧

非语言沟通是沟通中非常重要的一部分，它包括肢体语言、面部表情、眼神交流等。以下是一些有效的非语言沟通技巧。

1. 肢体语言的重要性

肢体语言在沟通中起着非常重要的作用，它可以传递情感、态度和信任等信息。以下是一些建议。

①保持开放的姿态：避免交叉双臂或双腿，以显示开放和接受的态度。

②保持眼神交流：与对方保持适度的眼神交流，以显示你的关注和诚意。但要注意不要过度凝视，以免让对方感到不舒服。

③使用手势：适当使用手势来强调重点或表达情感。但要注意手势的使用要恰当，避免过于夸张或不自然。

2. 适当的姿态和动作

姿态和动作在非语言沟通中也起着重要的作用。以下是一些建议。

①保持直立：保持良好的姿势，避免弯腰驼背或懒散的坐姿。

②避免紧张的动作：如频繁触摸脸部、摆弄手指等，这些动作可能会让对方觉得你紧张或不自信。

③使用适当的动作来强调重点：如点头、挥手等，但要注意不要过度使用，以免让对方觉得你过于激动或不专业。

3. 文化差异对非语言沟通的影响

不同文化背景下的非语言沟通方式可能会有所不同。以下是一些建议。

①了解文化差异：在与来自不同文化背景的人沟通时，了解他们的非语言沟通习惯和规则是非常重要的。例如，在一些文化中，直接的眼神交流可能被视为不礼貌，而在其他文化中则可能被视为自信和坦诚的表现。

②适应文化差异：在沟通过程中，根据对方的文化背景调整自己的非语言沟通方式。例如，如果对方的文化是避免眼神交流，那么你可以减少眼神交流的频率，以显示尊重。

③避免文化误解：在沟通过程中，避免因文化差异而产生的误解。例如，避免使用可能具有不同含义的手势或表情。

（四）情绪管理与自我调节

情绪管理和自我调节对于有效沟通至关重要。以下是一些建议。

1. 识别并控制自己的情绪

了解自己的情绪并学会控制它们对于有效沟通至关重要。以下是一些建议。

①自我觉察：通过反思和自我观察来了解自己的情绪和情绪触发点。例如，当你感到愤怒或沮丧时，试着找出原因并意识到自己的情绪状态。

②情绪调节技巧：学习并运用情绪调节技巧，如深呼吸、冥想或放松练习，以帮助你控制情绪。例如，当你感到愤怒时，可以尝试深呼吸来平静自己。

③避免情绪化的反应：在沟通过程中，避免情绪化的反应，如大声说话、哭泣或愤怒地离开。相反，尝试保持冷静和客观的态度。

2. 理解并应对他人的情绪

理解并应对他人的情绪对于建立良好的人际关系至关重要。以下是一些建议。

①同理心：尝试站在对方的角度看问题，理解他们的情绪和感受。例如，当对方感到沮丧时，试着理解他们的处境并提供支持。

②有效的情绪管理技巧：学习并运用有效的情绪管理技巧，如倾听、肯定和安慰，以帮助对方控制情绪。例如，当对方感到愤怒时，你可以尝试倾听他们的抱怨并给予肯定。

③避免冲突：在沟通过程中，避免因情绪问题而产生冲突。例如，当对方情绪激动时，你可以尝试保持冷静并避免争吵。

3. 情绪对沟通效果的影响

情绪对沟通效果有很大的影响。以下是一些建议。

①情绪传染：情绪具有传染性，当我们与他人沟通时，我们的情绪可能会影响对方的情绪。因此，我们需要保持积极、正面的情绪状态，以传递积极的信息和氛围。

②情绪与沟通风格：情绪会影响我们的沟通风格。例如，当我们感到愤怒或沮丧时，我们可能会采取攻击性或防御性的沟通方式，这可能会导致沟通失败。因此，我们需要学会控制自己的情绪，以保持客观、理性的沟通风格。

③情绪与信息处理：情绪会影响我们对信息的处理和决策。例如，当我们处于紧张或焦虑的情绪状态时，我们可能会忽视重要的信息或做出错误的决策。因此，我们需要保持冷静和客观的态度，以确保我们能够正确地处理信息并做出明智的决策。

（五）提问与回答技巧

提问与回答技巧对于有效沟通至关重要。

1. 开放式与封闭式问题的使用时机

开放式问题和封闭式问题各有其用途。以下是一些建议。

①开放式问题：适用于获取详细信息、探索对方的想法和感受以及鼓励对方表达自己。例如，"你对这个项目有什么看法？"或"你认为我们应该如何改进这个流程？"

②封闭式问题：适用于获取具体信息、确认事实或结束对话。例如，"你明天有空吗？"或"你同意这个计划吗？"

2. 引导性提问的策略

引导性提问可以帮助我们引导对话的方向或引导对方思考。以下是一些建议。

①提出启发性的问题：引导对方进行深入思考或探索新的思路。例如，"你认为我们可以从哪些方面改进这个产品？"或"你认为未来的趋势是什么？"

②避免引导性提问：在某些情况下，避免引导性提问是必要的，以避免误导对方或限制对方的思考。例如，在调查或研究中，我们应该避免引导性提问，以免影响结果的客观性。

3. 有效回答问题的方法

回答问题时，我们需要清晰、准确地传达信息，并考虑问题的背景和上下文。以下是一些建议。

①明确回答问题：直接回答问题，避免回避或绕弯子。如果问题涉及敏感或复杂的话题，可以先解释背景或上下文。

②提供详细信息：如果问题需要详细的答案，提供足够的信息以满足对方的需求，但要注意不要过于冗长或复杂。

③避免歧义和误解：确保你的回答清晰、准确，避免使用可能引起误解的词汇或表述。如果有必要，可以重复或强调关键点。

任务二　建立良好的人脉网络

任务准备

（1）确定目标：明确建立人脉网络的目标，如拓展职业机会、提升影响力等。

（2）策略规划：设计建立人脉网络的策略，包括主动出击、积极参与、信任建立等。

（3）工具准备：选择合适的联系人管理工具，如 Excel 或便签。

（4）社交媒体设置：完善个人在社交媒体上的形象，如微博或微信。

任务实施

（1）目标定位：分析自身优势，了解市场需求，确定目标人脉群体。

（2）社交活动：参加行业会议、聚会，加入专业组织，主动结识新朋友。

（3）资源利用：利用现有资源，如朋友、同事，扩大人脉圈。

（4）信任建立：真诚待人，提供帮助，接受他人帮助，建立互惠关系。

（5）社交媒体互动：发布职业动态，分享信息，参与讨论，吸引潜在人脉。

（6）信息管理：记录和更新联系人信息，确保信息的准确性和完整性。

任务分析

一、认识人脉网络信息

（一）人脉网络的内涵与外延

人脉网络是由个体通过各种途径建立的社会关系网络，包括家庭、朋友、同事、客户、合作伙伴等。这些关系可以是直接的也可以是间接的，形成了一个复杂而庞大的网络。在这个网络中，个体通过相互联系、交流和合作，实现资源共享、信息传递和情感支持等目标。

（二）人脉网络的构成要素

1. 节点

人脉网络中的个体，可以是现实生活中的人，也可以是虚拟世界中的角色。节点之间的联系和互动构成了人脉网络的基本骨架。

2. 连接线

节点之间的联系和互动，可以是面对面的交流，也可以是线上的沟通。连接线的强度和质量决定了人脉网络的紧密程度和稳定性。

3. 网络结构

整个人脉网络的布局和特点，包括节点的分布、连接线的密度、网络的规模和复杂性等。网络结构的优化可以提高人脉网络的效率和质量。

（三）人脉网络的功能与作用

1. 信息传递

人脉网络是个体获取信息的重要途径。通过与不同背景和专业的人建立联系，个体可以了解到最新的市场动态、行业趋势和技术进展等信息。

2. 资源共享

人脉网络可以帮助个体共享资源，包括资金、技术、人才等。通过合作和互助，个体可以降低成本、提高效率并获得更多的机会。

3. 情感支持

人脉网络可以为个体提供情感支持，帮助他们应对压力和挑战。在遇到困难时，个体可以向朋友、家人或同事寻求帮助和支持，缓解心理压力并获得鼓励和支持。

4. 社会认同

人脉网络可以帮助个体获得社会认同和地位。通过与社会精英和行业领袖建立联系，个体可以提高自己的声誉和影响力，获得更多的尊重和认可。

（四）人脉网络的类型与特点

1. 强关系网络

强关系网络通常指个体与亲密朋友、家人等的关系。这些关系紧密、信任度高，可以为个体提供稳定的支持和帮助。强关系网络的特点是稳定性高、信任度强，但覆盖面有限。

2. 弱关系网络

弱关系网络指个体与熟人、同事等的关系。这些关系相对松散、信息量大，可以为个体提供更多的机会和资源。弱关系网络的特点是覆盖面广、信息量大，但稳定性较低。

3. 基于共同兴趣或活动的人脉网络

基于共同兴趣或活动的人脉网络如校友网络、行业协会等。这些网络通常基于共同的兴趣或活动而建立，成员之间具有相似的价值观和经历，容易形成紧密的联系和合作关系。

二、建立人脉网络的策略与技巧

建立人脉网络是一个系统工程，需要综合运用各种策略和技巧。现详细介绍如何明确目标与定位、主动出击与积极参与、建立信任与互惠关系以及利用社交媒体与线上平台等策略和技巧。

（一）明确目标与定位

在建立人脉网络之前，首先要明确自己的目标和定位。这有助于我们选择合适的人脉资源，提高建立人脉网络的效率和质量。例如，如果我们的目标是成为一名市场营销专家，那么我们应该重点关注与市场营销相关的人脉资源。同时，我们还要了解自己的优势和特长，以便更好地展示自己并吸引潜在的人脉资源。具体来说，我们可以通过以下步骤来明确目标与定位。

①分析自身优势：了解自己的专业知识、技能、经验等方面的优势，以便更好地展示

自己并吸引潜在的人脉资源。

②了解市场需求：研究市场需求和行业趋势，了解哪些领域或行业具有较大的发展潜力和机会，以便选择合适的人脉资源。

③明确目标群体：根据自身优势和市场需求，明确目标群体的特征和需求，以便有针对性地建立人脉关系。

④制订具体计划：根据目标和定位，制订具体的计划和行动方案，包括参加哪些活动、接触哪些人、建立什么样的关系等。

（二）主动出击与积极参与

建立人脉网络需要主动出击和积极参与各种社交活动。我们可以参加行业会议、研讨会、社交聚会等，主动结识新朋友，拓展自己的人脉圈。同时，我们还可以加入专业组织或社团，积极参与其中的活动，与同行建立良好的关系。具体来说，我们可以采取以下措施。

①参加社交活动：积极参加各种社交活动，如行业会议、研讨会、社交聚会等，主动结识新朋友，拓展自己的人脉圈。在活动中可以主动与人交流，了解他们的背景和经历，建立初步的联系。

②加入专业组织或社团：加入与自己职业或兴趣相关的专业组织或社团，积极参与其中的活动。通过组织或社团中的交流和合作，可以结识更多志同道合的人，建立良好的人脉关系。

③利用现有资源：充分利用自己的现有资源，如朋友、同事等，通过他们介绍认识更多的人。同时，也可以利用自己的专业知识和技能为他人提供帮助和支持，建立良好的口碑和信誉。

（三）建立信任与互惠关系

建立人脉网络的关键在于建立信任和互惠关系。我们要真诚地对待每一个人，尊重他人的意见和需求，积极为他人提供帮助和支持。同时，我们还要学会接受他人的帮助和支持，建立起互相支持、互相帮助的关系。具体来说，我们可以采取以下措施。

①真诚待人：真诚地对待每一个人，尊重他们的意见和需求。在交往中保持诚实和透明，不隐瞒自己的真实想法和意图，通过真诚的态度建立信任关系。

②积极提供帮助：在他人需要帮助时，积极提供支持和帮助。无论是工作上的问题还是生活中的困难，都要尽力给予帮助和支持，通过帮助他人建立良好的口碑和信誉。

③接受他人帮助：在自己需要帮助时，不要害羞或拒绝他人的帮助。学会接受他人的帮助和支持，并表达感激之情，通过接受他人的帮助建立互惠关系。

④保持联系：定期与联系人保持联系，了解他们的近况和需求。在联系中可以询问他们的工作、家庭等情况，表达关心和问候，通过保持联系维护良好的关系。

（四）利用社交媒体与线上平台

在数字化时代，社交媒体和线上平台为建立人脉网络提供了新的机遇。我们可以利用微信等社交媒体平台，发布自己的职业动态、分享行业资讯、参与讨论等，吸引潜在的人脉资源。同时，我们还可以参加线上研讨会、网络课程等活动，与其他专业人士建立联系。具体来说，我们可以采取以下措施。

①建立个人品牌：在社交媒体上建立自己的个人品牌，展示自己的专业知识、技能和经验。通过发布有价值的内容、参与讨论等方式提高自己的知名度和影响力。

②利用社交媒体平台：利用微信等社交媒体平台发布自己的职业动态、分享行业资讯、参与讨论等。通过这些平台可以结识更多志同道合的人，建立良好的人脉关系。

③参加线上活动：参加线上研讨会、网络课程等活动，与其他专业人士建立联系。通过这些活动可以了解最新的行业动态和技术进展，同时也可以结识更多的同行和专家。

④利用社交媒体分析工具：利用社交媒体分析工具了解他人的兴趣和需求，为建立人脉网络提供更有针对性的策略。通过分析工具可以了解他人的职业背景、兴趣爱好等信息，从而更好地与他们建立联系。

三、维护人脉网络的方法与工具

维护人脉网络是一个持续的过程，需要我们不断地跟进和维护。现详细介绍如何记录与管理联系人信息、提供帮助与支持、定期沟通与互动以及利用技术工具提高效率等方法与工具。

（一）记录与管理联系人信息

为了更好地维护人脉网络，我们需要记录和管理联系人的信息。我们可以使用CRM（客户关系管理）系统或其他联系人管理工具来记录联系人的基本信息、交往历史、需求和问题等。同时，我们还要定期更新联系人信息，确保信息的准确性和完整性。具体来说，我们可以采取以下措施。

1. 选择合适的工具

根据自己的需求和习惯选择合适的联系人管理工具。

2. 详细记录信息

记录联系人的基本信息、交往历史、需求和问题等详细信息，包括姓名、职位、公司、联系方式等基本信息，以及与该联系人的交往历史、需求和问题等详细信息。通过详细记录信息，我们可以更好地了解联系人的背景和需求，为后续的维护工作提供依据。

3. 定期更新信息

定期更新联系人信息，确保信息的准确性和完整性。随着时间的推移，联系人的信息可能会发生变化，如职位变动、公司合并等。因此，我们需要定期检查和更新联系人信息，确保信息的准确性和完整性。同时，也可以通过更新信息了解联系人的最新动态和需求，为后续的维护工作提供依据。

4. 保护隐私

在记录和管理联系人信息时，要注意保护个人隐私和信息安全，避免泄露他人的敏感信息，如身份证号码、银行账号等。同时，也要确保自己的信息安全，避免被未经授权的人员获取和使用。

（二）提供帮助与支持

在人脉网络中，提供帮助和支持是建立信任和互惠关系的重要方式。我们要关注联系人的需求和问题，积极为他们提供帮助和支持。同时，我们还要学会接受他人的帮助和支持，建立起互相支持、互相帮助的关系。具体来说，我们可以采取以下措施。

1. 了解需求

主动了解联系人的需求和问题，以便为他们提供有针对性的帮助和支持。可以通过与联系人交流、观察他们的行为等方式了解他们的需求和问题。

2. 提供支持

在他人需要帮助时，积极提供支持和帮助。无论是工作上的问题还是生活中的困难，都要尽力给予帮助和支持。可以提供专业知识、技能、资源等方面的支持，帮助他人解决问题和应对挑战。

3. 接受帮助

在自己需要帮助时，不要害羞或拒绝他人的帮助。学会接受他人的帮助和支持，并表达感激之情。通过接受他人的帮助建立互惠关系，增强彼此之间的信任和友谊。

4. 建立信任

通过提供帮助和支持建立信任关系。当我们为他人提供帮助和支持时，他人会感受到我们的真诚和善良，从而建立信任关系。这种信任关系有助于加强彼此之间的合作和友谊，为未来的发展打下坚实的基础。

（三）定期沟通与互动

维护人脉网络需要定期与联系人保持沟通和互动。我们可以通过电话、邮件、社交媒体等方式与联系人保持联系，了解他们的近况和需求。同时，我们还可以邀请他们参加自己的活动或聚会，增进彼此的了解和感情。具体来说，我们可以采取以下措施。

1. 定期联系

定期与联系人保持联系，了解他们的近况和需求。可以通过电话、邮件、社交媒体等方式与联系人保持联系，询问他们的工作、家庭等情况，表达关心和问候。通过定期联系维护良好的关系，增强彼此之间的信任和友谊。

2. 邀请参加活动

邀请联系人参加自己的活动或聚会，增进彼此的了解和感情。可以邀请他们参加生日派对、公司庆典、行业会议等活动，与他们一起分享快乐和成就。通过邀请参加活动增进彼此的了解和感情，为未来的合作打下良好的基础。

3. 关注社交媒体动态

关注联系人的社交媒体动态，了解他们的兴趣爱好和最新动态。可以通过关注他们的社交媒体账号，了解他们的职业发展、兴趣爱好等信息。通过关注社交媒体动态了解联系人的最新动态和需求，为后续的维护工作提供依据。

4. 建立共同兴趣小组

可以与一些志同道合的人建立共同兴趣小组，定期组织活动或讨论会。通过共同兴趣小组可以结识更多志同道合的人，建立良好的人脉关系。同时，也可以通过共同兴趣小组了解行业动态和技术进展等信息，为自己的职业发展提供支持和帮助。

（四）利用技术工具提高效率

在维护人脉网络的过程中，我们可以利用各种技术工具提高效率。例如，使用电子名片管理工具可以快速整理和存储联系人信息，使用社交媒体分析工具可以了解他人的兴趣和需求，使用邮件群发工具可以方便地向联系人发送信息，等等。具体来说，我们可以采取以下措施。

1. 电子名片管理工具

使用电子名片管理工具可以快速整理和存储联系人信息。这些工具可以将纸质名片转化为电子版，方便我们随时查看和管理。同时，也可以通过搜索功能快速找到特定的联系人信息，提高工作效率。

2. 社交媒体分析工具

利用社交媒体分析工具了解他人的兴趣和需求。这些工具可以分析他人在社交媒体上的行为和言论，了解他们的兴趣爱好、职业发展等信息。通过分析工具可以为建立人脉网络提供更有针对性的策略和建议。

3. 邮件群发工具

使用邮件群发工具可以方便地向联系人发送信息。这些工具可以让我们同时向多个联系人发送邮件，节省时间和精力。同时，也可以通过邮件群发工具跟踪邮件的打开率和点击率等数据，了解邮件的效果和反馈情况。

四、人脉网络的应用与实践

人脉网络在职业生涯中具有广泛的应用价值。现详细介绍如何通过人脉网络寻找职业机会与发展方向、提升个人影响力与品牌知名度、应对职业生涯中的挑战与困难以及培养领导力与团队协作能力等方面的应用与实践。

（一）寻找职业机会与发展方向

通过人脉网络寻找职业机会与发展方向是非常重要的。我们可以向自己的联系人询问有关职业发展的建议和信息，了解行业动态和趋势。同时，我们还可以利用人脉资源寻找潜在的雇主或合作伙伴，拓展自己的职业发展空间。具体来说，我们可以采取以下措施。

1. 寻求建议

向自己的联系人寻求有关职业发展的建议和信息，可以向他们咨询行业动态、职业发展趋势、技能要求等方面的问题。通过他们的建议和信息，我们可以更好地了解职业发展的方向和要求，为自己的职业规划提供参考。

2. 寻找潜在的雇主或合作伙伴

利用人脉资源寻找潜在的雇主或合作伙伴，可以向他们推荐自己或自己的公司，争取更多的合作机会。同时，也可以通过他们了解潜在的雇主或合作伙伴的需求和要求，为自己的职业发展做好准备。

3. 参加招聘会和行业活动

参加招聘会和行业活动，与潜在的雇主或合作伙伴建立联系。在这些活动中，我们可以展示自己的专业技能和经验，吸引潜在的雇主或合作伙伴的关注。同时，也可以通过这些活动了解行业动态和发展趋势，为自己的职业发展提供支持和帮助。

4. 利用社交媒体平台

利用社交媒体平台发布自己的职业动态、分享行业资讯、参与讨论等。通过这些平台，我们可以展示自己的专业技能和经验，吸引潜在的雇主或合作伙伴的关注。同时，也可以通过这些平台了解潜在的雇主或合作伙伴的需求和要求，为自己的职业发展做好准备。

（二）提升个人影响力与品牌知名度

通过人脉网络提升个人影响力与品牌知名度是非常重要的。我们可以与行业内的专家和领袖建立联系，学习他们的经验和知识，提升自己的专业水平。同时，我们还可以利用自己的人脉资源为自己的品牌或项目做宣传和推广，提高知名度和影响力。具体来说，我们可以采取以下措施。

1. 建立专业形象

在行业内建立专业形象，展示自己的专业知识和技能。可以通过发表文章、参加研讨会、担任讲师等方式展示自己的专业能力和经验，提升自己的知名度和影响力。同时，也要注重自己的言行举止，保持专业和诚信的形象。

2. 与专家和领袖建立联系

与行业内的专家和领袖建立联系，学习他们的经验和知识。可以通过参加他们的研讨会、讲座等活动，与他们交流和学习。通过与专家和领袖的联系，我们可以了解最新的行业动态和发展趋势，提升自己的专业水平。

3. 利用媒体资源

利用媒体资源宣传自己的品牌或项目。可以通过撰写文章、接受采访、参加电视节目等方式展示自己的品牌或项目，提高知名度和影响力。同时，也要注重媒体关系的维护，与记者和媒体建立良好的合作关系。

4. 参加社交活动

参加各种社交活动，扩大自己的人脉圈，提高知名度和影响力。可以参加慈善活动、艺术展览、音乐会等活动，与不同背景和专业的人建立联系。通过参加社交活动，我们可以展示自己的才华和魅力，吸引更多的人关注自己。

（三）应对职业生涯中的挑战与困难

在职业生涯中，我们难免会遇到各种挑战和困难。通过人脉网络，我们可以寻求他人的帮助和支持，共同应对挑战。同时，我们还可以从他人的经验和教训中汲取智慧，避免重蹈覆辙。具体来说，我们可以采取以下措施。

1. 寻求支持

在遇到挑战和困难时，寻求他人的支持和帮助。可以向自己的联系人寻求建议和帮助，了解他们的经验和做法。通过他们的支持和帮助，我们可以更好地应对挑战和困难。

2. 学习经验

从他人的经验和教训中汲取智慧，避免重蹈覆辙。可以向自己的联系人了解他们的职业发展历程、成功经验和失败教训等信息。通过学习他们的经验和教训，我们可以避免走弯路，提高自己的职业发展速度。

3. 建立危机应对机制

建立危机应对机制，应对突发事件和危机情况。可以制订危机应对计划、建立危机应对团队等措施，确保在危机情况下能够迅速做出反应并采取有效的应对措施。通过建立危机应对机制，我们可以减少危机带来的损失和影响。

4. 保持积极心态

保持积极心态面对职业生涯中的挑战和困难。要相信自己的能力和潜力，勇敢地面对挑战和困难。同时，也要学会调整自己的心态和情绪，保持积极向上的精神状态。通过保持积极心态，我们可以更好地应对挑战和困难，取得更好的成绩和发展。

（四）培养领导力与团队协作能力

通过人脉网络培养领导力与团队协作能力是非常重要的。我们可以与不同背景和专业的人建立联系，学习他们的优点和长处，提升自己的综合素质。同时，我们还可以利用人脉资源组建团队或合作项目，培养自己的领导力和团队协作能力。具体来说，我们可以采取以下措施。

1. 建立广泛的人脉关系

与不同背景和专业的人建立广泛的人脉关系。可以通过参加社交活动、加入专业组织或社团等方式结识不同领域的人。通过建立广泛的人脉关系，我们可以了解不同领域的知识和经验，提升自己的综合素质。

2. 学习他人的优点和长处

向他人学习他们的优点和长处，提升自己的综合素质。可以向自己的联系人了解他们的成功经验、工作方法等信息。通过学习他人的优点和长处，我们可以改进自己的不足之处，提高自己的职业能力和竞争力。

3. 利用人脉资源组建团队或合作项目

利用人脉资源组建团队或合作项目，培养自己的领导力和团队协作能力。可以邀请自己的联系人加入自己的团队或合作项目中，共同完成工作任务或实现共同目标。通过与团队成员的合作和交流，我们可以培养自己的领导力和团队协作能力，提高自己的职业发展速度和成果。

4. 积极参与行业活动

积极参与行业活动，展示自己的才华和能力。可以参加行业研讨会、论坛、培训等活动，与行业内的专家和领袖交流和学习。通过参与行业活动，我们可以展示自己的专业能力和经验，提高自己的知名度和影响力。同时，也可以通过这些活动了解行业动态和发展趋势，为自己的职业发展提供支持和帮助。

案例 15　销售精英王丽：如何通过人脉网络实现职业飞跃

背景：

王丽是一位在中国从事销售工作的普通员工。她在一家知名的电子产品公司担任销售代表，负责向企业客户推销公司的产品。尽管她具备出色的销售技巧和专业知识，但在职业生涯的早期，她发现自己的销售业绩并不突出。

关键步骤：

1. 市场调研与分析

王丽首先进行了深入的市场调研，了解目标客户的需求和偏好。她通过参加行业展会、阅读行业报告和与潜在客户交流，收集了大量关于市场趋势和竞争对手的信息。

2.建立行业联系

她积极参加行业交流会和研讨会，与其他销售人员和潜在客户建立联系。在这些活动中，她不仅展示了自己的专业知识，还主动与他人交流，了解他们的需求和挑战。

3.提供定制化解决方案

根据市场调研和客户需求，王丽为客户提供了定制化的销售解决方案。她与客户紧密合作，了解他们的具体需求，并根据这些需求推荐适合的产品和服务。

4.建立信任与长期合作关系

王丽注重与客户建立长期的合作关系。她定期与客户保持联系，了解他们的最新需求，并提供持续的支持和服务。通过这种方式，她赢得了客户的信任，并与他们建立了稳固的合作关系。

5.利用社交媒体与线上平台

王丽还充分利用了社交媒体和线上平台，如微信、微博等，与客户和潜在客户保持联系。她定期发布有关产品信息和行业动态，吸引了更多人的关注。

6.持续学习与成长

王丽始终保持对销售技巧和产品知识的学习。她参加公司组织的培训课程，阅读销售书籍，并关注行业动态，以保持自己的竞争力。

挑战：

竞争激烈：王丽所在的市场竞争非常激烈，许多公司都在争夺相同的客户资源。为了在竞争中脱颖而出，她必须不断提高自己的销售技巧和专业知识。

客户需求多样化：不同的客户有不同的需求和预算。为了满足这些需求，王丽需要灵活调整自己的销售策略，提供定制化的解决方案。

时间管理：随着客户数量的增加，王丽发现自己需要更加高效地管理时间。她必须合理安排自己的工作计划，确保能够及时跟进潜在客户和维护现有客户关系。

成果：

销售业绩提升：通过建立广泛的人脉网络和提供定制化的解决方案，王丽的销售业绩得到了显著提升。她不仅完成了公司设定的销售目标，还超额完成了任务。

客户满意度提高：王丽注重与客户建立长期的合作关系，提供持续的支持和服务。这使客户满意度大大提高，许多客户成为她的忠实粉丝，并愿意向其他潜在客户推荐她的产品和服务。

个人品牌建设：通过在社交媒体上的积极互动和分享，王丽建立了自己的专业品牌。她成为行业内的意见领袖，经常被邀请参加行业会议和研讨会，分享自己的见解和经验。

职业晋升：王丽的努力和成就得到了公司的认可，她被晋升为销售团队的主管，负责领导和管理整个销售团队。

王丽的案例表明，即使是在竞争激烈的销售行业中，通过建立广泛的人脉网络、提供定制化的解决方案、建立信任与长期合作关系以及持续学习与成长，个人也可以实现职业上的突破和个人品牌的建设。

模块六
提升团队协作精神与领导力

模块导读

　　团队协作与领导力是现代社会中不可或缺的重要能力。本模块将带领你深入了解团队合作的重要性，探讨如何有效进行团队建设与维护，以及如何认知和定位自己在团队中的角色。同时，你还将学习如何提升自己的领导力，成为团队中的核心力量。通过本模块的学习，你将更加懂得如何与他人协同合作，共同实现目标。

学习目标

1. 深刻认识团队合作的重要性，增强团队意识。
2. 掌握团队建设与维护的方法，提升团队凝聚力。
3. 明确团队角色认知与定位，发挥个人优势。
4. 提升领导力水平，带领团队取得成功。

知识图谱

提升团队协作精神与领导力

- 团队合作的重要性
  - 团队合作在现代工作中的作用
  - 团队合作对个人和组织的影响
  - 团队合作与个人成就的关系
- 团队建设与维护方法探讨
  - 团队信任与支持
  - 团队冲突管理
- 团队角色认知与定位
  - 团队成员的类型与特点
  - 团队角色的划分与重要性
  - 如何识别和发挥个人优势
  - 小结
- 领导力的提升
  - 领导力概述
  - 领导理论
  - 领导技能与能力

扫码下载
模块学习资料

任务一　团队合作的重要性

任务准备

（1）确定学习目标：让学生理解团队合作在现代工作中的核心作用，以及它对个人和组织的影响。

（2）设计教学活动：准备案例分析、小组讨论和互动式教学材料，如角色扮演和小组项目。

（3）准备教学资源：收集相关案例、数据和研究，以便在课堂上进行深入讨论。

任务实施

（1）讲解团队合作的基本概念和现代工作中的应用。

（2）分析案例，让学生讨论团队合作如何提高效率、创新和应对复杂问题。

（3）组织小组讨论，让学生分享自己在团队中的经验和观察。

（4）进行角色扮演活动，让学生体验团队合作的实际效果。

任务分析

在当今快速变化的工作环境中，团队合作已经成为组织成功的关键因素之一。团队合作不仅能提高工作效率，还能促进创新和解决复杂问题。本任务将探讨团队合作在现代工作中的作用，以及它对个人和组织的影响，特别是团队合作与个人成就的关系。

一、团队合作在现代工作中的作用

（一）提高效率与生产力

在现代工作中，任务通常需要跨学科、跨部门的合作来完成。通过团队合作，成员可以共享资源、知识和技能，从而提高工作效率。例如，在软件开发项目中，程序员、设计师、测试人员和项目经理需要紧密合作，以确保项目按时按质完成。每个成员都可以利用自己的专长和经验，共同解决问题，提高整体生产力。

（二）促进创新与创意

团队合作能够汇聚不同背景和经验的人才，这种多样性有助于激发新的想法和创意。成员们可以相互启发、碰撞思想，从而产生创新的解决方案。在市场营销团队中，不同部门的成员可以共同探讨如何更好地满足客户需求，创造出独特的营销策略。通过团队合作，团队能够超越个人局限，实现更高层次的创新。

（三）应对复杂问题

现代工作中的问题往往复杂且多变，需要综合多方面的知识和技能来解决。团队合作使成员们能够集思广益，共同应对挑战。例如，在危机管理中，团队需要迅速做出反应，协调各方资源，制定有效的应对策略。通过团队合作，团队能够更好地应对复杂问题，减少风险。

（四）增强适应性与灵活性

随着市场和技术的快速变化，组织需要不断适应新的环境。团队合作能够提高组织的适应性和灵活性。团队成员可以共同学习新技能、掌握新知识，以便更好地应对变化。此外，团队还可以灵活调整资源和策略，以适应不断变化的市场需求。这种适应性和灵活性对于组织的长期发展至关重要。

二、团队合作对个人和组织的影响

（一）个人成长与发展

参与团队合作可以促进个人成长和发展。通过与他人合作，个人可以学习新的技能、拓宽视野、提高沟通能力和解决问题的能力。这些技能和能力对于个人的职业发展具有重要意义。此外，团队合作还可以帮助个人建立人际关系网络，为未来的职业发展打下基础。

（二）组织文化与氛围

团队合作对于塑造组织文化和氛围具有重要影响。一个积极的团队合作氛围可以提高员工的满意度和忠诚度，促进员工之间的信任和尊重。这样的组织文化有利于吸引和留住优秀的人才，提高组织的整体竞争力。相反，一个消极的团队合作氛围可能导致员工士气低落、工作效率低下，甚至引发内部矛盾和冲突。

（三）组织绩效与成果

团队合作对于组织绩效和成果具有直接影响。通过团队合作，组织可以更好地利用资源、提高工作效率、促进创新和解决问题。这些因素都有助于提高组织的绩效和成果。例如，在销售团队中，成员们可以共享客户信息、协调销售策略，从而提高销售额和市场份额。在研发团队中，成员们可以共同探索新技术、开发新产品，为组织带来更多的商业机会和竞争优势。通过团队合作，组织可以实现更高的目标和更好的业绩。

三、团队合作与个人成就的关系

（一）个人成就的实现

团队合作为个人提供了实现成就的平台。在团队中，个人可以发挥自己的专长和优势，为团队做出贡献。当团队取得成功时，个人也会感到自豪和满足，这是一种个人成就的体现。此外，团队合作还可以帮助个人建立自信和自尊心，提高自我价值感。通过与他人合作取得成功，个人可以更加坚信自己的能力和价值，从而实现个人成就。

（二）个人成长的加速

参与团队合作可以加速个人的成长。在团队中，个人可以学习新的知识和技能，提高自己的能力和素质。通过与他人交流和合作，个人可以拓宽视野、增强沟通能力和解决问题的能力。这些能力对于个人的职业发展具有重要意义。此外，团队合作还可以帮助个人发现自己的不足之处，从而有针对性地进行改进和提升。通过不断地学习和成长，个人可以不断提高自己的竞争力，实现更高的个人成就。

（三）个人价值的提升

团队合作可以提升个人的价值。在团队中，个人可以发挥自己的专长和优势，为团队做出贡献。当团队取得成功时，个人也会得到认可和赞赏，这是一种个人价值的体现。此外，团队合作还可以帮助个人建立良好的人际关系，提高自己的社会地位和影响力。通过与他人合作取得成功，个人可以获得更多的机会和资源，从而提升自己的价值。在现代工作中，个人价值的提升对于职业发展具有重要意义。通过团队合作，个人可以不断提高自己的竞争力和价值，实现更高的个人成就。

团队合作在现代工作中具有重要的作用。它不仅能够提高效率与生产力、促进创新与创意、应对复杂问题，还能够增强适应性与灵活性。同时，团队合作对个人和组织都有着深远的影响，包括个人成长与发展、组织文化与氛围以及组织绩效与成果。更重要的是，团队合作与个人成就之间存在密切的关系。通过参与团队合作，个人可以实现成就、加速成长、提升价值。因此，我们应该重视团队合作的重要性，积极培养自己的团队合作能力，为个人和组织的发展做出更大的贡献。

任务二　团队建设与维护方法探讨

任务准备

（1）设定学习目标：让学生掌握团队信任与支持的建立与维护技巧，以及冲突管理策略。

（2）准备教学材料：准备情景模拟、团队活动和案例研究，以实践团队建设方法。

（3）安排教学活动：设计小组活动，如信任游戏、支持提供与接受练习，以及冲突解决角色扮演。

任务实施

（1）讲解团队信任与支持的重要性，以及提供与接受支持的技巧。

（2）组织团队信任游戏，让学生体验信任在团队中的作用。

（3）进行支持提供与接受的练习，让学生练习如何有效支持团队成员。

（4）通过案例分析，讨论冲突的类型、原因和解决方法。

任务分析

在当今快速变化的工作环境中，团队合作已经成为组织成功的关键因素之一。团队合作不仅能提高工作效率，还能促进创新和解决复杂问题。本任务将探讨团队合作在现代工作中的作用，以及它对个人和组织的影响，特别是团队合作与个人成就的关系。

一、团队信任与支持

在任何团队中，信任和支持都是不可或缺的元素。它们是团队成员之间建立良好关系、提高工作效率和促进团队合作的基础。现探讨建立团队信任的重要性、提供与接受支持的技巧，以及如何维护和强化团队信任与支持。

（一）建立团队信任的重要性

1. 促进团队合作

信任是团队合作的基础。当团队成员之间相互信任时，他们更愿意分享信息、协作解决问题，从而提高团队的整体绩效。

2. 提高工作效率

信任可以减少团队成员之间的沟通成本和监督成本。当团队成员相互信任时，他们可以更加专注于工作本身，而不是担心对方的行为或动机。

3. 增强团队凝聚力

信任可以促进团队成员之间的情感联系，增强团队的凝聚力。当团队成员相互信任时，他们更愿意为团队的利益着想，共同面对挑战。

4. 降低冲突风险

信任可以减少团队成员之间的误解和猜疑，降低冲突的风险。当团队成员相互信任时，他们更愿意以建设性的方式解决问题，而不是通过对抗来解决。

（二）提供与接受支持的技巧

1. 倾听与理解

提供支持的关键在于倾听团队成员的需求和感受。当团队成员遇到问题时，给予他们足够的时间和空间来表达自己的想法和感受，并尽力理解他们的处境。

2. 提供具体的帮助

提供支持时，应根据团队成员的具体需求提供具体的帮助。这可以是提供资源、分享知识、提供指导或协助解决问题等。

3. 鼓励与肯定

鼓励团队成员并肯定他们的努力和成就可以增强他们的自信心和积极性。当团队成员取得成功时，给予他们及时的表扬和奖励。

4. 接受支持的技巧

当自己需要支持时，应主动向团队成员表达自己的需求。同时，要学会接受他人的帮助，不要因为自尊心或独立性而拒绝他人的支持。

5. 表达感激与回馈

当收到他人的支持时，应表达感激之情。这可以是口头的感谢、写一封感谢信或给予适当的回报等，同时，也要准备在他人需要时提供支持予以反馈。

（三）团队信任与支持的维护与强化

1. 持续沟通

持续沟通是维护和强化团队信任与支持的关键。团队成员应定期进行面对面的交流，分享工作进展、遇到的问题和解决方案等。这有助于增进彼此的了解，建立信任。

2. 透明与开放

透明与开放的态度有助于建立团队信任。领导者和团队成员应保持信息的公开透明，不隐瞒重要信息或误导他人。同时，应鼓励团队成员提出自己的观点和建议，共同讨论问题和解决方案。

3. 一致性与可靠性

一致性与可靠性是建立信任的重要因素。团队成员应遵守承诺，履行自己的职责。同时，应保持言行一致，不给他人留下不信任的印象。

4. 共同经历与挑战

共同经历和挑战可以加深团队成员之间的信任。当团队成员一起面对困难和挑战时，他们会更加紧密地团结在一起，共同克服困难。

5. 培训与发展

通过培训与发展，团队成员可以提高自己的技能和能力，增强对团队的贡献。同时，培训和发展也有助于建立团队成员之间的信任，促进他们共同学习和成长。

（四）小结

团队信任与支持是构建高效团队的基石。通过了解建立团队信任的重要性、掌握提供与接受支持的技巧以及维护和强化团队信任与支持的方法，团队可以更加紧密地团结在一起，共同面对挑战并取得成功。在现代工作中，团队合作的重要性日益凸显，因此，我们应该更加重视团队信任与支持的培养和维护，为个人和组织的发展做出更大的贡献。

二、团队冲突管理

在任何团队中，冲突都是不可避免的。冲突可能源于不同的观点、价值观、工作风格或资源分配等。然而，冲突并不总是负面的，它也可以成为团队成长和改进的催化剂。关键在于如何有效地管理冲突，将其转化为团队发展的动力。现探讨冲突的类型与原因、冲突解决的原则与方法，以及预防冲突的策略与技巧。

（一）冲突的类型与原因

1. 任务冲突

任务冲突通常发生在团队成员对工作任务的理解、执行方式或优先级有不同看法时。

这种冲突可能源于个体的专业背景、经验或工作习惯差异。例如，一个成员可能倾向于遵循传统的工作流程，而另一个成员则可能更愿意尝试新的方法。

2. 关系冲突

关系冲突涉及团队成员之间的个人关系，如信任、尊重、沟通等方面的问题。这种冲突可能源于个性差异、沟通不畅或误解等。例如，两个成员可能因为性格不合而经常发生争执，或者因为沟通不畅而产生误会。

3. 资源冲突

资源冲突通常发生在团队成员对有限资源的争夺上，如时间、资金、设备等。这种冲突可能源于团队内部或外部的压力，导致资源紧张。例如，两个项目团队可能同时需要同一台关键设备，导致资源分配上的冲突。

（二）冲突解决的原则与方法

1. 原则

①公平性：处理冲突时应保持公正，不偏袒任何一方。

②透明度：冲突解决过程应公开透明，让所有团队成员了解。

③及时性：冲突应尽快解决，避免影响团队的正常运作。

④建设性：冲突解决应以建设性的方式进行，旨在改善团队关系和提高工作效率。

2. 方法

①沟通：鼓励团队成员坦诚地表达自己的观点和感受，通过有效的沟通来解决误解和分歧。

②调解：当双方无法自行解决冲突时，可以引入第三方进行调解，帮助双方达成共识。

③协商：团队成员可以通过协商来寻找双赢的解决方案，满足各方的需求。

④妥协：在某些情况下，团队成员可能需要做出一定的妥协，以达成共识。

⑤权威决策：当冲突无法通过上述方法解决时，领导者可以做出权威决策，但应确保决策的公正性和合理性。

（三）预防冲突的策略与技巧

1. 策略

①明确团队目标：确保所有团队成员对团队的目标有清晰的认识，这有助于减少因目标不一致而产生的冲突。

②建立信任：通过团队建设活动和日常互动，建立团队成员之间的信任，减少关系冲突。

③分配资源合理：合理分配团队资源，避免因资源分配不均而产生的冲突。

2. 技巧

①倾听：积极倾听团队成员的意见和建议，理解他们的需求和期望。

②同理心：站在他人的角度思考问题，理解他人的立场和感受。

③适应性：根据团队成员的特点和需求调整自己的工作方式和沟通风格。

④反馈：及时给予团队成员反馈，帮助他们了解自己的工作表现和改进方向。

（四）小结

团队冲突管理是团队建设的重要组成部分。通过了解冲突的类型与原因、掌握冲突解决的原则与方法以及预防冲突的策略与技巧，团队可以更好地应对冲突，将其转化为团队发展的动力。在现代工作中，团队合作的重要性日益凸显，因此我们应该更加重视团队冲突管理，不断提升自己的团队管理能力，为个人和组织的发展做出更大的贡献。

任务三　团队角色认知与定位

任务准备

（1）确定学习目标：让学生理解团队成员的类型、特点，以及如何识别和发挥个人优势。

（2）准备教学资源：设计自我评估问卷，准备团队角色分析工具和案例。

（3）安排教学活动：组织角色扮演，让学生体验不同团队角色。

任务实施

（1）讲解团队角色的分类和特点，引导学生进行自我评估。

（2）学生填写自我评估问卷，了解自己的优势和兴趣。

（3）进行团队角色分析，讨论如何根据个人特点选择和适应角色。

（4）通过角色扮演，让学生体验不同团队角色的职责和挑战。

任务分析

在任何组织中，团队都是实现目标的关键力量。一个高效的团队不仅能够提高工作效率，还能激发创新，解决复杂问题。然而，要想让团队发挥最大的潜力，就必须对团队成员的类型、特点以及团队角色进行深入的理解和合理的划分。本任务将探讨团队成员的类型与特点，团队角色的划分与重要性，以及如何识别和发挥个人优势。

一、团队成员的类型与特点

（一）技能型成员

技能型成员是指那些具备特定技能或知识的团队成员。他们通常在某一领域有深厚的专业背景，能够为团队提供专业的支持和解决方案。例如，在软件开发团队中，程序员就是典型的技能型成员。他们具备编程技能，能够编写代码，解决技术问题。

特点：技能型成员通常具有高度的专注力和专业能力，但可能缺乏团队合作的经验。他们更倾向于独立工作，有时可能难以适应团队的协作环境。

（二）关系型成员

关系型成员擅长人际交往和沟通，他们能够在团队中建立良好的人际关系，促进团队合作。例如，在销售团队中，销售代表就是关系型成员。他们具备与客户建立信任和关系的能力，能够有效地推销产品。

特点：关系型成员通常具有出色的沟通能力和人际交往技巧，但可能缺乏某些专业技能。他们能够在团队中起到润滑剂的作用，促进团队成员之间的合作。

（三）创新型成员

创新型成员具备创新思维和创造力，能够为团队带来新的想法和解决方案。例如，在研发团队中，产品设计师就是创新型成员。他们能够从不同的角度思考问题，提出新颖的设计理念。

特点：创新型成员通常具有开放的思维和勇于尝试的精神，但可能缺乏对细节的关注。他们能够为团队带来新的视角和思考方式，推动团队的创新和发展。

（四）执行型成员

执行型成员具备执行力和组织能力，能够确保团队的计划和任务得到有效执行。例如，在项目管理团队中，项目经理就是执行型成员。他们能够制订计划、分配任务，确保项目按时完成。

特点：执行型成员通常具有高度的责任心和组织能力，但可能缺乏灵活性。他们能够确保团队的计划得到有效执行，推动团队的目标实现。

二、团队角色的划分与重要性

（一）领导者角色

领导者角色是团队中最为关键的角色之一。领导者负责制定团队的目标、规划和策略，并带领团队成员朝着目标前进。领导者还需要协调团队成员之间的关系，确保团队的和谐与高效运作。

重要性：领导者的决策和领导风格直接影响到团队的绩效和氛围。一个优秀的领导者能够激发团队成员的积极性和创造力，提高团队的整体表现。

（二）执行者角色

执行者角色是团队中负责具体执行任务的成员。他们按照领导者的指示和计划，完成各项任务和工作。执行者需要具备较强的执行力和责任感，确保任务的按时完成。

重要性：执行者是团队中不可或缺的角色。他们的工作直接关系到团队目标的实现，是团队成功的基石。没有执行者，领导者的计划和策略无法得到有效实施。

（三）创新者角色

创新者角色是团队中负责提出新想法和解决方案的成员。他们具备创新思维和创造力，能够为团队带来新的视角和思考方式。创新者需要具备较强的学习能力和适应能力，以便不断吸收新知识并应用于实际工作中。

重要性：创新者能够为团队带来新的机会和发展方向。他们的创新思维和创造力能够推动团队不断进步，提高团队的竞争力。在快速变化的市场环境中，创新者的作用尤为重要。

（四）支持者角色

支持者角色是团队中负责提供支持和帮助的成员。他们关心团队成员，愿意为他人提供帮助和支持，营造良好的团队氛围。支持者需要具备较强的沟通能力和同理心，以便更好地理解和支持团队成员。

重要性：支持者能够提高团队的凝聚力和协作精神。他们的存在使团队成员感到被关心和支持，从而更加积极地投入到工作中。在团队中，支持者的作用不可忽视。

三、如何识别和发挥个人优势

（一）了解自己的优势

要想发挥个人优势，首先需要了解自己的优势是什么。可以通过自我评估、反馈收集和职业规划等方式来了解自己的优势。了解自己的优势有助于找到适合自己的工作和角色，从而更好地发挥自己的潜力。

（二）找到适合的角色

在团队中找到适合自己的角色是发挥个人优势的关键。可以根据自己的优势和兴趣选择适合自己的角色，或者与领导者沟通，寻求适合自己的工作机会。选择适合自己的角色可以让自己更加投入工作，发挥自己的优势。

（三）持续学习和成长

持续学习和成长是发挥个人优势的必要条件。在不断变化的工作环境中，需要不断学习新知识、掌握新技能，以适应新的挑战和需求。通过学习和成长，可以不断提高自己的能力和素质，发挥更大的优势。

（四）与他人合作

与他人合作是发挥个人优势的重要途径。在团队中，可以与其他成员相互学习、交流和合作，共同成长和进步。与他人合作可以拓宽自己的视野、提高自己的沟通能力和解决问题的能力，从而更好地发挥自己的优势。

（五）接受反馈并改进

接受反馈并改进是发挥个人优势的重要环节。通过接受他人的反馈，可以了解自己的不足之处，并进行改进和提升。同时，也可以从他人的反馈中获得新的启示和灵感，进一步发挥自己的优势。

四、小结

团队构成与角色是构建高效团队的基石。通过了解团队成员的类型与特点、合理划分团队角色以及识别和发挥个人优势，可以打造一个高效、和谐的团队，实现团队的目标和愿景。在现代工作中，团队合作的重要性日益凸显，因此我们应该更加重视团队构成与角色的管理，不断提升自己的团队合作能力，为个人和组织的发展做出更大的贡献。

任务四　领导力的提升

任务准备

（1）设定学习目标：让学生理解领导力的定义、来源、发展，以及领导理论和技能。

（2）准备教学材料：收集领导力理论和案例，设计角色扮演和团队项目。

（3）安排教学活动：组织领导力理论讲解和角色扮演活动，进行团队项目实践。

任务实施

（1）讲解领导力的定义、来源和发展，以及不同领导风格的优缺点。

（2）学生进行领导力角色扮演，体验不同领导风格的决策过程。

（3）组织团队项目，让学生在实践中提升领导力。

（4）分析领导力理论在实际中的应用，讨论如何提升个人领导力。

任务分析

一、领导力概述

领导力是影响和激励他人共同实现目标的能力。它在组织中起着至关重要的作用，对于团队的成功和组织的长远发展具有决定性的影响。现详细探讨领导力的定义、重要性、来源、发展以及类型和风格。

（一）领导力的定义与重要性

领导力是一种能力，它使领导者能够影响和激励他人，共同实现目标。领导力不仅是命令和控制，更是引导和激励。一个优秀的领导者能够激发团队成员的潜能，带领他们克服困难，实现共同的目标。领导力在组织中的重要性不言而喻。首先，领导力是推动组织变革和发展的核心动力。在快速变化的市场环境中，领导者需要引领组织适应变化，抓住机遇，应对挑战。其次，领导力对于团队建设和管理至关重要。一个优秀的领导者能够激发团队成员的积极性和创造力，促进团队合作，提高团队效率。最后，领导力对于个人职业发展也具有重要意义。一个具备领导力的人能够在职业生涯中取得更大的成就，承担更高的责任，实现个人价值。

（二）领导力的来源与发展

1. 领导力的来源

领导力的来源是多方面的。首先，领导力来自个人的天赋和特质。有些人天生具备领导才能，如自信、果断、沟通能力等。这些特质使他们在领导岗位上更容易取得成功。其次，领导力来自个人的经验和知识。通过不断学习和实践，个人可以积累丰富的经验和知识，提升自己的领导力。这些经验和知识可以帮助领导者更好地理解和应对各种情况。最后，领导力来自组织和文化。一个积极向上的组织文化可以激发员工的潜力，培养他们的领导力。同时，组织中的培训和发展机会也可以帮助员工提升领导力。

2. 领导力的发展

领导力的发展是一个持续的过程。首先，领导者需要不断学习和提升自己的知识和技能。这包括学习领导力理论、参加培训课程、阅读相关书籍等。通过不断学习，领导者可以不断更新自己的知识库，提高自己的领导能力。其次，领导者需要不断实践和反思。实践是检验真理的唯一标准，只有通过实践，领导者才能真正掌握领导力的精髓。同时，反思是提高领导力的关键。领导者需要不断回顾自己的领导行为，总结经验教训，不断改进自己的领导方式。最后，领导者需要不断适应和创新。在快速变化的环境中，领导者需要不断适应新的情况和挑战。同时，创新是推动组织发展的关键。领导者需要不断探索新的领导方法和策略，以应对不断变化的环境。

（三）领导力的类型与风格

1. 领导力的类型

根据不同的分类标准，领导力可以分为多种类型。例如，按照领导风格，可以分为专制型、民主型和放任型；按照领导目标，可以分为变革型和交易型。每种类型的领导力都有其适用的场景和优点。例如，专制型领导在紧急情况下可以迅速做出决策，但可能抑制团队成员的积极性；民主型领导则能够激发团队成员的创造力，但决策过程可能较为缓慢。因此，领导者需要根据具体情况选择合适的领导类型。

2. 领导力的风格

除类型外，领导力还可以按照风格来分类。例如，有人主张领导风格应该因人而异，即所谓的"情境领导"；还有人主张领导风格应该注重团队合作，即所谓的"团队领导"。每种风格的领导力都有其适用的场景和优点。例如，情境领导能够根据不同情境采取不同的领导方式，提高领导效果；团队领导则能够促进团队成员之间的合作，提高团队效率。因此，领导者需要根据具体情况选择合适的领导风格。

（四）小结

领导力是组织和个人成功的关键因素。一个优秀的领导者能够激发团队成员的潜能，带领他们克服困难，实现共同的目标。领导力的发展是一个持续的过程，需要领导者不断学习和实践。同时，领导者需要根据具体情况选择合适的领导类型和风格。在当今快速变化的世界中，领导者需要具备一系列的技能和能力，以应对各种挑战和机遇。通过不断学习和实践，领导者可以不断提升自己的领导力，为组织和个人的发展作出更大的贡献。

二、领导理论

领导理论是研究领导行为和领导效果的理论。随着社会的发展和组织环境的变化，领导理论也在不断发展和完善。现探讨传统领导理论、现代领导理论以及情境领导理论。

（一）传统领导理论

传统领导理论主要包括特质理论、权变理论和行为理论。特质理论认为领导能力是天生的，领导者需要具备某些特质，如自信、果断、沟通能力等。权变理论认为领导效果取决于领导者的特质和情境的匹配程度。行为理论则关注领导者的行为和领导风格，认为领导效果与领导者的行为密切相关。

（二）现代领导理论

现代领导理论主要包括变革型领导理论、交易型领导理论和服务型领导理论。变革型领导理论认为领导者通过激发团队成员的内在动机和创造力，带领他们超越自我，实现组织的变革和发展。交易型领导理论则强调领导者与团队成员之间的交易关系，通过奖励和惩罚来激励团队成员完成任务。服务型领导理论认为领导者应该为团队成员提供支持和服务，帮助他们实现个人和组织的目标。

（三）情境领导理论

情境领导理论认为领导效果取决于领导者的特质、团队成员的特征以及情境的特点。领导者需要根据不同的情境采取不同的领导方式，以适应不同的团队和组织环境。情境领导理论强调领导者的灵活性和适应性，认为领导者应该根据具体情况做出决策。

（四）小结

领导理论是研究领导行为和领导效果的理论。传统领导理论、现代领导理论以及情境领导理论都为我们提供了不同的视角和方法来理解和实践领导力。在实际工作中，我们可以根据具体情况选择合适的领导理论和方法，以提高领导效果和组织绩效。

三、领导技能与能力

在当今快速变化的商业环境中，领导技能与能力对于个人和组织的成功至关重要。领导不仅是一种艺术，更是一种科学，它涉及一系列的技能和能力，包括决策制定、问题解决、激励与影响力、团队建设与管理等。现深入探讨这些领导技能与能力，并提供一些实用的建议和技巧，帮助读者提升自己的领导能力。

（一）决策制定与问题解决

决策制定与问题解决是领导的核心技能之一。在商业环境中，领导者经常面临各种复杂的问题和挑战，需要迅速做出决策并解决问题。以下是一些关于决策制定与问题解决的关键要素。

1. 数据驱动决策

在决策过程中，收集和分析数据至关重要。领导者需要利用数据来评估不同选项的利弊，并预测可能的结果。这有助于减少主观偏见，提高决策的准确性。

2. 情境分析

了解问题的背景和上下文是制定有效决策的关键。领导者需要考虑问题发生的原因、影响范围、利益相关者以及潜在的长期影响。这有助于领导者制定出更加全面和综合的决策方案。

3. 创造性思维

在解决问题时，创新和创造性思维是必不可少的。领导者需要跳出传统思维框架，寻找新的解决方案。这可能涉及尝试新的方法、引入新的技术或寻求外部专家的意见。

4. 风险评估

任何决策都伴随着一定的风险。领导者需要识别潜在的风险，并评估其可能对组织造成的影响。这有助于领导者制定出风险最小化的决策方案，并为可能的风险做好准备。

5. 快速行动

在商业环境中，时间就是一切。领导者需要迅速做出决策并付诸行动。这要求领导者具备快速反应能力和高效执行能力，以便在竞争激烈的市场中保持领先地位。

（二）激励与影响力

激励与影响力是领导者成功的关键因素之一。领导者需要能够激发团队成员的积极性和创造力，并影响他们的行为和态度。以下是一些关于激励与影响力的关键要素。

1. 了解团队成员

了解团队成员的需求、动机和期望是激励他们的关键。领导者需要与团队成员建立信任和尊重的关系，并了解他们的个人目标和职业发展计划。这有助于领导者制定出更加个性化和有效的激励方案。

2. 设定明确的目标

清晰、具体且可衡量的目标能够激发团队成员的积极性和创造力。领导者需要与团队成员共同制定目标，并确保每个成员都清楚自己的角色和责任。这有助于提高团队的凝聚力和执行力。

3. 提供反馈和认可

及时、具体且真诚的反馈能够激励团队成员不断改进和提升自己的表现。领导者需要定期与团队成员进行沟通，提供建设性的反馈和认可。这有助于提高团队成员的满意度和忠诚度，并激发他们的积极性。

4. 建立信任和尊重

信任和尊重是建立有效激励机制的基础。领导者需要以身作则，展示出诚信、公正和透明的行为。同时，领导者需要尊重团队成员的意见和想法，并鼓励他们发表自己的看法。这有助于建立一个开放、包容和互相尊重的工作环境。

5. 运用影响力技巧

领导者需要运用各种影响力技巧来影响团队成员的行为和态度，包括说服、示范、授权和建立共同价值观等。领导者需要根据不同的情境和团队成员的特点来选择合适的影响力技巧。

（三）团队建设与管理

团队建设与管理是领导者的另一项关键技能。一个高效、协作和具有创新精神的团队是组织成功的基础。以下是关于团队建设与管理的六点关键要素。

1. 确定团队目标

一个清晰、具体且可衡量的团队目标是团队成功的关键。领导者需要与团队成员共同制定目标，并确保每个成员都清楚自己的角色和责任。这有助于提高团队的凝聚力和执行力。

2. 选拔和组建团队

选择合适的团队成员是团队成功的基础。领导者需要根据团队目标和任务来选拔具有相应技能和经验的团队成员。同时，领导者需要考虑团队成员的个性和工作风格，以确保团队的协作和沟通顺畅。

3. 建立信任和尊重

信任和尊重是建立高效团队的基础。领导者需要以身作则，展示出诚信、公正和透明的行为。同时，领导者需要尊重团队成员的意见和想法，并鼓励他们发表自己的看法。这有助于建立一个开放、包容和互相尊重的工作环境。

4. 促进团队沟通

有效的沟通是团队成功的关键。领导者需要确保团队成员之间的沟通畅通无阻，鼓励他们分享信息、交流想法和解决问题。同时，领导者需要处理团队内部的冲突和分歧，以维护团队的和谐与稳定。

5. 培养团队协作

团队协作是提高团队效率和创新能力的关键。领导者需要鼓励团队成员之间的合作，让他们共同完成任务和解决问题。同时，领导者需要为团队成员提供必要的支持和资源，以促进团队的协作和发展。

6. 持续改进和发展

团队建设是一个持续的过程，需要不断改进和发展。领导者需要定期评估团队的表现和成果，并根据评估结果进行调整和改进。同时，领导者需要为团队成员提供持续的培训和发展机会，以提高他们的技能和能力。这有助于确保团队始终保持竞争力和创新能力。

（四）小结

领导技能与能力是领导者成功的关键。决策制定与问题解决、激励与影响力、团队建设与管理等方面的技能和能力对于领导者来说至关重要。通过不断学习和实践，领导者可以不断提升自己的领导能力，并为组织带来更大的价值。在未来的工作中，我们应该注重培养自己的领导技能和能力，以适应不断变化的商业环境并取得成功。

模块七
做一个靠谱的人

模块导读

　　在生活和工作中，我们都希望与靠谱的人为伍，因为他们能够让我们感到安心和信任。那么，如何成为一个靠谱的人呢？本模块将告诉你答案。通过学习如何兑现承诺、保证质量，以及如何闭环做事、有始有终，你将逐渐培养起靠谱的品质，成为他人眼中值得信赖的人。

学习目标

1. 培养信守承诺、保证质量的习惯，树立可靠形象。
2. 学会闭环做事，确保任务有始有终。
3. 不断提升自身责任感和执行力，成为值得信赖的人。

知识图谱

做一个靠谱的人

兑现承诺，保证工作质量
- "迭代"式完成工作目标
- 迭代工作过程中的汇报和改进
- 按时完成工作
- 保证工作完成的质量

闭环做事，工作有头有尾
- 回复每一份工作
- 总结就是每一份工作最好的回复
- 学会总结汇报

扫码下载
模块学习资料

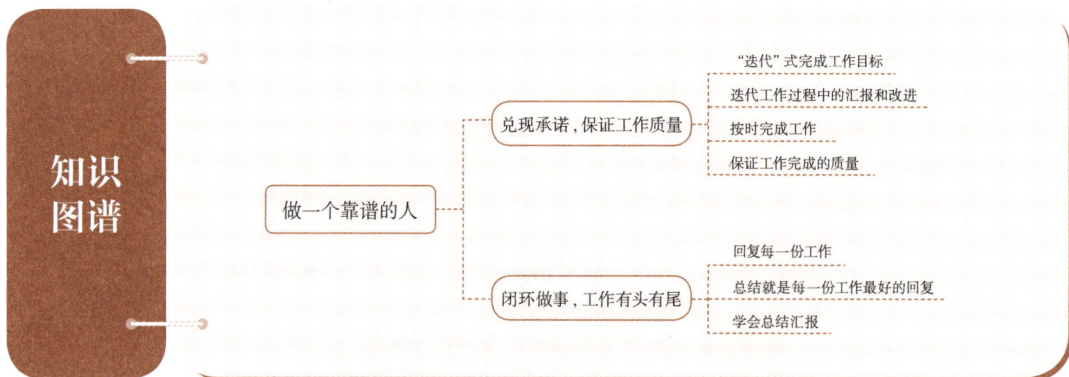

任务一　兑现承诺，保证工作质量

任务准备

（1）设定目标：明确任务的具体目标，确保每项任务都有明确的交付标准，让工作有明确的方向。

（2）制订计划：在开始工作前，评估任务的复杂度和所需时间，设定一个合理的交付期限，同时考虑可能影响进度的外部因素。

（3）沟通需求：与领导或客户沟通，了解他们对任务的具体期望，确保工作符合他们的需求。

（4）分配资源：根据任务需求，合理分配团队成员的工作，确保资源的有效利用。

任务实施

（1）建立交付意识：在工作过程中，始终保持对交付成果的关注，即使在处理细节时，也要时刻想着最终的交付物。

（2）迭代式工作：从整体出发，先搭建初步框架，然后逐步完善，通过不断迭代提升工作质量。

（3）定期汇报：在工作进行中，定期与领导沟通，汇报进度，寻求反馈，确保工作方向正确。

（4）面对批评：当收到负面反馈时，冷静分析，区分建设性与非建设性批评，从中学习并改进。

（5）按时完成：设定的交付日期是硬性指标，确保在承诺的时间内完成任务。

任务分析

一、"迭代"式完善工作目标

（一）迭代的概念

迭代是重复反馈过程的活动，其目的通常是逼近所需目标或结果。每一次对过程的重复称为一次"迭代"，而每一次迭代得到的结果会作为下一次迭代的初始值。

重复执行一系列运算步骤，从前面的量依次求出后面的量的过程。此过程的每一次结果，都是由对前一次所得结果实行相同的运算步骤得到的。

对计算机特定程序中需要反复执行的子程序（一组指令）进行一次重复，即重复执行程序中的循环，直到满足某条件为止，亦称为迭代。

通俗地说，迭代是指通过无数次不断地重复接近一个目标，折返接近，再折返再接近，最终达成目标的过程。它不是一次性完成的，而是要通过不断地重复，但每次重复又比之前更好一点，即一种非线性的进程。现在，我们把"迭代"的关键词拆解分析。

①重复：不断重复做，而不是一次性完成。

②改进：在做的过程中不断改进、调整、优化。

③认知升级：迭代的过程就是不断提高认知的过程，升级只是这个过程的一个结果。

（二）理解迭代式完善工作目标

其实，迭代思想类似于我们前面讲的PDCA理念，我们需要有计划（P），而且要付诸行动（D），到此并未结束，后面的事项才更具有意义和价值，工作完成情况的检查，以及这次工作中存在哪些不足（C），针对这些不足做出的完善和提升（A）才是真正能够改进工作最终达成目标的方法，但迭代过程是多次重复、改进的PDCA的循环过程。

迭代式工作的核心是：从整体入手，搭好初步的系统架构，对整个项目的目标明确描述之后，再启动整个项目，在后续的工作中可以发现需求，明确需求，进一步寻找各种方法满足需求，逐步完善解决方案，将细节处理放置在工作的最后一步。因此，它不提倡一步到位，而是提倡不断调整、适应，逐步去达到目标。

案例16　餐饮服务优化：即时响应与持续改进

在餐饮服务行业，顾客体验是衡量成功的关键指标。考虑两家风格迥异的餐厅：传统餐厅倾向于一次性完成所有菜品的制作，然后一并端上桌。这种做法虽然整齐划一，却忽视了顾客的即时需求，导致顾客可能长时间等待，且一旦菜品口味不佳，难以立即调整。

相比之下，另一家餐厅则采用了更为灵活的策略。他们遵循"最小可交付"原则，即在顾客等待期间，先提供一道简单的菜品作为开胃菜，以缓解顾客的饥饿感。同时，餐厅员工会主动与顾客沟通，了解其口味偏好和特殊要求。基于这些反馈，餐厅继续制作后续菜品，并根据顾客的反馈进行必要的调整。这种方式不仅缩短了顾客的等待时间，还能确保菜品的口感和品质，提升顾客的整体用餐体验。

（1）建立交付意识，直奔交付件开展工作

我们要掌握的第一要点是要建立交付意识。这个时代是脑力工作的时代，你有多少投入，只有你自己知道。在一项工作中，你可能投入了大量的时间精力，但如果没有交付的动作，在旁人看来你等于什么都没做。

比如，为了筹备公司年会，你收集了员工意见和三家备选酒店的信息等，这些都属于"输入"和"处理"。这时你还需要从中整理出合适信息，变成你的提案，汇报给领导，完成"交付"。

而工作中要善于输出。高效地获取知识或获得启发，不是说你"浏览"了多少，而是"转化"了多少。心理学中常说，通过教导他人，可以更好地掌握所学的知识。所以，养成善于输出的好习惯，能让我们高效地将知识彻底转化为自己的，为自己所用。

"输入""处理"和"交付"是完成一项工作的三个阶段。记住，你的每一个"输入"和"处理"，都是服务于"交付"的。那么，为什么要强调关注交付呢？

这是因为计划赶不上变化。任何人也没有办法做到100%看准一个方向和一次做到最佳。更多时候，也许需求方自己也不清楚到底要的是什么。当看到你的最终产出时，他才意识到自己的需求是另一个东西，然后推倒重来，劳财又费时。所以在早期，你就需要给需求方看一个最初级的版本。它既要拿得出手，又不过于复杂。它可以帮助你确认最终需求，避免你把时间投入到不必要的地方。很多时候，这个需求方可能首先是你的领导，过了领导审核关，才直接面对客户。

而且，在计划交付节点的时候，建议你前紧后松。假设一件事情，如果你有一个月的准备时间，建议你第一周交付两次方案，供需求方进行反馈和调整。之后可以保持一周一次的交付节奏，这样也给自己留有余地。

（2）持续迭代，完善工作

我们要掌握的第二个要点是寻求对方的反馈，然后进行持续迭代。通过迭代，实现一次比一次更好的"交付"。这样的好处在于，一方面你源源不断地有产出；另一方面和你合作的需求方或领导，也始终处于一个合理的沟通忙碌状态。

另外，当你同时面对多个项目时，要坚持一个原则：重要的事情多迭代，紧急的事情先迭代。

比如，一个月后，你要出席一个公司级的重要活动并做一个演讲；两天之后，你要给部门内部员工做一次培训。重要性上，当然是公司级的活动大于部门内部的培训。紧急度上，却恰好反过来。不管你先做哪个，心里总会惦记着另外一个。根据此原则，你可先把最急的内部培训材料，做出一个1.0版本，发出去听听其他人对这个版本的反馈。然后把这事放一边，开始全力做出公司演讲1.0版本。因为有一个月的时间，接下来你可以根据领导的反馈，慢慢迭代到3.0甚至是定稿。

二、迭代工作过程中的汇报和改进

（一）重视工作过程汇报

许多人在所有工作都完成时才汇报，其间的一些问题或者其他都自己"默默"承受，怕提出的问题让他人认为自己的能力不行等各种考虑，其实完全没有必要，在工作中，随时会遇到新的挑战，哪怕是工作 10 年以上的员工也会遇到各种难以解决的问题。

有些事情或许只有你一个人知道，他人并不知道；在一个整体中，及时将自己的进度反馈出来，将提高团队的效率，所以，工作的及时汇报就很重要了。

一般地讲，工作汇报是员工重要的工作职责之一，即便没有强制要求，也要在一些关键节点找领导谈一谈，让他看到你积极主动的态度；工作做得出色，工作汇报就是获得领导信任的重要方法。同时，领导分配给下属沟通的时间精力有限，所以要主动出击，定期汇报。

1. 为什么要重视工作过程汇报

（1）客户和领导需要了解你的工作情况

领导交给你工作，他至少要关注这两个内容：其一，你能否胜任工作，工作做得如何；其二，你所做的工作是领导工作的一部分，领导对你做出的工作要承担后果。如果领导不了解进程，他无法参与进来，他对你的工作结果没有信心，他会觉得自己的工作内容和压力一点都没减少。

我们的工作目的是让客户满意，领导有时就是你的内部客户，你必须时刻让领导认知你的价值所在，如何把你的能力、重要性、价值体现给领导呢？汇报工作是最重要的方式，也是重要的机会。

（2）取得一定成果，工作遇到困难或出现意外，求得更多支持

工作进行过程中，难免会出现一些意外情况。为保证项目按计划实施，不受影响，就要学会及时汇报。这样做，一方面可以得到经验型领导的建议进而调整策略，另一方面也有效调整了领导的预期。

许多人出于对职场绩效的维护，不敢向领导上报错误，但却忽略了错误也是有弥补时效的，越拖越严重。

领导的作用就是提供资源，帮助自己把事情做好。汇报困难要讲究技巧，不能只带问题去汇报，必须带解决方案去汇报。这里的解决方案包括出现的问题、原因分析、解决方案选项和利弊分析等内容。

这里要注意，提供的解决方案必须大于两个，让领导做选择题，而不是填空题或判断题。

（3）如果任务比较重要、期限较长，则需要进行定期的阶段汇报

汇报的内容包括进展和计划：目前做到哪一部分，还差多少？预计什么时候可以完成？存在的问题和建议？这样做的目的，是让上级了解项目的进展，对整体的情况保持跟进，便于进行后续安排。

（4）关键时刻要充分展现自己

追随松下辛之助 30 年的江口克彦在《我在松下三十年——上司的哲学下属的哲学》一书中认为："对于上司来说，最让人心焦的就是无法掌握各项工作的进度……如果没有得到反馈，以后就不会再把重要的工作交给这样的下属了。所以要知道，虽然只是一个简单的汇报，却能让你得到上司的肯定。"

《哈佛学不到》的作者马克·麦考梅克说得更加尖锐："谁经常向我汇报工作，谁就在努力工作；相反，谁不经常汇报工作，谁就没有努力工作。"这也许不公正，但你说老

板又能根据什么别的情况来判断你是否在努力工作？经常汇报工作的人，需要老板的思路，来保证自己的工作不跑偏。

很多人做事虽然很努力，但那只是单兵作战，现在讲究团队作战，所以及时沟通是团队协作的最佳途径，谁不掌握这个要领，谁必然会被边缘化。互通信息、共享信息是职场现代化的基本要求。因此，努力工作是晋升的基础，埋头苦干并不意味着你一定会晋升；汇报工作就是推销自己，汇报工作也并不是一味地取悦领导。

案例 17　总统电视辩论

总统大选时，约翰·肯尼迪和查理·尼克松进行了电视辩论。在此前，很多政治分析家都觉得肯尼迪处于劣势。他年轻，不出名，天主教徒，十分富有，波士顿口音太重。然而，观众在电视屏幕上看见的是一个心平气和、说话很快却轻松的人，面孔新鲜而惹人喜欢。

在他旁边，尼克松看上去饱经风霜，紧张，不自在。他眼睛的黑圈，好像表明他不是一个光明正大的人。据说就是因为这次辩论，这种在美国大众面前的推销，人们的看法才被改变了，转而喜欢肯尼迪。

案例 18　两个大学生的发展

有两个同时入职的大学生，一个工作任劳任怨，另一个被大家视为"投机钻营"。一年后"投机钻营"者被提升为主管，另一个还在默默奉献。

大家猜测"投机钻营"者没准是领导亲戚，老板说"这个人办事让人放心"。领导其实也看到了任劳任怨那个人，但用另一种方式在使用他。"投机钻营"者每次出差回来及时向领导汇报，领导也愿意给他安排工作，他逐渐增加了调动资源的权力，并建立了广泛的关系，他的提升也是水到渠成的。

在强者的行动逻辑中，总是最大限度地使自己的展现能力得到磨砺，设法做一个展现自我的大师。谁在展现上占据的优势明显，谁在生存上更具有优势。

2. 汇报工作是把双刃剑，要把握好

汇报工作忌讳显摆和卖弄，是汇报工作还是炫耀，领导是能区分出来的，向领导恰当地汇报而没有炫耀的想法，领导是乐意接受的。

在沟通中忌讳给领导上课，不要给领导讲大道理，如果有卖弄的意思，反而让领导认为你浅薄。因此，工作汇报时要注意以下五点。

①成绩和人际关系紧密相连、相辅相成。

②姿态、意识很重要，与技能的成长同步并相互影响。

③时机把握、水到渠成，高调做事、低调做人。

④成绩要看得见，如书面的方案、及时的汇报。

⑤如果有例行汇报工作的制度，则每次只说重点即可。

（二）如何进行迭代工作过程中的汇报和改进

即便暂时没有做出成绩，但汇报时需要整理工作，这会反过来促进你去思考工作，促进进步，由此形成自我约束，日积月累，促进自己的进步。而不汇报工作给人印象是不会做工作。不会汇报工作，职场上不进则退。

敢于汇报可以提升自我、挑战自我、迅速成长；若不及时汇报工作，和领导之间就会缺乏沟通，领导不了解你、不信任你，你必然被边缘化。

1. 在工作目标的迭代过程中，工作汇报的作用和目的

①定时沟通汇报进度，时刻修正碰齐目标：领导的期望值随着时间的推移会变化，必须定时沟通，汇报你的工作进度。同时，了解领导是否有新的想法和期望，经常去对齐目标。

②让领导了解你所负责事情的工作进度，请领导核验半成品。在完成任务的过程中，不要等基本完成时才一次性让领导看。如果对领导的意思吃不准，把握不透，那你在工作过程中肯定要多沟通，这个思路和方向对吗？我是否还这么继续下去？

③让领导知道你干了什么、在干什么和准备干什么？

④发生可能影响目标的实现的重大问题和突发事件时，应及时向领导报告，寻求最终决策或资源支持。

2. 目标迭代过程汇报的主要内容

①背景描述。结合自己上一阶段工作的背景介绍，包括领导是如何安排的？计划是如何制订的？自己是如何执行的？大家是如何分工的？如何配合……做一个简单的概述，这一部分篇幅不要太长；如果是以 PPT 的形式展示，两张 PPT 即可。

②工作过程。这一部分主要是把你在工作当中遇到的问题是如何克服的，以及自己采取的办法等做一个简单的介绍，但不可以太啰唆。

3. 如何面对工作过程汇报中的批评和改进建议

（1）如何正确看待批评

我们比较容易接受肯定和褒奖，但无论是在工作还是生活中，客观地面对负面评价不是一件容易的事。不管你的工作表现多么优秀，总是免不了要收到来自领导、同事、客户或合作伙伴的负面反馈；你觉得自己坦然地面对所有人，但总有人在背后指指点点。

没有人能避免不被任何人批评，而且批评也不总是对的，批评是复杂的、微妙的，也总是基于某些立场之上的，负面的信息与反馈也会给我们带来消极的情绪反应。

往往越优秀、越完美主义的人，越难面对批评，越容易感到伤害和挫败。但这是必经之路：一个懂得如何心平气和地接受批评，并将负面评价看作提升自我的宝贵机会的人，才更有可能赢得尊敬、取得进步。因为来自他人的批评可以为我们提供更多的视野和见解，成为帮助我们成长的资源与动力。

批评有两种：公正的和不公正的。有时候，你会得到真正建设性的意见，虽然可能也难以下咽，但会对你有很大帮助；有时候，总有自命不凡的、攻击性极强的人，或者是出于嫉妒心理，为了批评而批评。

因此，面对批评时，你要做的第一步是判断批评的性质。如果是面对那些自命不凡、攻击性极强的人，提出的意见也显然是非建设性的，你并不需要太在意他们的话，它们不会真的伤害到你。不必争论，保持冷静，假装你在听就好，可能反而会赢得对方的尊重。

而对于建设性的批评，你需要重视它们的价值，应该把建设性的批评看作一份礼物，

因为它是成长的捷径。试着跳出来，从第三方的角度来思考。既不要愤怒，也不要因为受到了批评就开始对自己进行负面的思考，这样只会无谓地消耗精力，影响你的自尊水平。

那么，如何有效应对有建设性的批评呢？面对这样的批评，你首先要做的是"面对"本身。因为负面评价往往与真相有关，这其实是一种考验：你能否面对真实的自己存在的问题，接受自己作为一个人并不总是完美的事实。

所以，先冷静下来，不要立刻做出反应。有时候，迎面而来的批评真的很无情，甚至包含一些莫须有的指责。在那一刻，你可能很难控制自己的情绪，但在做出进一步的反应之前，先做个深呼吸，给自己一些时间，清空你的脑袋。因为你越情绪化，就越不容易做出理性的思考，引发的行为也就越漏洞百出。如果你能冷静地留在原地，用微笑面对对方是最好的，微笑既能帮助你自己放松，也容易使对方采取更温和的说话方式。

然后，你还需要将针对事实的负面评价和针对个人的评价分开。很多人在面对批评时，最大的问题就是，往往将客观的批评理解为是对个人的批判，而不只是针对事实的评价。比如，你告诉妈妈一个事实——她做的菜不好吃，并不是在对妈妈本人发表看法；她却认为，是你在对她进行人身攻击，因而发怒。其实，如果把批评"菜不好吃"这件事理解成就事论事，进一步了解菜哪里不好吃，造成这种情况的原因，就会避免不必要的冲突。进一步说，即便是你的性格、情绪等方面被做出负面评价，也不是针对你个人的。

因此，你需要就事论事，同时，试着去分辨出负面评价中属于"建议"的部分，而不要把重点放在对方的语气、语调上。也就是说，首先要分辨出负面评价本身无关你个人，然后再把建议从它的形式和外衣上剥离出来。这样，你才能正确地面对它。

（2）如何应对负面评价？

认识到评价本身，辨认出批评中包含的有用信息是第一步，然后你才能分析它们，提高自己。但在接受评价的当时，你仍然可能做出过度的、不恰当的反应，这种情况，尤其是在工作中，是特别需要注意的。

①不要急于证明责任不在你，即便这是事实。在面对批评时，我们会本能地想要争辩，甚至是激烈地否认，有时候，事情的过错可能的确是由其他人造成的。但无论如何，这样的反应都无益于你，反而会影响到对方对你的评价。

因此，在面对负面评价时，即便你满腹委屈，也一定要注意避免一些主观的、控诉性的语言，比如"这不公平""不是我的错""我是冤枉的"。既然对方问责的对象是你，说明你多多少少需要承担。你应该更多地从自身出发，从客观事实出发，先耐心听完对方的看法，再评述自己在工作中所承担的责任和结果。

案例19 先承认自己的责任

在一家知名企业担任项目经理的张华，负责一项重要报告的准备工作。按照计划，他应在今天中午将最终版报告提交给老板。为了确保报告的准确性和时效性，张华提前一天就安排了实习生小杨负责报告的打印和装订工作。然而，小杨误以为张华要求他在今天上午完成所有工作，因此在没有完成所有内容的情况下就开始打印和装订。当张华发现这一错误时，已经来不及了，报告的递交时间被迫推迟了几个小时。

面对这种情况，张华意识到，尽管他按照流程执行了任务，但作为项目负责人，他应对报告的最终交付负责。他没有推卸责任，而是主动向老板承认了错误："报告交晚了是我的责任。"同时，他表示将采取措施改进流程，确保今后不再出现类似问题："我会建立更完善的流程和机制，确保下一次不会出现这样的情况。"

老板对张华的态度表示赞赏，并鼓励他继续努力改进工作流程。张华随后与小杨进行了深入的沟通，明确了工作要求和流程，确保今后避免类似的误解。

②不要在批评者身上找问题。每个人都有缺点，在接受批评时，有的人会反射性地把矛头指向对方。这种情况下仍旧需要就事论事，你们讨论的重点既不是你的为人，更不是其他人的为人，而是你做错的事情本身。即便对方曾经犯过和你这次一样的错误，也不是可以拿来为自己推脱的理由。

③不要过度道歉。如果批评是基于一个具体的错误、误解或者行为的话，记得你道一次歉就够了。你的道歉必须是严肃的、就事论事的，并且表现出你已经完全明白了问题所在，以及如何在未来避免同样的情况发生。批评你的人会欣赏这种表现，并且更有可能会让这事过去。没人有耐心一天告诉你5次"没关系"。

④不要放过进一步阐释和澄清的机会。当你冷静下来，就回过头来，看看批评你的人提到过的重点：这些问题是不是真的有意义，还是存在误解和偏见？哪几个点让你受益良多，能够在以后的生活和工作中加以改进？

当批评过去了几天，或者几个星期以后，回去和批评你的人讨论也并不是一个坏主意。比如，你可以说："基于我的评估，有三个方面是我特别需要改进的，还有两个地方是我觉得之前就做得比较好，需要继续坚持的。最后，你提到的一点让我还有些疑惑和担心……"这时，对方一方面会欣赏你，就收到的负面评价进行了分析和思考；另一方面，你也可能会澄清一些误解和对方说错的部分。

⑤不要沉湎、纠结于对方的批评。很多时候，负面评价会让你对自己产生怀疑。特别是，当这些负面评价是你平时没有意识到的，但却触及你的深层行为习惯和性格，而且很难改变（比如对方提出，你在演讲时过于喜欢使用连接词），你很有可能会非常惊讶，继而感觉很糟，这是很正常的。

但是，给自己一段时间，你仍然可以面对和接受，因为每个人都有缺点和局限性。这些也有助于你对自我有更深刻的认识，你或许可以在今后的人生尝试改变，或者仅仅是规避这些难以改变的行为习惯。

总之，无论是你犯过的错误、缺点，还是你的某种行为习惯、性格，都不等于你。你在工作中的表现，受到的评价，也不会影响你作为一个人的本质、你的幸福和快乐程度。从长远来看，你其实也非常需要重视那些正面的评价；但是，负面评价永远是让你受益良多的。无论是家人、朋友、上司、同事，都有可能对你发表非常有建设性的意见，所以要抓住它们，吸收那些有建设性的部分。

4. 积极应对工作过程汇报中的改进建议

（1）认真地聆听对方的发言，不要打断

让对方说，主要是给对方充分发言的空间，以便下一步的沟通可以冷静客观。

（2）对对方给出改进建议予以感谢

无论对方说的是对的还是错的，是有理由的还是无理取闹的，能给你回馈都是好的。

而简单地说一句"谢谢你指出我的问题让我有改进、进步的方向，你真是太有心了"，更大的作用在于，进一步认可对方的好意，进而将氛围导向"心平气和地讨论"的良好状态。

（3）承认对方说得合理的部分，并提出改进方案

一方面是表示自己是个勇于承担责任的人，另一方面也是肯定对方所说的内容。而肯定对方有什么用呢？提出建议或改进点的人其实也是想要获得肯定的，你肯定他的说法，他们下一步就比较容易与你平等地探讨。

提出改进方式一方面是表达自己重视对方说出的内容，另一方面是通过进一步承担责任，落实改进解决方案，树立自己的良好形象。

（4）对方不对的地方，加以解释，但要给对方台阶。

经过上述三步，基本上得到了对方的肯定，这个时候再讲自己的理由，对方也会比较容易接受。

然而，没有人喜欢被别人指出自己的错误，因此在指出对方错误时，要给对方找理由，俗称"给他台阶下"。比如，"我是按照领导给我的 7 条任务一条条做的，不过没能很好地跟大家衔接，如果当时能有更充分的沟通就更好了。不过领导要管这么多事，忙不过来也是可以理解的"。

如果那些改进建议是有效的、有益的，那么就可以尝试采取行动。

三、按时完成工作

（一）按时完成工作是员工分内的事情

周四下午 2 点："没问题，我明晚之前给你。"

周五下午 2 点："我在等财务给我提供一些信息，可能周一才能给你。"

周一下午 4 点："很抱歉，我今早遇到点急事，必须得今天下午处理，我明天一定给你。"

周二上午 11 点："目前我就做完这些。你看这样开头是否可以，如果可以我这周尽量把剩下的部分给你。"

这场景是否似曾相识？无论你是"催货的"还是那个没能如期"交货的"，这样的情况都很令人沮丧。

在指定时间内完成任务，是你应主动去做的事，而不是对你的特殊要求。这样的员工在其职业生涯中才会获得重用和发展。

作为一个能干的员工，对大量不成文的"规则"应该清楚，比如，一般领导"想当然"认为员工会遵行的事就是按时完成工作任务。

你的任务是要在指定时间内完成工作，领导最不喜欢下属凡事都找借口。认真完成每一件工作，别等他人来提醒你，尤其是那些职位比你高的人。

（二）如何保证按时"交货"

1. 学会设定你能满足按时"交货"的最后期限

我们总想要令人满意、给人留下好印象，因而常常设定不合理的最后期限。但是，如果我们对完成任务所需的时间更坦诚，其实会获得更多尊重。如果你是个可靠的人，需要帮助时也能主动开口求助，那么工作中人们就会更尊重你。

只要你合理估计完成一项任务所需的实际时间，你就每次都能按时完成任务。考虑以下六方面。

①是否有其他急需优先完成的事情？

②我是否需要依靠别人才能完成任务？比如，客户的需求设计、小张的 UI 设计、小李的产品设计等。我需要的这些资料多久才能拿到？

③团队里有没有能提供帮助的人？或者他们能否把其他环节的工作做了，让你专心处理这项工作？

④是否已经告知所有相关人员完成任务所需的所有步骤？

⑤基于对团队、主管、工作的了解，有多大可能会被要求同时完成其他计划外的任务？

⑥我以前设定的最后期限是否过于紧迫？我从中吸取了什么教训？

一旦你问过自己上述问题并考虑了所有可能延误工作的因素，你就能更好地估计最后期限。

如果要为更大的项目设定最后期限，那就每周修改一次时间表，如有任何变动，及时告知所有相关方。

如果你的权力不足以解决问题，你向领导报告时，就要提出自己的意见，让他知道你具有随机应变的能力。

2. 怎样实现按时"交货"

只要你分配好时间，就绝对能按时完成任务。如果不提前计划，你一定会发现更难按时完成任务。列出必须完成的步骤，按顺序排列。听起来老生常谈，但是你真的做到了吗？

不要拖延！蒂姆·厄本说，我们拖延的原因是我们想活在当下，享受现状，正如"及时行乐的猴子"一样。他指出，我们及时行乐的需求常常战胜了大脑的理性，导致最后时刻惊慌失措。

面对堆积如山的工作，你可能感到心情烦闷，情绪紧张，无法摆脱工作的阴影，就算与朋友一起饮茶聊天，也不会开怀大笑。实际上，每个人能否按时完成工作，关键在于他们怎样处理事情，若你想用最少的时间，发挥最大的工作效率，你必须注意下列各点。

①对于不是自己分内的工作，坚决说"不"。

②如果你整天工作排得满满的，应该把一些必须马上完成的事情抽出来，专心处理。

③假如你觉得自己的心情不好，应先放下工作，让自己有松弛的机会，待心情好转时再投入工作。

④中午时间，不要安排太多的会议，你可以利用用餐时间会见客户，尽量利用每一个机会。

⑤若你能用电话直接处理事务，就不要浪费时间写信。

⑥把文件整齐排列，就不必费时找寻资料报告。

寻求帮助并不会让人看轻你。如果你着手工作后很快发现不能按时完成任务，那就告诉别人，让他们知道你决心要按时完成任务，但是如果有人能帮忙的话会更加现实。你甚至可以计划哪些工作要委托给他人，哪些你可以自己完成。你的主管可能不了解完成任务需要多少个步骤，所以你要尽可能让他知道。

如果你确实没能按照自己设定或承诺的最后期限完成任务，不要找借口，而要拿出你认为最佳的解决办法。你什么时候保证能做完？你需要什么帮助来加速完工？你获得什么经验和教训？下次你会注意些什么？

3. 督促员工按时"交货"

如果您是团队主管，下属员工能否按时完成任务将影响整个团队工作的完成进度。因此，如何督促他们按时"交货"呢？

①安排工作时，合理进行人员配置。确认自己的工作分配是否存在问题，以至于下属无法完成的情况出现。考虑下属的工作态度及状态，确定接下来的工作安排。

②降低对下属的预期，增加沟通的频率。良好的沟通对双方的工作都有帮助。这也是集中办公的原因，减少沟通成本。需要多注意沟通的方式，以事件为优先。

③将工作的截止日期主动提前或者设置双死线，预留修改时间。人是有惰性的，反正也是最后半天草草完成，给人时间也当泡沫，不妨把泡沫"抽出来"，整合好再还给他。

④在对待下属的方式上，要有精神上的鼓励。对他做一些点到为止的关心，询问加班情况、报销车费事宜等。当他的面略微夸奖一个做得比他好一点点的同事。适当的物质刺激，与个人和团队目标完成情况挂钩。

四、保证工作完成的质量

（一）职场要的不是秀努力，而是要拿出结果

企业是以营利为目的的，凡是不能给企业带来直接或间接利益的，都不是企业想要的结果。姜汝祥教授的《请给我结果》一书中阐述的一个核心道理就是，结果最重要，做事情要给结果让路。

那么，我们所做的事情最终是什么结果，简而言之，就是事情是否办成功。所以，作为一名员工，我们应该更加注重的是我们办一项工作所希望的最终结果，并沿着这一结果不断努力。

1. 结果思维是什么

结果思维就是将你的能力和行为封装起来转化为价值的思维模式。职场做事必须有结果，结果要有价值。

职场的本质就是交换，你要用你的付出来获得职场的回馈，而这个交换的介质，不是你努力的程度，不是你学历的高低，不是你自以为的能力，而是更加具体的价值呈现。

这个价值呈现既可以是你为公司带来的业绩，也可以是你和团队共同研发出来的产品，还可以是在你的岗位上完成的任务。这些工作的结果，都是交付出来的价值。离开价值谈结果，没有意义。

结果的价值是可以衡量的，是有层次的。同样的事情，因为站位不同、想法不同，结

果也有层次之分。底层员工、中层干部、高管和老板，对同一件事情，想要的结果是不一样的。

比如，老板看中的是市场的占有率，是对竞争对手的优势；中层干部可能眼中盯着的是安排给部门的业绩任务；底层员工看到更多的是自己需要完成的部分。再如，老板想要的是一个能够占领市场的爆款产品，服务于企业的产品战略；中层干部想的可能只是做出一个产品满足各项要求；底层的研发者可能只专注于搞定产品的一个功能。

如果员工眼中看到的不是任务，而是帮助部门完成整个业绩，甚至达成公司的战略，那这个员工做事交付出来的结果就会大不同。如果员工眼中看到的不是产品的具体功能，而是功能背后产品的整体好坏，看到产品在未来市场的可能性，投入的心思也会大不一样。

案例20　问题解决的策略与方法

在五一节前，北京一家公司需派遣10名员工前往青岛参加展会。根据公司政策，员工需乘坐火车前往，并确保旅途舒适，以便第二天能够立即投入工作。4月20日，公司指派小刘前往火车站购买火车票。经过三个小时的排队，小刘未能购得火车票，并返回公司。老板对此感到不满，对小刘进行了批评。小刘感到委屈，认为自己已经尽力，只是未能如愿。

随后，老板又派小张前往火车站了解情况。小张经过一段时间的调查，提供了多种备选方案：A.购买高价票，每张额外支付100元，共需15张票；B.通过朋友关系，将10人送上火车，但无夜间休息安排；C.选择中转方案，从北京到济南再到青岛；D.乘坐飞机前往；E.租用汽车前往。小张的做法体现了问题解决的策略性思维，他不仅关注当前的问题，还主动寻找并提供了多种解决方案。

小刘与小张的主要区别在于他们解决问题的方法。小刘仅关注了任务的执行，而没有考虑到可能出现的问题及应对策略。小张则采用了结果导向的思维方式，不仅关注任务的完成，还考虑到如何达成目标，并主动寻找多种可行的解决方案。这种策略性思维对于解决问题至关重要，它能够帮助我们在遇到障碍时迅速调整策略，找到最佳的解决方案。

这个案例强调了在工作中采用结果导向的思维方式的重要性。通过主动寻找并提供多种解决方案，我们可以更有效地解决问题，提高工作效率和质量。同时，我们也应该学会从不同的角度思考问题，以便更全面地了解情况并做出明智的决策。

那些能超越自身层级，看到上层想要的结果的人，让自己更好地服务于大结果，提升了自己这层交付的结果的质量。这些不同的交付结果，就让旁观者尤其是领导看到了结果背后你所呈现出来的能力、你的态度、你的资源，也就让你脱颖而出。

2. 结果思维的价值

结果思维的价值可以用向外和向内来看。

（1）向外，结果是最好的呈现方式

用结果思维做事，重视结果大于过程。在业绩上想方设法，在产品上精益求精，在任务上深度思考，这些都让你做的事情比别人会好上很多，用结果展现出比别人高的业绩。

结果本身都是可以直接兑换成价值的，比如奖金、表彰；同时，结果是你的职场本钱，为以后的发展铺平了道路。

（2）向内，结果是对你能力的最好的检验

做得好的结果，你可以从中汲取经验技巧、总结流程方法，为以后做得更好打下基础；做得不好的结果，你可以从中看到自身的不足之处，为下一步的改进找到突破方向。

3. 如何在职场运用结果思维

（1）必须让自己用结果思维来做事

做事必须有交付，交付要有价值。事情的完结是用结果来衡量的，并且提升交付结果的层次，让自己站到更高的层次上。

时时思考，自己交付的结果是不是仅仅这样？还有什么需要自己去提升的？比如为什么领导安排我完成这项任务？为什么公司要开发这个产品？多问几个为什么，把事情背后的结果、层级看得更透彻，做事的动力和方法也就有了升级。

（2）注意记录和复盘

在做事的过程中记录自己思考和行动的过程，做完以后要及时复盘。

（二）理解"以结果为导向"

1. 为何不设加班工资

加班工资是鼓励加班的一种形式，很多老板都希望员工拼命加班，认为这样公司的未来有希望，那样才觉得员工的工资值得付。问题是鼓励什么就会得到什么吗？

鼓励加班，得到的只是工作量；鼓励结果，得到的才是高效率、高质量的执行；鼓励成长，得到的是工作八小时外，员工能有目的地学习技能，为下一次创造更好的结果做准备。

2. "以结果为导向"不是"唯结果论"，而是围绕自己想要的结果来制订计划

坚持"以结果为导向"的人，既然早早地定下了目标，他们必然会围绕这个目标制订一个计划。而且，如果我们早早地"以结果为导向"制订计划，当结果出了问题时，我们也可以迅速地找到自己的弱点和问题的症结所在，而不容易觉得自己哪儿都还行，把失败归咎于天命。

3. "以结果为导向"就是底线思维，先出结果，逐步完善

做了很多，但是现在还缺一点点没有做，那么即使你已经完成了99%都等于无效，因为你要的结果还等于零。没有一项没做，也就是全都做了这才叫结果，这也是从结果角度来考虑的。

我们要"先保60分，逐渐完善"。很多时候按时拿出结果，比拖延时间拿出一个更好的、所谓的完美结果来得更重要。所谓的完美，事实上它本身不可能达到完美，正所谓没有最好，只有更好。在这种情况下，要是再去追求完美，就等于拖延了整个时间进度，"先保60分，逐渐完善"，最终拿出你全力以赴后获得的最好结果。

4. "以结果为导向"的人是否很累且人生无趣？

① "以结果为导向"的人有时会累，但总比稀里糊涂地过日子轻松得多。

退一步说，"以结果为导向"的人，不一定是自律的人。他也会偷懒，他也会完不成任务，他也不一定比享受过程的人更成功，但他一直走在正确的道路上。

就好比过一条河，"以结果为导向"的人，可能找到了渡河的轻舟，即使划一会儿，歇一会儿，也更可能会比莫名其妙坐上一辆车，然后碰运气般寻找过河之桥的人更早到达彼岸。

②"以结果为导向"的人会对失败更加敏感和在意，但从长期角度看，他们能从这份在意中受益更多。

没错，"以结果为导向"的人很在意失败，比大部分人在意得多。一时间，他们也会因为失败而愤怒和闷闷不乐。然而，冷静下来后，他们发现，正因为他所做的很多事情都是针对结果，在遇到失败时，他会很容易找到自己失败在什么地方。他们会更快地从失败中获取经验，从而进行下一次努力。

渐渐地，"失败"对他来说反而不再是一件可怕的事情（可怕源于未知），而是可以用来学习和获取经验的宝藏。

而部分所谓的"随遇而安"的人，却是最怕失败的人。他们既不知道失败什么时候会来临，也不知道失败后该怎么办。他们假装很快乐和无所谓，却未必能挺过真正的风浪。

③"以结果为导向"的人因为计划周密，他们反而不会为了目标不择手段。

以结果为导向的人可能会经历失败，但是也能从失败中获取有用的东西，既然如此，他们并不是"必须成功"的。

他们在制订计划时，会考虑到各种意外情况，因而对失败有很大的"容错性"。因此，在实行计划的过程中，各种备用方案让他们不容易陷入"绝境"，因而他们无须不择手段。真正容易不择手段的人，是那些从不好好制订计划，却夸口说自己一定会成功的人。

④"以结果为导向"的人随时知道自己走到了哪里，体会到"阶段性胜利"的快乐。也可以将自己生活中的社交和娱乐纳入计划，更加舒服地享受它们。

一方面，以结果为导向的人，在制订计划时是有进度条的。他们可以体会到自己的每一点进步，并为它欢呼雀跃，因为进步是他们的乐趣所在。另一方面，那些目标明确并努力前行的人，他们不仅不无趣，反而都有着丰富的业余生活。

比如，某公司有个员工，每天都给自己制订苛刻的任务，要求自己尽可能高效地完成。但是一下班，他马上可以全身心地投入各种体育活动中，成为一个令人羡慕的多面手。

因此，越是"以结果为导向"的目标明确的人，他们越清楚自己需要为目标付出多少，反而越是有能力凑出他们想要的业余时间，并全身心地利用他们做自己想做的事，他们不仅不会无聊和不近人情，反而活得更加丰富多彩。

（三）工作交付质量影响职业发展

1. 怎样才能有好的工作结果

日本著名企业家稻盛和夫的《活法》里提到，人生和工作的结果 = 能力 × 热情 × 思维方式。

①"能力"主要指遗传基因以及后天学到的知识、经验和技能，取值区间为 0 ~ 100。

②"热情"是指从事一份工作时所有的激情和渴望成功等因素，取值区间为 0 ~ 100。

③"思维方式"则指对待工作的心态、精神状态和价值偏好，取值范围为 –100 ~ +100。

也就是说，一个人和一个企业能够取得多大成就，就看三个因素的乘积。所以，即使有能力而缺乏工作热情，也不会有好结果；自知缺乏能力，而能以燃烧的激情对待人生和工作，最终能够取得比拥有先天资质的人更好的成果。

而改变思维方式，改变一个人的心智，人生和事业就会有180°大转弯；有能力，有热情，但是思维方式却犯了方向性错误，仅此一点就会得到相反的结果。

④思维方式。

做人的基本原则是正直、公平、努力、谦虚、诚实。明确这条准绳是实现人生价值和意义的前提条件。比如：

a."摸着石头过河"：随意性思维，容易迷失方向。

b."从起点到终点"：正向思维，过于关注当前。

c."从终点到起点"：逆向思维，合理规划路径。

⑤能力。

a.设定目标的能力：一个人要给自己设定超出现有能力的高目标，只有这样才能激发自己的斗志，提升自己的能力。

b.完成目标的能力：不管完成什么目标，都要付出努力。

c.抑制欲望的能力：战胜自己的贪图安逸之心，设定超出现有能力的高目标，并为实现这个高目标而付出努力。

⑥热情。

在从事工作时要有激情和渴望成功的愿望，喜欢自己的工作，全力以赴地去做，就会产生成就感和自信心，就会有向新的目标挑战的渴望，就会让自己变为"自燃人"，即使在周围没有人督促的情况下，也能熊熊燃烧自己。

我们要学习稻盛和夫先生的理念，带着这个人生哲学公式不断思考改进，不断设定超出自己预期的目标，用火焰般的热情努力实现目标，让自己的人生活得更有价值。

具体该怎么做呢？以下给出一些参考建议。

（1）时刻记着以结果为导向的意识

没有借口，使命必达。靠谱的人没那么多借口，直接把事情完成；不靠谱的人总是先找借口。困难及不确定性是你要克服的东西，不是在开始之前就预设为事后"完不成的理由"。一旦有这种预设就从一个"行动者"，变成了一个"解释者"。

的确，有所谓的不可抗力，但99%被称为不可抗力的东西，都并非不可抗。大多数人面对的困难和不确定性，远不到不可抗力的程度。具有结果导向的意识，就是"没有借口"。使命必达，是工作中最大的美德，是天下最大的靠谱。

（2）根据工作目标确定以结果为导向的可行方案和计划

方向和目标是确定的，方案是由你确定的。"不管黑猫白猫，能抓老鼠的就是好猫"，这是关于工作目标与工作方案的最好诠释。

因此，你可以向领导要方向和目标，但不能向他要方案。方案是你出的，能想到领导想不到的方案并做出来，才体现了你的价值。更进一步，理解目标更能帮你站在老板的角度看问题，超预期完成工作。

（3）以结果导向的行动管理

从终点出发。我们用手机地图导航时，第一步都是先输入目的地，然后地图会给你几条可选择的路线，再看是打车还是乘坐公交车。这里隐藏的一个道理是"倒着做事"。

所谓"倒着做事"，就是从你想要达到的结果倒推，而不是根据眼下的情况决定行动方案。比如，为了避免迟到，就要从上班时间倒推，确定出门时间、起床时间，而不是先看几点钟起床，再看什么时候能到公司。

拿业务分析来说，我们犯过的错误之一，就是先搜罗一大堆数据，左比比右算算，看能得出什么结论。我们处于所谓的大数据时代，一上来就伸手找数据，一方面，容易在无效数据中迷失；另一方面，容易被唾手可得的信息所迷惑，错过关键但难以量化的数据。

正确的数据分析方法，是脑子带一个分析地图，先有基于问题的假设，再找多方数据验证假设。分析能力的提升，不是学会了多少分析方法，而是掌握了正确的分析思路。

先看要做什么样的任务，分析需要克服的困难，推导需要怎样的能力，然后组建具备这样能力的团队，制订并执行具体的行动计划，还要预测可能出现的困难，想好风险的处理策略。

跨团队合作中，结果倒推尤其重要。不是"等你做好这个，我们再开会讨论那个"，而应是"下周三我们一起开会讨论结果吧"。这样的好处，是利用"来自目的地的张力"，倒逼自己和团队提升效率。

（4）以结果导向的沟通方式

以对方为准。常听到团队关于沟通的抱怨，"我跟A说过这个事，但A太不靠谱了，到现在都没做好"。出现这种情况，通常不是A不靠谱，而是在与A的沟通中出了问题。

沟通容易犯的错误，就是从自己（沟通的发起方）的动作出发，而不是从对方（沟通的结果方）的接收以及接受出发。有一句名言，"沟通最大的问题，在于以为沟通已经发生"，沟通最大的美妙之处在于达成共识；而我们常常获得的，是已经达成共识的幻觉。

另外，注意不同目的应适用不同的沟通方式。对谁讲、讲什么、怎么讲？对方了解背景知识吗？对方是什么立场？对方可能会有怎样的质疑？我说的对方听得懂吗？是直截了当，还是旁敲侧击？是用邮件正式沟通，还是视频会议沟通？是群会沟通，还是1对1沟通？这些都是沟通之前要考虑的问题，并从对方的角度来获得答案，而不是无差别地从自己已经习惯的沟通方式和风格来推进。

影响力就是不断让对方达成共识所达到的，正确的沟通是拓展影响力的最佳方法。沟通中，要确保信息对方已经接收，在达成共识中，要确保对方已经接受。

（5）重视以结果为导向，同样要关注过程

结果是衡量工作好坏的唯一标准。在业务上，说"顾客是上帝"，说"用户永远是对的"，因为"顾客和用户感知是检验工作好坏的唯一标准"。一件事情做得好不好，不是由你的出发点、动机和付出多少努力所决定的，而是由你的用户和客户的感知所决定的。

从另一个角度来看，只有用户可感知的才是有意义的。为了提升产品质量，我们选用了更好的原材料，几个月下来营业额没变化，成本不断上升。究其原因，是好的东西并没有直接传递给客户。

要实现结果就要排除得到结果的所有障碍，解决实现结果的所有问题。问题不解决，问题始终存在，就不能实现结果，所有的过程就成为零。

案例21　我要的是葫芦

从前，有个人种了一棵葫芦。细长的葫芦藤上长满了绿叶，开出了几朵雪白的小花。花谢以后，藤上挂了几个小葫芦。多么可爱的小葫芦哇！那个人每天都要去看几次。

有一天，他看见叶子上爬着一些蚜虫，心里想，有几个虫子怕什么！他盯着小葫芦自言自语地说："我的小葫芦，快长啊，快长啊！长得赛过大南瓜才好呢！"

一个邻居看见了，对他说："你别光盯着葫芦了，叶子上生了蚜虫，快治一治吧！"那个人感到很奇怪，他说："什么？叶子上的虫还用治？我要的是葫芦。"

没过几天，叶子上的蚜虫更多了。小葫芦慢慢地变黄了，一个一个都落了。

所以有好的结果，过程同样是重要的、精彩的。

2. 良好的工作交付质量是职业发展的最重要的实证

因此，我们说，按时完成工作的考核只是及格线。

① 9:00—6:00 的上班时间，只是最低标准；

② 程序编译通过，只是开发实现的最低标准；

③ 按时完成任务，只是进度考核的最低标准；

④ 遵循公司的规章制度，只是职业精神的最低标准；

⑤ 我们以为完成了的任务，只是完成了最低标准。

可以说，工作交付成果是职场唯一的一张入场券，而入场券的位置优劣，取决于你的交付成果能够提供多大的价值，即你工作的交付质量。

从"平凡"到"优秀"再到"卓越"，才是公司和个人追求的目标。不管打工还是创业，不管做人还是做事，所有的成功都是一次次结果的积累，它只掌握在自己手里，完全由自己决定，与其他人无关。结果充分地展现了一个人的执行力和行动力。

工作交付结果就是我们的人生价值完美体现，你就是你想成为的那个人！不断地让自己变得更卓越吧。

任务二　闭环做事，工作有头有尾

任务准备

（1）明确责任：理解任务的最终目标，确保从开始到结束的全程负责。

（2）设定期望：与相关人员沟通，了解他们对任务完成的期望，确保交付符合这些期望。

（3）制订计划：规划工作流程，包括可能遇到的问题、解决方案和应对策略。

任务实施

（1）事毕回复：无论任务大小，完成之后都要及时回复，让相关人员了解任务的完成情况。

（2）工作记录：详细记录工作过程，包括遇到的问题、解决方法和结果，便于回顾和改进。

（3）及时报告：使用即时通信工具，如电话、微信、钉钉等，对重要事项进行实时汇报，确保信息的及时性。

（4）定向回复：在回复时，针对具体对象进行，避免信息的冗余，提高沟通效率。

任务分析

一、回复每一份工作

当视频加载到99%，显示 loading 中时，你是否有些抓狂？其实这种"99%困境"也时刻困扰着得不到员工反馈的领导们。最令人哭笑不得的情形是叫下属送一份文件到一个部门，然后文件就跟消失一般毫无回音。几个小时忙完之后跟下属确认，对方表示："早就送去了，不好意思，忘了跟你说。"

员工应当明确一个事实：工作进度最后的1%永远是由你的汇报完成的。当老板来询问进度时，说明你已经缺失了这一重要环节。再次催问时，说明老板对你不放心了。当你每次工作都有监督者出现催问时，你的这种"99%"工作习惯就已经影响了团队的效率。潜移默化之中，你可能就失去了成为一个靠谱的人的机会。

俗话说："大事看能力，小事看品格。"在我们周围，总能看到有的人办事特别靠谱，凡事会有交代，件件都有着落，事事均有回音。让你放心的人，但凡遇到重要的事，你一定就会想起他来。因为不用担心，你委托的事他一定会放在心上，尽心尽力，随时回复，绝不让你焦急等待。对这样的同事和朋友，你也会以礼相待，并以同样的重视对待对方托付的事。这就是共事双方的默契。

（一）为什么这么看重"事毕回复"

从"事毕回复"这件事上，能看出来一个员工对工作的态度。懂得"事必回复"的人，就是做到了尊重自己和对方的时间，让领导或团队不在无用的环节上浪费一分一秒，同时也注重对细节的把控，懂得实时沟通的重要性。如果老板已经在这个问题上对你产生"怀疑"，那么就要及时调整。因为再多的成功学、价值观等五花八门的学问都拯救不了一个说了不听的灵魂。

①所有领导都喜欢做事有结果有回复的员工。

②小事靠不住的员工，领导不会托付大事。

③办事靠谱的人，凡事有交代，件件有着落，事事有回音。

④办事靠谱的人，领导委托的事情一定会放在心上，尽心尽力，随时回复。

⑤事毕不回复，虽然就差那么一丁点，但事情还是没做到位。

⑥该回复就回复，根据事情的轻重缓急回复，不要等到领导催促再回复。

1. 减少时间和沟通成本

在企业中，如果能做到事毕回复，领导让下属做的每一件事情，做到什么程度都能够主动回复，这样领导会对事情的完成度有一个大致的了解，即便在处理过程遇到问题，也可以及时跟进，减少了时间和沟通成本。

2. 不给他人添麻烦的表现

团队协作中，最基本的素质就是尽可能不给他人增加无谓的麻烦。

例如，收到任何工作邮件，回复一个"已收到"，就是最基本的礼仪。如果你不这样做，他人就无从确定你是否收到了邮件、是否看到了邮件。如果邮件十分重要的话，他就得再一次与你进行确认。这增加了整个工作安排的"不确定性"（没有获得确定的反馈）。

这种事情如果再三发生，是非常惹人讨厌的。这说明你是一个团队意识薄弱的人，不会站在别人的角度考虑。

3. 信息共享

很多时候一件事的成功是由多个方面共同促进完成的，就像研发一个产品，研发部门有着不同类型的工程师，如电子工程师、结构工程师等，各个工程师的信息汇总在领导这里，领导才能够准确、及时地做出正确的判断。同时，每一个领导又是下属，在处理上级交付的事情时，也要从这个维度去考虑事情，做到事毕回复。

4. 提升工作质量

当我们养成了事毕回复的习惯，以及要求下属事毕回复的习惯以后，将会非常有助于提升我们自己的工作质量以及下属的工作质量。做任何一件事情时，如果带有"我要有一个交代""我要有一个回复""我要有一个反馈"的心态去做，你身上就会有压力，当带着这种压力去做工作时，工作的质量要远大于不回复的情况。

5. 培养事事有回音、件件能落实的工作好习惯

当整个团队都做到了事毕回复以后，这个团队的工作习惯就会发生改变，就能够有着非常高效的沟通，每一件事情都有回音，有反馈，这样能够促使每件事情得到落实，每件事情落实了，工作就自然而然地做好了。

亚里士多德曾说："尽管人们思想不尽相同，但将适当部分相互叠加，相当于整个集体接纳了所有优点。"这句话点破了"事毕回复"的核心价值：信息汇集是团队效率和配合的关键所在。当承担不同分工的人能够将工作进度、工作成果透明化、实时化，团队效率也能在一定程度上提升。因此，能够做到"事毕回复"是激发团队效能的重要推力。

6. 事毕回复，也是对自己负责

如果你尊重自己的工作，最起码应该做到的，就是有始有终。

做完一件事情，汇报给上级，接受验收和审核，是工作的收尾阶段，如果没有执行这个阶段，这项工作其实是没有完成的。事毕不回复，也从另一个侧面说明你不够尽责，觉得自己的成果不够完美，多少还有疏漏之处。

从长期来说，这对你的发展也是不利的。从上级的角度来看，他当然希望重要的工作尽量安排给靠谱的人，能够全力跟进、及时汇报、杜绝一切可能出问题的情况。最起码，

这个人得对自己的工作有足够的信心和责任感。

那么，你在团队之中，就很容易失去被委以重任的机会。职场之中，有时候对自己产生影响的未必是能力，也许就是这些不起眼的小事。因为它们从侧面说明你的工作态度和责任心。

（二）为什么有人不重视"事毕回复"

1. 这么小的事情，做好了就行了，还要回复吗？不回复就是"靠不住"吗

许多人对做"小事"工作抱有的态度是：我只不过送个文件，这么小的事情，这能有什么用？所以在工作完成之后，就没有向上级"汇报"的欲望。这个时候应该换位思考、从更高的层面来看自己做的事情，员工认为自己是在跑腿（或者打字、核对数据等），似乎没什么价值；但从领导的角度来看，你正在为项目决策打基础，这也是你不断积累信誉值的过程。这样，你就会觉得自己应该做到"事毕回复"，成为真正靠谱的人。

2. 如果事毕及时回复，会挨骂怎么办？会做更多的事情吗

很多事毕不回复的新人，也许多多少少存着这么一个小心思：晚一点汇报，留下的时间就更少一些，这样一来，即使工作做得不够好，上级也会看在时间紧迫的份上，睁一只眼闭一只眼，多半就可以这样将就过去。

现在的通信手段如此发达，以至于常常到了回复不过来的程度。但在工作上，只要是和你岗位职责有关的事，都要及时回复。设想一下，你给你的同事发了一个信息，如果对方没有回复，你是什么感觉？同样道理，他给你发的你不回，是你不想，还是不屑？这不是无所谓的问题。无论是谁，除非你确有原因，都应给予回复，这是一个尊重自己和尊重别人的问题。

对待靠谱的同事，我们也会以礼相待，并以同样的重视对待对方委托的事情；说来简单，做好不容易。行为只是表现上的事，根本上还是职业品格的问题，这和承诺与诚信有关。

（三）如何做到事毕回复

1. 工作记录

要求下属将每一天的工作做得怎么样？做到什么程度？写一个工作记录，工作记录是我们职业化的习惯起步动作。

工作记录应该具体包括每日的工作计划、重点事项问题的呈报等，这些都要在我工作记录上体现。特别是现在，随着信息化的发展，有很多做日志、做事毕回复的工具。

2. 及时报告

及时报告就是要借助一些即时的通信工具，如电话、微信、钉钉等，这些工具都是很好用的，另外网络视频、视频会议、电话会议等都是做到事毕回复非常好的工具。当遇到一些突发的事情或者上级交办重要的事情，要及时报告。

3. 定向回复

事毕回复要做到定向的回复，如果没有做到定向回复，例如人事部去招人的一个信息让全厂的人都知道，看信息需要时间，就会造成时间浪费。重要的事情，相关的事情，事毕回复时要做到定向回复，除了公告、通告、通知这一类的消息我们需要群发，其他重点事件、重要信息要做到定向回复。

4. 用数据说话

数据说话就是要用案例呈现、用事实发生的方式来回复。回复时不要模棱两可，一定要有具体的案例、具体的数据、具体的事实来向上司汇报。

二、总结就是每一份工作最好的回复

（一）项目总结不是多余的

在进入下一个项目之前，要对上一项目进行总结反思，这也是提高个人能力的关键手段。

1. 为什么你会漏掉"总结"这一步

缺乏反思并吸取经验、提高业绩的流程，同样的错误反反复复发生，导致时间和资源的浪费。虽然项目总结的重要性大家心知肚明，但实践中却往往漏掉这一步。有三种原因会导致这种情况。

（1）项目疲劳

一个持续数月的项目刚刚完成，交接完毕后你突然意识到应该做一个经验总结，但你心想周一进行总结可能会更合适，等到了周一，你发现又有一个新的项目安排在等着你，于是你很自然地就忘记了总结。

（2）缺乏团队总结经验

连续三个项目，你都遇到了供应商延迟交付的问题。那么，有什么办法可以防止这类事件一再发生呢？你决定召开一次经验总结会议，却碰上了一个问题，你不清楚项目团队的最佳参与方式。于是你决定采用非结构化的会议方式。起初，所有人在会上都很安静，一句不说。不久之后，会议重心转移到了责任分配，有了一两个小提议。虽然有总比没有好，但很明显你想要更多的总结建议。

（3）现状偏好带来惰性

心理学研究人员发现大多数人倾向熟悉和舒适的环境。这种现状偏好会阻碍经验总结的进行，比如，你的项目成员提了一个建议但你很快就驳回："那不是这个组织现在的工作模式，我也没有看出它有这样的变化倾向。"

2. 为什么要积极地进行项目总结呢

（1）回顾项目初期的规划是否合理

在需求评审时，通过相关参与人员讨论，制订了项目规划。但是在项目实施过程中，是否严格按规划进行呢？如果没有按规划进行，问题出在了什么地方？在项目结束后，对项目规划进行探讨，有利于及时发现规划中存在的问题，以便后续项目制订更加合理的规划。

（2）分析项目过程中是否存在问题

项目实施过程中难免会出现各式各样的问题，项目周期越长越容易出现问题。通过分析项目实施过程中出现的问题，理解需求的业务流程，评估对原来业务的影响、技术实施方案的优劣、人员配置是否合理等。以问题来反推项目，更能发现问题真正所在。

（3）当时的解决方案是否是最优的

在项目实施过程中，遇到了问题当然要找相应的解决方案。由于项目周期的限制，当时的解决方案可能是权宜之计。项目完成后，我们再回过头来评审一下当时的解决方案，有没有更好的方案？如果有，后续是否有相应的处理策略？只有不断地进行项目评审，才能保证在以后的项目中选择更好的实施策略。

（4）总结项目经验为以后的需求做指导

所谓前事不忘，后事之师。在我们工作的过程中，不能一直忙着响应各种需求，要时刻注意对所做过的项目进行项目总结。总结项目实施过程中遇到的各种问题、解决方案、优化策略等，以此来不断提升规划能力，优化需求实施方案以及增加各种意外情况的应对策略。

（5）对项目成员进行绩效评估，以激励成员工作与成长

项目总结还可以对项目成员进行绩效评估，对表现突出的员工进行激励，作为其升职、加薪的支撑依据；对于项目中出现的问题，要分析根本原因和责任，对有失误的员工进行"秋后算账"，促进其改进与成长。

总之，做好项目总结，更有利于能力的提升，使"经历成为经验"。超强的复盘能力可以让人从过去的事情中快速积累经验，让自己跑得更快。

3. 学会进行项目经验总结

（1）将总结会议纳入计划

在你的计划表里提前定好时间地点召开总结经验会。如果你的计划周期太长，无法决定确切时间，可以在会议安排上标注"议程待定"。

（2）会议激励机制

有的团队通过提供午餐、甜点或者其他激励手段的方式来提高团队参与经验总结的积极性。根据你自己的经验来找到适合你们团队的激励方式。

（3）总结自我经验

在开展总结会之前，你可以留出 15 分钟左右思考自己的经验教训。自我思考可以给你开展团队总结提供思路，并能作为例子在会上分享。把重点放在你可以控制的范围之内，而不是意图改变整个项目。

（4）创建会议大纲

在会议召开的前一两天，制作一份简单的一页大纲。这份大纲应该包括会议基本的规定、问题源头、经验教训等。

（5）设置基本规则

在会议开始前，花几分钟介绍这个会议的基本规则。会议的目的是确定本次项目的教训以改进以后的项目表现。接着，鼓励参会者用事例来解释他们的意见或评价，确保所有人都能听懂。最后，你可以表示会通过他们的协助将会议上提出的建议落实到项目中去。

（6）鼓励团队从项目中获取经验

如果你的团队不知道从哪里开始吸取经验教训，可以运用以下提示：项目中哪些活动和方法效果最佳？改动哪里可以提升整个绩效？有什么意料之外的事情，下一次该如何解决？将记录经验教训的职责分给另一个人，以便于你能够专心组织并参与讨论。

（7）整合所有的教训

在这一步，你已经有了很多关于经验的想法。为了让这个会议发挥最大的价值，你需要花费额外的时间把零散的想法整合到一起，并转化为组织的制度流程。

（二）工作总结不只是例行的事项

身在职场，不可避免要写工作总结，甚至很多公司的工作总结是跟绩效挂钩的。但很多人还是意识不到工作总结的重要性，认为写它是一件很烦琐很痛苦的事情。

认真写工作总结是一件非常重要的事情，工作总结不是作业，不能敷衍了事，更不是写给领导看的，最主要的是对自己阶段性工作的梳理和对未来的计划，是审视自身的必要因素。

人只有在不断地总结中才能成长进步，儒家曰"吾每日三省吾身"，道家说"致虚极，守静笃"，佛家讲"观自在菩萨"，都是对自己的总结，古圣先贤皆是如此，何况是我们自己呢？

1. 工作总结能够促使你思考

如果是脑力工作者，思维能力决定了我们的身价和价值。如何提升自己的思维能力？这个不是靠课本可以学来的，是靠日积月累在工作中的提升。提升的快与慢，一是有先天因素存在，我们难以改变，更重要的一点是好的工作习惯能够让我们成倍地加速提升。

工作总结是一段时间工作下来，用自己的语言把遇到的问题说清楚。口述当然也是一种方式，但写的过程中，能够更加详尽地整理思路，注意修饰词汇。为了更好地说明问题，我们会竭力寻找合适的词汇，这个过程就是思维能力和逻辑能力的提升。写出来的内容与说出来的内容相比，写能够成倍地调动脑力。

2. 工作总结让我们的工作更高效

每天的工作在大脑里面存在的时间，不同人有不同的长短，但总是暂存的记忆，这个暂存记忆越长，我们下一步的工作效率越高。如何延长暂存记忆，写就是一个很好的办法。写过的内容因为你写的过程，不断回忆和思考，记忆得更牢固，同时可以回查。

3. 工作总结要聚焦自我批评，成为提升自身素质能力的重要途径

在工作总结中，全面、深入地回顾一年来本团队和个人所取得的成绩，主要是对工作中没有得到落实或落实不到位的原因及工作中存在的问题进行总结，分析出现问题的原因，从而提出解决问题的办法，进一步做好今后的各项工作都是很重要的。工作总结的另一个主要内容是自我反思、自我批评，找到自身的不足，并针对性地提出改进的措施，在今后的工作中去落实。

如果说我们在实践中增长才干，那么工作总结也是增长才干的一种好方法。所以，工作总结的过程也是我们自我提高的过程，更是我们提高自我素质和工作能力的重要途径。

4. 工作总结是展示自我业绩的最好方式

职场上，当你无法获得领导的信任，你工作做得再好，功劳一定是别人的；当你无法获得领导的信任，你永远只是过客，不会成为主角，也只能是绿叶，永远成为不了红花。

因此，你要学会向上沟通，而当你因为职位问题无法良好地沟通时，那么工作汇报是一个非常不错的方式。主动汇报工作不仅能拉近和领导的关系，还是展示自我业绩的最好方式。

汇报工作其实就是让领导知道你的工作进程，便于你的领导好调整工作进度，便于工作如期完成。可以说，职场人必须积极地主动地展现你的业绩，主动向领导汇报工作。

所以，通过工作总结，我们可以把零散的、肤浅的感性认识上升为系统、深刻的理性认识，从而得出科学的结论，以便发扬成绩，克服缺点，吸取经验教训，使今后的工作少走弯路，多出成果，这有利于把今后的工作做得更好、更出色。

综上，无论是项目总结还是工作总结，都是我们工作中非常重要的一环，与"事毕回复"一样必不可少，而且正式的项目和工作总结并不是简单的工作，可以说是"事毕回复"的升级版。

三、学会总结汇报

项目总结应该包括哪些内容？

1. 项目总结要根据报告对象的不同进行调整

①开始前要想清楚报告对象的需求和关注点是什么，如何用报告去覆盖和满足。

②大项目的总结，应视具体报告对象的需求和关注点进行文字或口头表达的调整。

③想清楚这个问题，再开始动笔，基本所有的问题都迎刃而解。

2. 基本结构和内容

①选取 PPT 等图文结合的文件形式为佳。

②先拟出框架，写好下述第一部分，再扩充成完整版本，然后是衍生版本，还是"迭代"式完成。

③整理并分发会议记录：有一个结构清晰、简明扼要但保持完整性的会议记录，是非常重要的，因为没有人喜欢看杂乱无章的长篇大论。但是，如果过于简略，缺少必要的细节，也会大大削弱会议记录的价值。因此，要尽可能详细地记录对将来工作有帮助的建议，将其醒目地标注出来。最后，将最终的文件分发给大家，并共享给可能会从中受益的人。

模块八
培养能写的能力

模块导读

　　在现代职场中，写作能力已经成为一项基本技能。无论是策划方案还是合同文档，都需要我们具备清晰、准确的表达能力。本模块将帮助你掌握写作的基本技巧和规范，让你在策划方案和合同撰写方面更加得心应手。通过学习，你将提升自己的写作水平，更好地应对工作中的各种挑战。

学习目标

1. 掌握策划方案和合同的基本写作结构和要点。
2. 学会运用恰当的语言和表达方式，提升文档的可读性和说服力。
3. 培养严谨的写作态度，确保文档的准确性和完整性。

知识图谱

```
                                          ┌─ 认识策划方案
                          ┌─ 学会写策划方案 ├─ 如何写策划方案
                          │                └─ 案例分析
           培养能写的能力 ─┤
                          │                ┌─ 认识合同
                          │                ├─ 合同要素
                          └─ 学会写合同 ────┼─ 合同条款
                                           ├─ 合同签订与履行
                                           ├─ 合同风险防范与纠纷解决
                                           └─ 部分合同案例
```

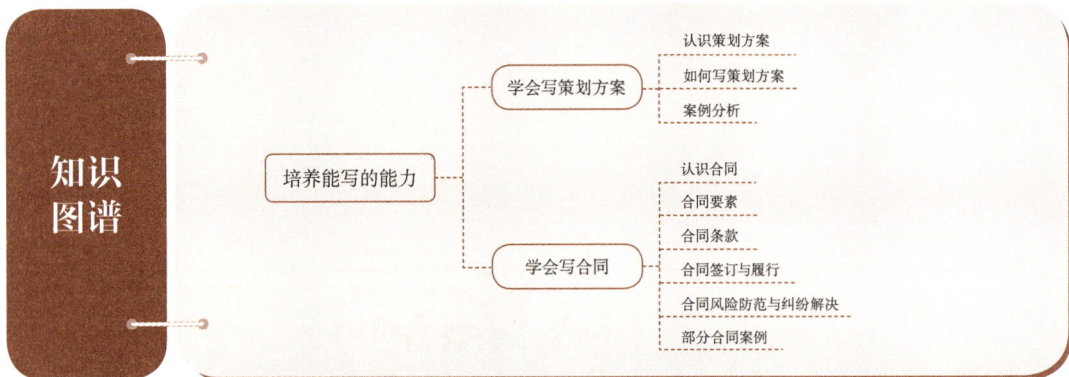

任务一 学会写策划方案

任务准备

（1）明确目标：在开始撰写策划方案之前，首先确定方案的具体目标，确保目标具体、可衡量，以便后续策略的制定和执行计划的制订。

（2）市场研究：深入研究目标市场，包括目标客户群体的特征、需求、行为模式，以及竞品分析和行业趋势，为策略制定提供依据。

（3）资源评估：分析组织内部的资源和能力，包括人力、物力、财力等，以确保策略的可行性。

（4）团队协作：组建策划团队，分配任务，确保每个成员明确自己的职责和目标。

（5）时间规划：制订详细的撰写计划，包括各阶段的完成日期，以保证项目进度。

任务实施

（1）结构设计：根据策划方案的基本结构，编写封面、目录，确保方案的整洁和专业。

（2）内容撰写：按照项目背景与目标、市场分析、策略制定、执行计划、预算与费用、效果评估与总结的顺序，撰写各部分的内容。

（3）数据支持：收集和整理相关数据，用以支持策划方案中的观点和策略，增强方案的说服力。

（4）可视化元素：使用图表、图片等可视化工具，清晰展示数据和信息，提升方案的吸引力。

（5）语言表达：使用简洁明了的语言，避免专业术语和复杂句子，确保方案易读。

（6）修订与完善：完成初稿后，进行反复修改，邀请同事或专家评审，采纳建议进行优化。

（7）适应性与灵活性：在撰写过程中，考虑到市场和环境的变化，确保方案的适应性和灵活性。

任务分析

一、认识策划方案

（一）策划方案的定义与作用

策划方案是指针对某一特定目标，通过对市场环境、竞争对手、目标受众等进行深入分析，提出具体的实施计划和策略的书面文档。策划方案的作用主要体现在以下五个方面。

①明确目标：策划方案通过明确目标，为整个项目或活动提供清晰的方向和指引。

②分析形势：策划方案需要对市场环境、竞争对手等进行深入分析，为决策者提供全面的信息支持。

③制定策略：策划方案根据分析结果，制定切实可行的实施策略和措施，确保项目或活动的顺利进行。

④预测风险：策划方案通过对可能出现的风险进行预测和评估，为决策者提供风险预警和应对措施。

⑤促进沟通：策划方案作为项目或活动的书面文档，有助于各方之间的沟通和理解，提高工作效率。

（二）学会写策划方案的重要性

①提升职业竞争力：在现代职场中，具备良好的策划能力是提升个人职业竞争力的关键。学会写策划方案能够使你在工作中更加得心应手，赢得同事和上级的信任和认可。

②实现事业成功：对于创业者和企业家来说，学会写策划方案是实现事业成功的重要保障。一个科学合理的策划方案能够帮助你明确目标、规避风险、提高成功率。

③促进团队协作：在团队协作中，策划方案作为共同的目标和行动指南，能够促进团队成员之间的沟通和协作，提高团队的整体效能。

④推动组织发展：对于企业和机构来说，学会写策划方案能够推动组织的创新和发展。通过制定科学合理的策划方案，企业可以不断优化资源配置、提高市场竞争力、实现可持续发展。

（三）典型案例分析

1. 某电商平台的双十一促销策划方案

双十一作为电商行业的年度盛事，各大电商平台都会提前制定详细的促销策划方案。某电商平台在双十一前夕，通过深入分析市场环境、竞争对手和目标受众的需求，制定了一套科学合理的促销策划方案。该方案包括商品选品、价格策略、营销推广、物流配送等各个环节，确保了双十一期间的销售业绩达成预期目标。同时，该方案还考虑了可能出现的风险和挑战，制定了相应的应对措施，确保了活动的顺利进行。

2. 某公益组织的环保宣传策划方案

某公益组织为了提高公众对环保问题的关注度，制定了一套环保宣传策划方案。该方案通过对目标受众的需求和心理进行深入分析，确定了采用线上线下相结合的宣传方式。

线上方面，通过社交媒体、短视频平台等渠道发布环保知识和宣传视频；线下方面，组织环保志愿者走进社区、学校等公共场所进行现场宣传和互动活动。此外，该方案还注重与政府部门、企业等合作伙伴的沟通和协作，共同推动环保事业的发展。

二、如何写策划方案

（一）策划方案概述

策划方案是一种系统性的思考和行动指南，旨在实现特定目标。无论是在商业、教育、公益还是其他领域，策划方案都扮演着至关重要的角色。一个好的策划方案能够帮助我们明确目标、分析形势、制定策略并有效执行。

（二）策划方案的基本结构

①封面与目录：封面是策划方案的"面孔"，应该简洁明了，包含项目名称、提交日期和提交单位等信息。目录则是策划方案的"骨架"，列出了方案的主要内容和页码，方便读者快速浏览和查找信息。

②项目背景与目标：在这一部分，你需要详细描述策划方案的背景信息，包括项目的来源、目的和意义。同时，明确项目的具体目标，这些目标应该是具体、可衡量的，并且与项目背景紧密相关。

③市场分析：这是策划方案的核心部分，需要对目标市场进行深入的研究和分析。包括目标客户群体的特征、需求和行为模式，竞争对手的情况，行业趋势和发展前景，等等。市场分析的目的是为后续的策略制定提供有力的依据。

④策略制定：根据市场分析的结果，制定相应的策略。这包括产品策略、定价策略、渠道策略、推广策略等。在制定策略时，需要考虑到目标客户的需求、竞争对手的情况以及自身的资源和能力。

⑤执行计划：这部分需要详细描述如何实施策划方案，包括具体的执行步骤、时间表、资源分配等。执行计划应该具有可操作性和可执行性，确保方案能够顺利实施。

⑥预算与费用：在这部分，你需要列出策划方案所需的预算和费用，包括人力成本、材料成本、宣传费用等。在制定预算时，需要充分考虑到方案的实际需求和可能出现的风险。

⑦效果评估与总结：这部分需要对策划方案的执行效果进行评估和总结，包括销售数据、客户反馈等。通过效果评估与总结，可以了解方案的实际效果，为后续的改进和优化提供依据。

（三）撰写策划方案的技巧

①明确目标：在撰写策划方案之前，需要明确方案的具体目标。目标应该是具体、可衡量的，以便后续的策略制定和执行计划的制定。

②深入分析市场：在撰写策划方案时，需要对目标市场进行深入的研究和分析。了解目标客户的需求、购买行为、消费习惯等信息，为策略制定提供有力的依据。

③制定切实可行的策略：根据市场分析的结果，制定切实可行的策略。策略应该具有可操作性和可执行性，能够真正解决目标客户的需求和问题。

④注重细节：在撰写策划方案时，需要注重细节。例如，在执行计划部分，需要详细描述具体的执行步骤和时间表；在预算与费用部分，需要列出所有的费用明细。细节决定

成败，注重细节可以提高策划方案的可行性和可执行性。

⑤使用简洁明了的语言：在撰写策划方案时，应该使用简洁明了的语言。避免使用过于专业的术语和复杂的句子结构，以便读者能够快速理解方案的内容和要点。同时，要注意文字的排版和格式，使方案看起来更加整洁和专业。

⑥数据支持：在策划方案中，应该使用数据来支持你的观点和策略。数据可以来自市场调查、统计报告等。使用数据可以使你的策划方案更具说服力和可信度。

⑦可视化元素：在策划方案中，可以使用图表、图片等可视化元素来展示数据和信息。这可以使你的策划方案更加直观和易于理解。同时，可视化元素也可以增加方案的吸引力和专业感。

⑧反复修改和完善：撰写策划方案是一个迭代的过程。在完成初稿后，应该反复修改和完善方案，确保内容的准确性和完整性。可以邀请同事或专家对方案进行评审，提出宝贵的意见和建议。

⑨适应性和灵活性：在撰写策划方案时，要考虑到方案的适应性和灵活性。市场和环境是不断变化的，因此策划方案也需要根据实际情况进行调整和优化。在执行过程中，要密切关注市场动态和客户反馈，及时调整策略和计划。

⑩注重执行力：在撰写策划方案时，要注重方案的执行力。确保方案中的每个步骤都是可操作的，资源和时间都是充足的。同时，要建立有效的监督机制和激励机制，确保方案的顺利实施。

三、案例分析

以下是一个关于"某品牌新品上市策划方案"的案例分析。

①项目背景：某品牌计划推出一款全新的智能手表，目标是在市场上占据一定的份额并提升品牌知名度。

②目标：在上市后的六个月内，实现销售额达到 1000 万元，提升品牌知名度 20%。

③市场分析：目标客户群体主要是年轻人和科技爱好者，他们对智能手表的功能和设计有较高的要求。竞品分析显示，市场上已有多个品牌推出了类似产品，但在功能和设计上存在不足之处。因此，该品牌需要在功能和设计上做得更好，以吸引目标客户的关注。

④策略制定：产品策略，强调手表的独特功能和设计，如心率监测、睡眠追踪、防水性能等。定价策略，根据市场调查和目标客户的需求，制定合理的价格策略，同时考虑到竞品的定价情况。渠道策略，通过线上和线下渠道进行宣传和推广，如电商平台、专卖店等。推广策略，利用社交媒体、广告投放、合作伙伴等多种渠道进行推广，提高品牌的曝光度和知名度。

⑤执行计划：时间安排，确定新品上市的具体日期，并制定详细的时间表，包括生产、物流、宣传等各环节的时间节点。场地布置，选择适合的场地进行新品发布会，如品牌旗舰店或酒店会议中心等。嘉宾邀请，邀请行业专家、媒体记者、意见领袖等嘉宾参加发布会，提高品牌的曝光度和影响力。现场互动，设置互动环节，如试戴体验、问答互动等，让嘉宾和观众更好地了解产品和品牌。

⑥预算与费用：总预算，根据项目的规模和需求，制定总预算，包括产品研发、生产、

宣传等各环节的费用。费用明细，列出各项费用的明细，如原材料成本、人工成本、广告费用等。费用控制，在执行过程中，严格控制费用支出，确保预算的合理使用。

⑦效果评估与总结：销售数据，收集和分析新品上市后的销售数据，了解产品的市场接受度和销售情况。客户反馈，收集客户对新品的反馈意见，了解客户的需求和期望，以便后续改进和优化产品。改进措施，根据效果评估的结果，提出改进措施和优化方案，为后续的营销活动提供参考。

⑧通过这个案例分析，我们可以看到一个完整的策划方案应该包含哪些内容，以及如何根据实际情况进行调整和优化。同时，我们也可以从中学习到如何撰写一份具有吸引力和实用性的策划方案。

（一）智能手表新品上市策划方案

智能手表新品上市
策划方案

提交单位：×××公司

提交日期：××××年×月×日

注：封面设计说明

1.封面背景采用品牌标志性的蓝色渐变，象征着科技与未来。

2.标题"智能手表新品上市策划方案"采用醒目的白色字体，位于封面中央，易于识别。

3.提交单位"×××公司"和提交日期"××××年×月×日"分别位于封面的左下角和右下角，字体大小适中，清晰易读。

4.整个封面设计简洁明了，突出了方案的主题和重要信息。

目　录

目录设计说明：

1.目录采用简洁的黑色字体，与封面背景形成对比，易于阅读。

2.每个章节的标题使用加粗字体，突出重点。

3.章节之间用清晰的线条隔开，保持页面整洁。

4.页码位于页面右侧，方便快速定位。

5.整个目录设计简洁明了，突出了方案的结构和重点内容。

1. 项目背景与目标

1.1 项目背景

随着科技的不断发展，智能穿戴设备已经逐渐成为人们日常生活中不可或缺的一部分。其中，智能手表作为一种集健康监测、通信、导航等多功能于一体的设备，受到了越来越多消费者的青睐。然而，目前市场上智能手表的品牌众多，产品同质化严重，消费者难以做出选择。因此，为了在市场上占据一定的份额并提升品牌知名度，某品牌决定推出一款全新的智能手表。

1.2 项目目标

本次策划方案的目标是在智能手表市场上取得一定的份额，并提升品牌知名度。具体目标如下。

1.2.1 销售目标：在上市后的六个月内，实现销售额达到 1000 万元。这一目标旨在通过有效的营销策略和渠道布局，快速占领市场份额，提高品牌知名度。

1.2.2 品牌知名度提升：通过本次策划方案，提升品牌知名度 20%。这一目标旨在通过广告投放、公关活动等手段，提高品牌在目标客户群体中的认知度和美誉度。

1.2.3 客户满意度：达到 90% 以上的客户满意度。这一目标旨在通过提供优质的产品和服务，赢得客户的信任和口碑，从而提高客户忠诚度和复购率。

1.2.4 市场占有率：达到 5% 以上的市场占有率。这一目标旨在通过有效的营销策略和渠道布局，在智能手表市场上占据一定的份额，提高品牌的竞争力。

为了实现这些目标，我们将采取一系列具体的措施，包括深入了解目标客户群体的需求和行为特点，制定切实可行的产品策略、定价策略、渠道策略和推广策略等。同时，我们将注重细节，使用简洁明了的语言、数据支持、可视化元素等，以提高策划方案的可读性和实用性。

2. 市场分析

2.1 目标客户群体分析

2.1.1 年龄分布：智能手表的目标客户群体主要是年轻人和中年人，尤其是 25 ~ 45 岁的人群。这个年龄段的人通常对新技术和新产品比较感兴趣，也更愿意尝试和接受智能穿戴设备。

2.1.2 职业特点：目标客户群体中，白领、商务人士和科技爱好者是主要的消费群体。他们通常需要在工作和生活中保持高效的沟通和信息获取能力，因此对智能手表的功能和性能有较高的要求。

2.1.3 消费习惯：目标客户群体对品质和设计感有较高的要求，愿意为高品质的产品支付更高的价格。他们通常会在购买前仔细了解产品的功能、性能和售后服务等方面的信息，并通过社交媒体、电商平台等渠道进行比较和选择。

2.2 竞争对手分析

2.2.1 品牌竞争：市场上已经有多个知名品牌在生产和销售智能手表，如苹果、三星、华为等。这些品牌在技术研发、品牌知名度和市场份额等方面具有较大的优势，对新进入者构成了较大的竞争压力。

2.2.2 产品竞争：智能手表市场的产品同质化严重，许多品牌的产品在功能和设计上相似度较高。因此，如何在产品上实现差异化，提供更具特色和竞争力的产品，是新进入者需要考虑的重要问题。

2.2.3 价格竞争：智能手表的价格差异较大，从几百元到几千元不等。对于价格敏感的消费者来说，价格是影响购买决策的重要因素之一。因此，如何在保证产品质量的前提下，制定合理的定价策略，也是新进入者需要考虑的问题。

2.3 行业趋势分析

2.3.1 技术创新：随着科技的不断进步，智能手表的功能和性能将不断提升。例如，更精准的健康监测功能、更强大的通信功能、更长的续航时间等。这些技术创新将为智能手表市场带来新的发展机遇。

2.3.2 个性化需求：消费者对智能手表的个性化需求越来越强烈。他们希望智能手表能够根据自己的喜好和需求进行定制，如更换表带、表盘等。因此，提供个性化服务将成为智能手表市场的重要竞争优势。

2.3.3 跨界合作：随着智能穿戴设备的普及，越来越多的企业开始涉足这一领域。例如，运动品牌、时尚品牌等都推出了自己的智能手表产品。这种跨界合作将为智能手表市场带来更多的创新和发展机会。

2.4 市场机会与威胁分析

2.4.1 市场机会：智能手表市场仍处于快速发展阶段，市场规模不断扩大。同时，消费者对智能手表的需求也在不断增加，为新进入者提供了较大的市场机会。此外，技术创新和个性化需求也为智能手表市场带来了新的发展机遇。

2.4.2 市场威胁：市场上已经有多个知名品牌在生产和销售智能手表，这些品牌在技术研发、品牌知名度和市场份额等方面具有较大的优势。新进入者需要面对这些品牌的竞争压力。此外，智能手表市场的产品同质化严重，如何实现差异化也是一个重要的挑战。

3. 策略制定

3.1 产品策略

3.1.1 产品定位：我们的智能手表将定位为高端、时尚、智能的产品，针对追求品质和时尚的年轻白领和商务人士。我们将注重产品的设计感和品质，提供多样化的款式和颜色选择，满足不同消费者的个性化需求。

3.1.2 产品特点：我们的智能手表将具备以下特点。

（1）精准的健康监测功能：集成心率监测、睡眠追踪、步数计数等功能，为用户提供全面的健康管理。

（2）强大的通信功能：支持蓝牙、Wi-Fi等无线通信技术，实现与手机、平板等设备的无缝连接。

（3）便捷的支付功能：内置NFC芯片，支持移动支付，方便用户在购物、出行等场景中使用。

（4）个性化定制服务：提供更换表带、表盘等个性化服务，满足消费者的个性化需求。

3.2 定价策略

3.2.1 定价原则：我们将根据产品的成本、市场需求和竞争对手的定价情况来制定定价策略。我们将采取高价策略，注重产品的品质和品牌价值，同时考虑到消费者的购买力和支付意愿。

3.2.2 定价策略：我们将采用以下定价策略。

（1）价值定价：根据产品的功能、品质和品牌价值来制定价格，让消费者感受到产品的价值。

（2）竞争定价：根据市场上同类产品的价格水平来制定价格，保持与竞争对手的价格竞争力。

（3）促销定价：在特定时期或活动中采用促销定价策略，如打折、买赠等，吸引消费者购买。

3.3 渠道策略

3.3.1 线上渠道：我们将利用电商平台、官方网站等线上渠道进行产品销售。我们将与主流电商平台合作，开设旗舰店或专卖店，提供便捷的购物体验。同时，我们将通过官方网站进行产品宣传和推广，吸引潜在客户。

3.3.2 线下渠道：我们将在全国范围内开设专卖店或合作店，为消费者提供试用和购买服务。我们将选择人流密集的商圈或购物中心作为店铺选址，提高品牌曝光度。同时，我们将与经销商合作，拓展销售渠道，提高产品的市场覆盖率。

3.4 推广策略

3.4.1 广告投放：我们将在主流媒体和社交媒体平台进行广告投放，提高品牌知名度和产品曝光度。我们将根据目标客户群体的特点和需求，选择合适的广告形式和投放渠道。同时，我们将注重广告创意和内容，吸引消费者的注意力。

3.4.2 公关活动：我们将举办新品发布会、媒体见面会等公关活动，邀请行业专家、媒体记者和意见领袖参加。通过这些活动，我们可以向外界展示产品的特点和优势，提高品牌知名度和美誉度。同时，我们可以与合作伙伴建立良好的关系，共同开拓市场。

3.4.3 社交媒体运营：我们将充分利用社交媒体平台进行产品宣传和推广。我们将定期发布产品信息、活动信息和行业动态等内容，与粉丝互动交流。同时，我们将利用社交媒体平台进行精准营销，根据用户的兴趣和需求推送相关内容，提高转化率。

3.4.4 合作推广：我们将与相关行业的企业或机构进行合作推广。例如，与运动品牌合作推出联名款智能手表；与健康管理机构合作开展健康监测服务等。通过合作推广，我们可以扩大品牌知名度和市场份额，提高产品的竞争力。

3.4.5 客户关系管理：我们将建立完善的客户关系管理系统，对客户进行分类管理和个性化服务。我们将通过 CRM 系统跟踪客户的购买记录、需求和反馈等信息，为客户提供更加精准的服务和产品推荐。同时，我们将定期回访客户，收集客户的意见和建议，不断优化产品和服务质量。

4.执行计划

4.1 时间安排

4.1.1 筹备阶段（X-X周）

——完成市场调研和分析，明确目标客户群体和竞争对手情况（X-X周）。

——完成产品设计和原型制作，进行内部测试和评估（X-X周）。

——确定销售渠道和合作伙伴，签订合作协议（X-X周）。

——准备广告素材和宣传资料，制订推广计划（X-X周）。

4.1.2 启动阶段（X-X周）

——正式发布智能手表产品，召开新品发布会（X-X周）。

——在主流电商平台和官方网站上线销售，开始接受预订（X-X周）。

——启动线上线下广告投放，提高品牌曝光度（X-X周）。

——开展公关活动，邀请媒体和意见领袖体验产品（X-X周）。

4.1.3 推广阶段（X-X周）

——在社交媒体平台开展推广活动，吸引粉丝关注和参与（X-X周）。

——合作伙伴进行联合推广，扩大品牌知名度（X-X周）。

——开展促销活动，如限时折扣、买赠等，刺激销售（X-X周）。

4.1.4 维护阶段（X-X周及以后）

——持续监控销售数据和市场反馈，调整销售策略（X-X周及以后）。

——提供优质的售后服务，处理客户投诉和问题（X-X周及以后）。

——收集客户反馈，持续优化产品和服务（X-X周及以后）。

4.2 场地布置

4.2.1 发布会场地布置：选择一家具有科技感的场地，如现代艺术馆或科技展览馆。布置应体现产品的特点和品牌形象，使用 LED 屏幕展示产品功能和特点。设置专门的体验区，让嘉宾可以亲身体验产品。

4.2.2 专卖店布置：选择人流密集的商业区或购物中心开设专卖店。店内布局应简洁明快，突出产品的特点和优势。设置专门的体验区，让顾客可以亲自试用产品。提供专业的导购服务，解答顾客的问题。

4.3 嘉宾邀请

4.3.1 行业专家：邀请智能穿戴设备领域的专家和学者，他们可以为产品提供专业的评价和建议。同时，他们的出席也可以增加活动的权威性和影响力。

4.3.2 媒体记者：邀请主流媒体的记者和编辑，他们可以为产品提供广泛的报道和曝光。同时，他们的出席也可以增加活动的关注度和话题性。

4.3.3 意见领袖：邀请在社交媒体上拥有大量粉丝的意见领袖，他们可以为产品带来口碑效应和粉丝基础。同时，他们的出席也可以增加活动的互动性和趣味性。

4.4 现场互动

4.4.1 产品体验：在现场设置多个产品体验区，让嘉宾和顾客可以亲自试用产品。

提供专业的导购人员指导，解答他们的问题。通过亲身体验，让嘉宾和顾客更加了解产品的特点和优势。

4.4.2 互动问答：在活动现场设置互动问答环节，鼓励嘉宾和顾客提问。准备一些常见问题的答案，以便快速回答。通过互动问答，增加活动的互动性和趣味性，同时也可以收集客户的意见和建议。

4.4.3 抽奖活动：设置抽奖环节，为嘉宾和顾客提供奖品。奖品可以是智能手表产品或者与产品相关的礼品。抽奖环节可以增加活动的趣味性和吸引力，同时也可以提高嘉宾和顾客的参与度和满意度。

5. 预算与费用

5.1 预算编制原则

1. 全面性：预算应涵盖所有预期的收入和支出，包括直接成本、间接成本、固定成本和变动成本。

2. 准确性：预算应基于可靠的数据和合理的假设，确保预测的准确性。

3. 灵活性：预算应考虑市场和业务环境的不确定性，预留一定的灵活性空间以适应可能的变化。

4. 可操作性：预算应具有可执行性，明确具体的行动计划和责任分配，便于实施和监控。

5.2 预算编制流程

5.2.1 数据收集与分析

1. 历史销售数据：过去一年智能手表销量为 50000 台，平均售价为 2000 元／台，总销售额为 100000000 元。

2. 市场调研报告：预计市场增长率为 5%，新产品推出后预计销量增长 20%。

5.2.2 收入预算

1. 预测销售量：基于市场增长率和新产品推出预计销量增长，预测新年度销售量为 60000 台（50000 台 +10000 台）。

2. 销售收入：预计新年度销售收入为 120000000 元（60000 台，2000 元／台）。

5.2.3 成本预算

1. 直接成本：预计新年度直接成本为 60000000 元（60000 台，1000 元／台），包括材料费、人工费等。

2. 间接成本：预计新年度间接成本为 20000000 元，包括管理费用、租金等。

3. 固定成本：预计新年度固定成本为 10000000 元，包括设备折旧、办公费用等。

4. 变动成本：预计新年度变动成本为 50000000 元，包括原材料采购、运输费用等。

5.2.4 利润预算

净利润：预计新年度净利润为 30000000 元（120000000 元 — 60000000 元 — 20000000 元 — 10000000 元）。

5.2.5 现金流量预算

1. 现金流入：预计新年度现金流入为 120000000 元。

2.现金流出：预计新年度现金流出为 90000000 元（60000000 元 +20000000 元 +10000000 元）。

3.净现金流量：预计新年度净现金流量为 30000000 元。

5.2.6 资本支出预算

资本支出：预计新年度资本支出为 5000000 元，用于设备更新和技术升级。

5.2.7 预算审核与批准

1.审核团队：由财务部门牵头，市场部门、生产部门、销售部门等相关部门负责人组成审核团队。

2.批准流程：审核团队对预算草案进行审核，提出修改意见。修改意见汇总后，提交给 CEO（首席执行官）和董事会进行最终批准。

5.2.8 预算执行与监控

1.监控周期：每月进行一次预算执行监控，确保预算的有效执行。

2.监控指标：销售收入、成本支出、净利润、现金流量等关键指标。

3.报告机制：财务部门负责编制预算执行报告，每月底向管理层汇报。

5.2.9 预算评估与调整

1.评估周期：每季度进行一次预算评估。

2.调整机制：根据市场变化和业务调整情况，调整预算目标和策略。调整应经过高层管理团队的审核和批准。

5.3 预算执行与监控

5.3.1 预算执行

执行计划：根据预算目标，制订具体的执行计划，包括销售策略、成本控制措施等。

责任分配：明确各级管理人员的预算执行责任，确保预算的有效执行。

5.3.2 预算监控

监控工具：使用财务软件进行预算执行监控，实时跟踪各项费用的支出情况。

偏差分析：对于超出预算的费用，深入分析原因，并采取相应措施进行调整。

5.3.3 预算调整

调整流程：当市场环境发生重大变化时，启动预算调整流程。调整应经过高层管理团队的审核和批准。

调整内容：根据实际情况调整销售目标、成本预算、利润预算等。

5.3.4 预算评估

评估方法：采用比率分析、趋势分析等方法评估预算执行效果。

评估结果：将评估结果作为未来预算编制的参考依据。

5.3.5 内部审计

审计频率：每年至少进行一次内部审计。

审计目的：确保预算执行的合规性，发现潜在的风险和问题。

5.4 预算控制措施

5.4.1 预算审批

审批流程：对于超过预算的支出，需经过严格的审批流程。审批流程包括申请、审核、批准等环节。

审批标准：审批标准应明确，对于不同类型的支出设定不同的审批权限。

5.4.2 预算执行责任制

责任分配：明确各级管理人员的预算执行责任，确保预算的有效执行。责任分配应具体明确，包括预算目标、执行计划、监督责任等。

考核机制：将预算执行情况纳入绩效考核体系，对完成预算目标的人员进行奖励和激励。考核机制应公平、公正，激励员工积极参与预算的制定和执行。

5.4.3 预算执行监控

具应具备实时数据采集、分析、报告等功能。

偏差处理：对于超出预算的费用，深入分析原因，并采取相应措施进行调整。偏差处理措施包括调整预算、优化成本结构、提高效率等。

5.4.4 预算调整机制

调整流程：当市场环境发生重大变化时，启动预算调整流程。调整应经过高层管理团队的审核和批准。调整流程应简洁明了，确保调整的及时性和有效性。

调整内容：根据实际情况调整销售目标、成本预算、利润预算等。调整内容应符合公司的战略目标和市场环境。

5.4.5 预算培训与教育

培训内容：对员工进行预算知识、财务管理、成本控制等方面的培训。培训内容应结合实际案例，提高员工的理解和应用能力。

培训方式：采用线上课程、线下研讨会、工作坊等多种方式进行培训。培训方式应灵活多样，以适应不同员工的学习需求。

5.4.6 预算绩效考核

考核指标：设定与预算执行相关的考核指标，如销售收入增长率、成本控制率、净利润率等。考核指标应具有可衡量性和可比性。

考核周期：每季度进行一次预算绩效考核，对完成预算目标的人员进行奖励和激励。考核周期应与公司的业务周期相匹配。

5.4.7 预算绩效激励

奖励措施：对于完成预算目标的人员进行奖励，奖励措施包括奖金、晋升机会、额外假期等。奖励措施应具有吸引力和激励作用。

惩罚措施：对于未能完成预算目标的人员进行惩罚，惩罚措施包括降薪、调岗、解除合同等。惩罚措施应公平、公正，与员工的过错程度成正比。

6. 效果评估与总结

6.1 效果评估

6.1.1 销售业绩评估

实际销售数据：新年度智能手表实际销售量为 65000 台，超出预期目标的 10%（60000 台）。

销售增长分析：与上年相比，销售量增长了 30%（从 50000 台增长到 65000 台）。

6.1.2 成本控制评估

成本节约情况：通过优化生产流程和采购策略，实际成本比预算低了 5%（从 65000000 元降至 61750000 元）。

成本节约措施效果：自动化生产线的引入减少了人工成本，原材料集中采购降低了采购成本。

6.1.3 利润与现金流评估

净利润情况：实际净利润为 33000000 元，超出预期目标的 10%（30000000 元）。

现金流状况：实际现金流入为 125000000 元，现金流出为 95000000 元，净现金流量为 30000000 元，与预算一致。

6.1.4 市场占有率评估

市场占有率变化：新年度市场占有率从去年的 15% 提升至 18%，增长了 3 个百分点。

竞争地位分析：通过新产品推出和市场拓展，增强了与竞争对手的竞争地位。

6.1.5 客户满意度评估

客户反馈收集：通过调查问卷和在线评论，收集了 5000 份客户反馈。

客户满意度分析：90% 的客户对产品表示满意，其中 70% 的客户愿意推荐给他人。

6.2 总结与改进

6.2.1 成功要素总结

市场定位准确：通过精准的市场定位，成功吸引了目标客户群体。

产品创新领先：新产品的创新功能和设计赢得了市场的认可。

成本控制有效：成本控制措施的实施有效降低了生产成本。

6.2.2 存在问题分析

供应链管理：在某些时段，供应链出现波动，导致生产延迟。

售后服务：部分客户反映售后服务响应不够迅速，需要改进。

6.2.3 改进措施建议

供应链优化：与供应商建立更紧密的合作关系，提高供应链的稳定性。

售后服务提升：增加售后服务团队，缩短响应时间，提高客户满意度。

6.2.4 未来规划

产品研发：继续投入研发，推出更多创新产品，保持市场领先地位。

市场拓展：进一步开拓国际市场，提升品牌全球知名度。

（二）公司年会活动策划方案

×××公司年会策划方案

一、活动背景

在快节奏的现代商业环境中，公司年会已成为企业文化建设的重要组成部分。它不仅是对过去一年工作的总结，更是对未来发展的展望。通过举办年会，我们可以增强员工之间的凝聚力，激发员工的工作热情，提高公司的整体竞争力。本次年会旨在为员工提供一个展示自我、交流互动的平台，让大家在轻松愉快的氛围中共同度过一个难忘的夜晚。

二、活动主题

本次年会的主题为"携手共进，共创辉煌"。这个主题旨在强调团队合作的重要性，鼓励员工们携手共进，共同为公司的发展贡献力量。同时，这个主题也表达了公司对未来发展的美好愿景，希望员工们能够共同努力，共创公司的辉煌未来。

三、活动时间与地点

时间：××××年××月××日，晚上6：00—10：00

地点：[×××××]，位于[×××××]，交通便利，环境优美，适合举办大型活动。

四、活动内容与安排

1.签到与接待（1小时）

时间：晚上6：00—7：00

地点：[×××××]

负责人：人力资源部

内容：设立签到台，为员工发放年会手册和礼品。同时，安排专人负责接待工作，为员工提供咨询和帮助。在签到台附近设置拍照区域，供员工拍照留念。

2.领导致辞（15分钟）

时间：晚上7：15—7：30

地点：主会场

负责人：总经理

内容：公司领导致辞，回顾过去一年的成绩和经验，展望未来的发展方向。同时，表达对员工的感谢和期望。

3.颁奖典礼（30分钟）

时间：晚上7：30—8：00

地点：主会场

负责人：人力资源部

内容：对过去一年表现优秀的员工进行表彰和奖励。设立多个奖项，如"优秀员工奖""创新奖""服务之星奖"等。同时，邀请获奖员工上台领奖并发表感言。

4.文艺表演（1 小时）

时间：晚上 8：00—9：00

负责人：市场部

内容：安排多个文艺节目，包括歌曲、舞蹈、小品等。同时，邀请专业的表演团队进行演出，为员工带来欢乐和惊喜。在文艺表演过程中，可以穿插抽奖环节，增加活动的趣味性和互动性。

节目安排：

开场舞：由公司舞蹈队带来的欢快开场舞，为晚会营造热烈氛围。

歌曲演唱：邀请公司内部的歌唱爱好者进行现场演唱，展示才艺。

小品表演：组织员工自编自导小品，反映工作中的趣事和团队合作的重要性。

魔术表演：邀请专业魔术师进行魔术表演，为员工带来神秘和惊喜。

舞蹈串烧：公司舞蹈队表演舞蹈串烧，展示员工的活力和创意。

5.自助晚宴（1 小时）

时间：晚上 9：00—10：00

地点：餐厅区域

负责人：行政部

内容：提供自助晚宴，员工可以自由选择食物和饮料。在晚宴期间，可以安排一些轻松的音乐和小游戏，让员工在轻松愉悦的氛围中交流、互动。同时，可以设立专门的拍照区域，供员工拍照留念。

6.闭幕式（15 分钟）

时间：晚上 10：00—10：15

地点：主会场

负责人：总经理

内容：主持人宣布年会结束；感谢员工的参与和支持；祝愿大家度过一个愉快的夜晚。同时，可以安排一些简短的文艺表演或游戏，为年会画上圆满的句号。

五、预算与费用

1.场地费用：根据场地规模和设施不同，场地费用预计为 × 元/天。总计为 × 元。

2.餐饮费用：根据员工人数和餐饮标准不同，餐饮费用预计为 × 元/人。总计为 × 元。

3.文艺表演费用：根据表演团队和节目内容不同，文艺表演费用预计为 × 元。总计为 × 元。

4.奖品费用：根据奖品的种类和数量不同，奖品费用预计为 × 元。总计为 × 元。

5.其他费用：包括交通费用、保险费用、布置费用等，预计为 × 元。总计为 × 元。

6.总预算：根据以上各项费用的总和，总预算为 × 元。我们将根据实际情况进行调整和优化，确保活动的顺利进行。同时，我们将对费用进行严格控制和管理，避免浪费和不必要的开支。

六、注意事项

1.安全措施：在活动过程中，我们将严格遵守安全规定，确保所有活动都在可控范围内进行。我们将配备专业的安全人员和急救设备，以应对可能出现的紧急情况。同时，我们将对员工进行安全教育，提高他们的安全意识。在活动前，我们将对场地进行安全检查，确保没有安全隐患。

2.时间安排：在活动过程中，我们将严格按照时间安排进行，避免出现时间拖延或混乱的情况。我们将提前通知员工活动的具体时间和安排，确保他们能够准时参加。同时，我们将安排专人负责时间管理和协调工作，确保活动的顺利进行。

3.物资准备：在活动前，我们将对所有物资进行检查和准备，确保数量充足且质量可靠。我们将提前与供应商联系，确保物资能够按时送达。同时，我们将对物资进行分类和存放，方便员工取用。在活动过程中，我们将安排专人负责物资管理和补充工作，确保活动的顺利进行。

4.人员管理：在活动过程中，我们将安排专人负责人员管理和协调工作。我们将对员工进行分组和编号，以便于识别和管理。同时，我们将设立紧急联系方式和集合点，以便在紧急情况下迅速联系和疏散员工。在活动过程中，我们将安排专人负责秩序维护和安全保障工作，确保活动顺利进行。

5.活动评估：活动结束后，我们将对整个年会进行评估和总结。我们将收集员工的意见和建议，分析活动的优点和不足之处。同时，我们将对活动效果进行量化评估，如通过问卷调查了解员工对活动的满意度和参与度。根据评估结果，我们将对未来的年会进行改进和优化，提高活动的质量和效果。

七、总结与展望

通过本次年会，我们希望能够营造一个欢乐、和谐、积极向上的氛围，让员工们在轻松愉悦的环境中交流、互动，共同为公司的发展贡献力量。同时，我们也希望能够通过这次年会，进一步增强员工之间的凝聚力和归属感，提高公司的整体竞争力。在未来的发展中，我们将继续努力，不断创新和优化公司的管理和运营模式，为员工创造更好的发展平台和机会。同时，我们也希望员工们能够继续保持积极向上的工作态度和团队精神，共同为公司的发展贡献力量。

任务二　学会写合同

任务准备

（1）法律知识：了解相关法律法规，确保合同内容合法。

（2）对方信息：收集对方当事人的基本信息，如资质、信用状况等，降低风险。

（3）目标明确：明确合同目的，确保合同内容符合双方需求。

（4）风险评估：识别潜在风险，如市场、信用、法律、操作、环境等。

（5）预防措施：制定风险控制措施，如合同条款修改、担保、保险等。

任务实施

（1）合同起草：根据合同要素，如标题、当事人信息、目的、标的、价款、支付方式、违约责任、争议解决方式等，撰写合同条款。

（2）详细审查：逐条审查合同，确保条款的合法性、明确性和合理性，避免漏洞和不明确表述。

（3）沟通协商：与对方当事人充分沟通，就合同条款达成共识，必要时进行修改。

（4）签字盖章：双方在合同上签字盖章，确认同意条款并承担法律责任。

（5）存档备份：妥善保管合同原件及相关文件，进行备份，以备不时之需。

任务分析

一、认识合同

（一）合同定义

合同是当事人之间设立、变更、终止民事权利义务关系的协议。合同是平等主体之间的法律行为，具有自愿性、平等性、公平性、诚信性和合法性等基本原则。合同的订立和履行受到法律的保护和约束，是市场经济活动中不可或缺的法律工具。

（二）合同的种类

合同按照其性质和目的可以分为多种类型，主要包括以下两种。

1. 按合同性质划分

①民事合同：民事合同是平等主体之间设立、变更、终止民事权利义务关系的协议。民事合同的目的是满足当事人的私人利益，如买卖合同、租赁合同、借款合同等。

②商事合同：商事合同是企业、事业单位等法人或者其他组织之间设立、变更、终止商事权利义务关系的协议。商事合同的目的是开展商业活动，如合伙协议、公司章程等。

③劳动合同：劳动合同是用人单位与劳动者之间建立劳动关系的协议。劳动合同的目的是明确双方的权利和义务，保障劳动者的合法权益，促进企业的正常运营。

④行政合同：行政合同是行政机关与公民、法人或者其他组织之间设立、变更、终止行政权利义务关系的协议。行政合同的目的是实施行政管理，如行政许可、行政处罚等。

⑤其他特殊类型的合同：如知识产权合同、技术合同等，这些合同的目的是保护知识产权、技术成果等特殊权利。

2. 按合同目的划分

①买卖合同：买卖合同是卖方转移标的物的所有权给买方，买方支付价款的协议。买卖合同的目的是实现商品的交换，满足双方的需求。

②租赁合同：租赁合同是出租人将租赁物交付承租人使用、收益，承租人支付租金的协议。租赁合同的目的是实现资源的有效利用，满足双方的需求。

③承揽合同：承揽合同是承揽人完成一定的工作，发包人支付报酬的协议。承揽合同的目的是完成特定的工作任务，实现双方的合作。

④运输合同：运输合同是承运人将货物从起运地运输到目的地，收货人支付运费的协议。运输合同的目的是实现货物的运输，满足双方的需求。

⑤委托合同：委托合同是委托人将某项事务交由受托人办理，受托人完成委托事项并收取报酬的协议。委托合同的目的是实现特定的事务处理，满足双方的需求。

⑥技术合同：技术合同是当事人就技术开发、转让、咨询、服务等事项达成的协议。技术合同的目的是促进技术的创新和应用，实现双方的合作。

⑦其他特殊类型的合同：如知识产权合同、特许经营合同等，这些合同的目的是保护知识产权、实现品牌扩张等特殊目标。

（三）合同的作用

合同在市场经济活动中发挥着重要作用，主要体现在以下三个方面。

①明确权利和义务：合同通过明确双方当事人的权利和义务，为交易提供了法律依据，减少了交易风险。

②保障交易安全：合同通过设定违约责任等条款，保障了交易的安全性和稳定性，避免了因交易纠纷而产生的损失。

③促进社会经济发展：合同作为市场经济的基本法律工具，促进了商品流通和资本流动，推动了社会经济的发展。

二、合同要素

（一）主体资格

合同主体资格是指当事人具备签订合同的能力和资格。在合同中，主体资格通常涉及以下三个方面。

①自然人：自然人作为合同的主体，必须具备完全民事行为能力，即年满18周岁且具有正常民事行为能力的人。对于未成年人、限制民事行为能力人等特殊主体，需要法定代理人代为签订合同。同时，自然人的身份信息应真实、准确，包括姓名、身份证号码等。

②法人：法人作为合同的主体，必须具备法人资格，即依法设立并取得法人登记证书的企业、事业单位等组织。法人的法定代表人或负责人应具备完全民事行为能力，能够代表法人签订合同。同时，法人的注册信息应真实、准确，包括名称、法定代表人或负责人姓名、注册地址等。

③其他组织：其他组织作为合同的主体，应具备相应的组织资格和能力，能够独立承担民事责任。其他组织的名称、法定代表人或负责人姓名、组织机构代码等信息应真实、准确。

在签订合同时，应充分审查对方当事人的主体资格，确保其具备签订合同的能力和资格。同时，应妥善保管相关证件和资料，以便在必要时提供证明。

（二）意思表示

意思表示是指当事人通过语言、文字或其他方式表达自己的意愿，达成一致意见。在合同中，意思表示通常涉及以下四个方面。

①要约与承诺：要约是一方当事人向另一方当事人发出的订立合同的意思表示，承诺是另一方当事人对要约的接受。要约与承诺是合同成立的基础，必须真实、明确、具体，不得有歧义或误导。同时，要约与承诺的内容应符合法律法规和社会公德，不得违法或违背公序良俗。

②意思表示的形式：意思表示可以采取口头、书面或其他形式。在某些情况下，法律法规对意思表示的形式有特定要求。例如，买卖合同、借款合同等重要合同通常要求采用书面形式，并加盖印章或签字。在签订合同时，应选择适当的意思表示形式，确保意思表示的真实性和有效性。

③意思表示的撤回与变更：在合同订立之前，当事人有权撤回或变更自己的意思表示。撤回或变更意思表示应及时通知对方当事人，并取得对方当事人的同意。在合同订立之后，当事人不得擅自变更或撤回意思表示，否则可能构成违约行为。

④意思表示的误解与欺诈：在合同订立过程中，如果一方当事人因误解或欺诈而作出意思表示，该意思表示可能被认定为无效。误解是指一方当事人对合同内容存在错误认识，而欺诈是指一方当事人故意隐瞒事实或提供虚假信息，诱使对方当事人作出意思表示。在发生误解或欺诈时，应及时采取措施予以纠正或解决。

（三）客体

客体是指合同标的物，即合同当事人权利和义务所指向的对象。在合同中，客体通常涉及以下三个方面。

①标的物的合法性：客体必须是合法、确定、可实现的。非法的客体可能导致合同无效或被撤销。例如，买卖毒品、枪支等违禁品的合同是无效的。同时，客体不得违反法律法规和社会公德，不得损害国家利益、社会公共利益和他人合法权益。

②标的物的确定性：客体必须具有确定性，即明确具体、能够明确区分。不确定的客体可能导致合同无法履行或产生纠纷。例如，买卖"某品牌手机"的合同中，应明确指定手机的型号、规格等信息。

③标的物的可实现性：客体必须是可实现的，即能够按照约定的方式和条件完成交付或履行。不可实现的客体可能导致合同无法履行或产生纠纷。例如，买卖"某品牌汽车"的合同中，应明确指定汽车的交付方式、时间等信息。

（四）合同目的

合同目的是指合同当事人签订合同时所追求的最终目标。在合同中，目的通常涉及以下三个方面。

①目的的合法性：目的必须是合法、正当、合理的。非法的目的可能导致合同无效或被撤销。例如，以欺诈、偷盗等非法手段获取利益的目的是不合法的。同时，目的不得违反法律法规和社会公德，不得损害国家利益、社会公共利益和他人合法权益。

②目的的明确性：目的必须是明确、具体的。不明确的目的可能导致合同无法履行或产生纠纷。例如，在借款合同中，应明确借款的用途、还款期限等信息。

③目的的可实现性：目的必须是可实现的，即能够按照约定的方式和条件实现。不可实现的目的可能导致合同无法履行或产生纠纷。例如，在承揽合同中，应明确承揽人的工

作内容、完成时间等信息。

三、合同条款

（一）合同标题

合同标题应简明扼要地概括合同的主要内容，便于识别和记忆。标题应准确、规范，符合法律法规和行业惯例。在撰写合同标题时，应注意以下三点。

①准确性：标题应准确地反映合同的主要内容和性质，避免使用模糊或误导性的词语。例如，"房屋买卖合同"比"房产交易协议"更准确地表达了合同的性质。

②规范性：标题应符合法律法规和行业惯例的规范要求。例如，在房地产领域，合同标题通常采用"房屋买卖合同"等标准用语。

③简洁性：标题应简洁明了，避免冗长和复杂的表达。过于冗长和复杂的标题可能影响读者的理解和记忆。例如，"关于购买位于[地址]的[房屋面积]平方米房屋的买卖合同"可以简化为"房屋买卖合同"。

（二）当事人信息

当事人信息应包括姓名、地址、联系方式等基本信息。对于法人和其他组织，还应包括法定代表人或负责人的姓名、职务等信息。在撰写当事人信息时，应注意以下三点。

①准确性：当事人信息必须真实、准确，不得有虚假或误导性的内容。例如，应确保提供的姓名、地址、联系方式等信息与相关证件或资料一致。

②完整性：当事人信息应完整，包括所有必要的基本信息。对于法人和其他组织，应提供法定代表人或负责人的姓名、职务等信息。同时，应注明当事人的身份类型，如自然人、法人或其他组织。

③更新性：当事人信息应及时更新。在合同履行过程中，如果当事人信息发生变化，应及时通知对方当事人并进行相应的变更手续。例如，如果当事人更换了联系方式或法定代表人等信息，应及时通知对方当事人并进行变更登记。

（三）合同目的

合同目的应明确表述合同当事人所追求的最终目标。目的应具体、明确、合法，符合法律法规和社会公德。在撰写合同目的时，应注意以下七点。

①合法性：合同目的必须符合当地法律法规和政策要求，不能违反国家法律或社会公德。例如，不能涉及非法交易、侵犯他人权益或违反道德伦理等内容。

②明确性：合同目的应该清晰明确，不能含糊不清或模棱两可。这有助于双方当事人明确彼此的期望和要求，减少误解和歧义的产生。

③可实现性：合同目的应该是可实现的，即在合理的时间和条件下能够完成。避免设定不切实际或过于苛刻的目标，以免造成不必要的压力和纠纷。

④具体性：合同目的应该尽可能具体，包括具体的时间、地点、数量、质量等要求。这有助于双方当事人明确自己的责任和义务，减少争议的发生。

⑤双方意愿：合同目的应该符合双方当事人的意愿和利益，不能强迫任何一方接受不合理的条件。双方当事人应该充分讨论并达成共识，确保合同目的的合理性和公平性。

⑥适应性：合同目的应该具有一定的适应性，能够根据市场变化或双方当事人需求的

变化进行调整。这有助于保持合同的灵活性和可持续性，适应不断变化的环境。

⑦长期性：合同目的应该考虑长期合作的可能性，为双方当事人未来的合作打下基础。避免只关注短期利益，忽视长期合作的价值。

（四）合同标的

合同标的是指合同当事人权利和义务所指向的对象。在撰写合同标的时，应注意以下三点。

①具体性：标的应具体、明确，能够清楚地描述合同当事人权利和义务所指向的对象。避免使用模糊或含糊不清的表述。例如，"甲方同意将其所有的位于[地址]的房屋出售给乙方"比"甲方同意将其房产卖给乙方"更具体明确。

②合法性：标的必须是合法、确定、可实现的。非法的标的可能导致合同无效或被撤销。例如，买卖毒品、枪支等违禁品的合同是无效的。同时，标的不得违反法律法规和社会公德，不得损害国家利益、社会公共利益和他人合法权益。

③可实现性：标的必须是可实现的，即能够按照约定的方式和条件完成交付或履行。不可实现的标的可能导致合同无法履行或产生纠纷。例如，在承揽合同中，应明确承揽人的工作内容、完成时间等信息。

（五）价款及支付方式

价款及支付方式应明确约定合同标的的价格、支付方式、支付时间等要素。在撰写价款及支付方式时，应注意以下三点。

①价格的合理性：价格应合理、公平，符合市场规律和法律法规。避免过高或过低的价格，以免引起争议或纠纷。同时，应根据合同标的的性质、质量、数量等因素确定合理的价格。

②支付方式的明确性：支付方式应明确、具体，便于履行。例如，可以采用现金支付、银行转账、支票支付等方式。在选择支付方式时，应考虑到双方当事人的实际情况和方便程度。同时，应明确支付方式的具体操作流程和细节。

③支付时间的确定性：支付时间应明确、具体，便于履行。例如，可以约定在合同签订后的一定期限内支付价款，或在交付标的物后支付价款等。在确定支付时间时，应考虑到双方当事人的实际情况和方便程度。同时，应明确支付时间的具体日期和时间节点，避免产生纠纷或争议。

（六）违约责任

违约责任应明确约定当事人违反合同约定时应承担的责任，包括违约金、损害赔偿等。在撰写违约责任时，应注意以下三点。

①责任的明确性：违约责任应明确、具体，能够清楚地表达当事人违反合同约定时应承担的责任。避免使用模糊或含糊不清的表述。例如，"若甲方未按约定时间交付房屋，应支付乙方违约金人民币 × 万元"比"若甲方未按时交付房屋，应承担违约责任"更具体明确。

②责任的合理性：违约责任应合理、公平，符合法律法规和行业惯例。避免过高或过低的违约责任，以免引起争议或纠纷。同时，应根据合同标的的性质、质量、数量等因素

确定合理的违约责任。例如，在买卖合同中，可以约定按照合同总价的一定比例支付违约金；在租赁合同中，可以约定按照租金的一定比例支付违约金等。

③责任的可执行性：违约责任应具有可执行性，即能够实际履行或强制执行。避免设定无法实际履行或强制执行的违约责任。例如，在某些情况下，可以约定将违约方的保证金作为违约金支付给守约方；在其他情况下，可以约定将违约方的财产进行拍卖或变卖来偿还债务等。同时，应明确违约责任的具体执行方式和细节，以便在违约发生时能够及时采取措施。

（七）争议解决方式

争议解决方式应明确约定当事人发生争议时的解决方式，如协商、调解、仲裁或诉讼等。在撰写争议解决方式时，应注意以下三点。

①方式的选择性：争议解决方式应根据具体情况选择最适合自己的方式。例如，对于简单的纠纷可以选择协商或调解解决；对于复杂的纠纷可以选择仲裁或诉讼解决。同时，应考虑到双方当事人的实际情况和方便程度，选择最合适的争议解决方式。

②程序的明确性：争议解决方式应明确、具体，便于操作。例如，在协商解决争议时，应明确协商的具体时间、地点、方式等；在调解解决争议时，应明确调解的具体程序和细节；在仲裁解决争议时，应明确仲裁的具体程序和细节；在诉讼解决争议时，应明确诉讼的具体程序和细节等。同时，应明确争议解决方式的具体执行方式和细节，以便在争议发生时能够及时采取措施。

③费用的承担性：争议解决方式应明确约定争议解决过程中产生的费用由哪一方承担。例如，在协商解决争议时，可以约定由败诉方承担费用；在调解解决争议时，可以约定由双方共同承担费用；在仲裁解决争议时，可以约定由败诉方承担费用；在诉讼解决争议时，可以约定由败诉方承担费用等。同时，应明确费用的具体金额和支付方式等细节问题。

四、合同签订与履行

（一）合同签订程序

合同签订程序应包括双方当事人充分协商、明确条款内容、签字盖章等步骤。在签订合同时，应注意以下三点。

①协商的充分性：双方当事人应充分协商，就合同条款进行充分讨论和交流。避免在协商过程中存在误解或遗漏重要条款等问题。同时，应尊重对方当事人的意见和建议，寻求达成共识的方案。

②条款的明确性：合同条款应明确、具体，能够清楚地表达双方当事人的意愿和约定。避免使用模糊或含糊不清的表述。同时，应根据实际情况合理设置条款内容，避免出现不合理或不公平的条款问题。在签订合同时，应认真核对条款内容，确保没有遗漏或错误等问题。

③签字盖章的规范性：双方当事人应在合同上签字盖章，以证明其同意合同条款并承担相应的法律责任。签字盖章应规范、清晰，避免出现模糊不清或难以辨认的情况。同时，应注意保管好合同原件及相关文件资料等证据材料，以便在必要时提供支持或证明自己的权益等问题。

（二）合同履行原则

合同履行原则应遵循诚实信用、公平交易、合法合规等原则。在履行合同时，应注意以下三点。

①诚实信用原则：双方当事人应遵循诚实信用原则，履行合同义务并尊重对方当事人的权利。避免出现欺诈、恶意串通等违反诚实信用原则的行为问题。同时，应积极履行自己的义务并尊重对方当事人的权利。

②公平交易原则：双方当事人应遵循公平交易原则，保证交易的公平性和合理性。避免出现不公平或不合理的交易行为问题。同时，应根据实际情况合理设置交易条件和条款内容。在履行合同时，应积极配合对方当事人完成交易事宜并保障交易的顺利进行。

③合法合规原则：双方当事人应遵循合法合规原则，遵守法律法规和行业惯例等规定要求。避免出现违反法律法规和行业惯例等规定要求的行为问题。同时，应认真核对相关文件资料等证据材料是否符合法律法规和行业惯例等规定要求。在履行合同时，应积极配合有关部门完成相关手续并保障交易的合法性。

（三）合同变更与解除

合同变更与解除应遵循法律法规和合同约定的原则。在变更或解除合同时，应注意以下三点。

①变更的合理性：在变更合同时，应确保变更的内容合理、公平且符合双方当事人的实际情况和需求。避免出现不合理或不公平的变更内容问题。同时，应根据实际情况重新评估合同条款并进行相应的调整和完善。在变更合同时，应认真核对变更后的合同内容是否符合法律法规和行业惯例。

②解除的合法性：在解除合同时，应确保解除的行为合法、合规且符合双方当事人的实际情况和需求。避免出现非法或不合理的解除行为问题。同时，应根据实际情况重新评估合同条款并进行相应的调整和完善。在解除合同时，应认真核对解除后的相关文件资料等证据材料是否符合法律法规和行业惯例。

③通知的及时性：在变更或解除合同时，应及时通知对方当事人并取得对方当事人的同意。避免出现通知不到位或未取得对方当事人同意等问题。同时，应明确变更或解除合同的具体日期和时间节点等细节问题。在通知对方当事人时，应采用适当的方式和渠道进行通知并确保对方当事人能够及时收到通知信息。

五、合同风险防范与纠纷解决

（一）合同风险防范

合同风险防范应包括事前审查、事中监督和事后追究等环节。在防范合同风险时，应注意以下三点。

①事前审查：在签订合同时，应对对方当事人的资质、信用状况等进行审查，以降低风险。例如，可以通过查询企业信用信息公示系统、工商查询企业信用信息公示系统、工商登记资料等方式了解对方当事人的基本信息和信用状况；对于自然人，可以通过查询个人征信报告等方式了解其信用状况。同时，应认真核对对方当事人的相关证件和资料是否真实、有效且符合法律法规和行业惯例。在审查过程中，应注意发现潜在的风险点并采取

相应的预防措施。

②事中监督：在合同履行过程中，应对对方当事人的行为进行监督，确保其按照约定履行义务。例如，可以通过定期检查、现场勘查等方式了解对方当事人的履行情况；对于关键节点和重要条款，可以设置专门的监督机制并指派专人负责监督。同时，应及时发现、处理潜在的风险点并采取相应的预防措施。

③事后追究：在合同履行完毕后，应对对方当事人的履约情况进行总结和评估，并在必要时追究其违约责任。例如，可以通过审计、评估等方式了解对方当事人的履约情况；对于存在违约行为的情况，可以采取诉讼、仲裁等方式追究其违约责任。同时，应保留相关证据材料以备不时之需。

（二）合同纠纷解决途径

合同纠纷解决途径包括协商、调解、仲裁和诉讼等方式。在解决合同纠纷时，应注意以下四点。

①协商解决：协商是解决合同纠纷的首选方式，双方当事人可以通过友好协商的方式达成和解协议并解决纠纷。在协商过程中，应充分沟通、交流意见并寻求达成共识的方案；同时应保持冷静、理性并尊重双方当事人的意见和建议等方面的要求。在协商成功后应签订书面和解协议并明确双方当事人的权利和义务。

②调解解决：调解是解决合同纠纷的另一种方式，可以由第三方机构或人员协助当事人解决纠纷并达成调解协议。在调解过程中，应选择中立、公正的调解机构或人员进行调解；同时应积极配合调解机构或人员的工作并提供相关证据材料以支持自己的主张。在调解成功后应签订书面调解协议并明确双方当事人的权利和义务。同时，应注意保留相关证据材料以备不时之需。

③仲裁解决：仲裁是解决合同纠纷的一种方式，双方当事人可以根据合同约定选择仲裁机构进行仲裁并解决纠纷。在仲裁过程中，应选择中立、公正的仲裁机构进行仲裁；同时，应积极配合仲裁机构的工作并提供相关证据材料以支持自己的主张。在仲裁成功后应签订书面仲裁裁决书并明确双方当事人的权利和义务。同时应注意保留相关证据材料以备不时之需。

④诉讼解决：诉讼是解决合同纠纷的一种方式，可以由人民法院受理、审理并解决纠纷。在诉讼过程中，应选择有管辖权的人民法院提起诉讼；同时应提供相关证据材料以支持自己的主张。在诉讼成功后应获得法院的判决书或裁定书，并明确双方当事人的权利和义务。同时，应注意保留相关证据材料以备不时之需。

在选择合同纠纷解决途径时应根据具体情况选择最适合自己的方式。例如，对于简单的纠纷可以选择协商或调解解决，对于复杂的纠纷可以选择仲裁或诉讼解决。同时，应考虑到双方当事人的实际情况和方便程度选择最合适的纠纷解决方式。在解决合同纠纷时应保持冷静、理性并尊重双方当事人的意见和建议。同时，应保留相关证据材料以备不时之需。

（三）合同风险防范

1. 合同审查

在签订合同之前，进行全面的合同审查是至关重要的，包括对合同条款的逐条审查，确保它们的合法性、明确性和合理性。此外，还要注意合同中可能存在的漏洞或不明确的表述，这些都可能成为未来纠纷的源头。

审查过程中，应特别关注以下五个方面。

①合同主体资格：确认双方当事人是否具备签订合同的法定资格，如年龄、身份、资质等。对于法人或其他组织，还需核实其法定代表人或授权代表的身份和权限。

②合同目的和标的：明确合同的目的和标的物，确保它们符合法律法规和行业规定，不涉及非法或不道德的内容。对于涉及知识产权、专有技术等特殊标的物的合同，还需进行详细的审查。

③权利义务分配：仔细核对合同中的权利义务分配是否合理，双方的责任和义务是否对等。避免出现过重或过轻的责任负担，以及不明确或模糊的权利义务表述。

④违约责任和解决方式：确保违约责任条款的明确性和合理性，包括违约金、损害赔偿等。同时，应明确解决争议的方式和程序，如协商、调解、仲裁或诉讼等。

⑤法律适用和管辖：确认合同适用的法律和管辖法院，确保它们符合双方当事人的意愿和利益。对于跨国或跨地区的合同，还需考虑不同国家或地区的法律差异和适用问题。

2. 风险评估

在合同签订前，进行风险评估是非常重要的。这有助于识别和评估潜在的风险点，以便采取相应的预防措施。风险评估应包括对合同条款的潜在风险进行分析，以及对合同履行过程中可能出现的问题进行预测。

风险评估过程中，应关注以下五个方面。

①市场风险：分析市场变化对合同履行的影响，如需求变化、竞争加剧等。对于涉及市场波动的合同，还需考虑价格调整机制和风险分担条款。

②信用风险：评估双方当事人的信用状况，包括其财务状况、偿债能力和历史履约记录等。对于信用较差的当事人，应采取额外的风险控制措施，如要求担保、抵押等。

③法律风险：分析合同条款是否符合当地法律法规和政策要求，避免因违法或违规而导致合同无效或被撤销。对于涉及特殊法律问题的合同，还需要咨询专业律师的意见。

④操作风险：评估合同履行过程中可能出现的操作问题，如交货延迟、质量问题、技术难题等。对于高风险操作，应制订详细的风险应对计划并采取预防措施。

⑤环境风险：考虑合同履行过程中可能受到的环境因素影响，如自然灾害、气候变化等。对于涉及环境敏感区域的合同，还需要考虑环保要求和可持续发展因素。

3. 风险控制

在识别和评估潜在风险后，应采取相应的风险控制措施来降低风险，包括对合同条款进行修改或补充，以及制订详细的风险应对计划。

风险控制措施包括以下五点。

①合同条款修改：针对潜在风险点，对合同条款进行修改或补充，以降低风险。例如，增加违约责任条款、设置风险分担机制等。

②担保和抵押：要求对方当事人提供担保或抵押，以确保其履行合同义务。担保可以是第三方担保或自身担保，抵押则可以是实物抵押或股权抵押等。

③保险：通过购买保险来转移部分风险。例如，对于涉及重大财产损失的合同，可以购买财产保险；对于涉及人员伤亡的合同，可以购买人身意外险等。

④风险分担：与对方当事人协商，明确风险分担机制。例如，约定在出现不可抗力时双方各自承担的责任比例等。

⑤风险应对计划：制订详细的风险应对计划，包括风险识别、评估、控制和应对措施等。在合同履行过程中，应定期检查和更新风险应对计划，确保其有效性。

（四）合同纠纷解决

1. 协商与调解

协商与调解是解决合同纠纷的首选方式。这两种方式都强调双方当事人的自愿性和友好性，有助于维护双方的长期合作关系。

协商解决的优势在于灵活性和成本效益。双方当事人可以根据自己的实际情况和需求，通过直接对话或第三方协助进行协商。在协商过程中，双方可以充分表达自己的意见和诉求，寻求达成共识的解决方案。协商成功后，应签订书面和解协议，明确双方当事人的权利和义务。

调解解决的优势在于专业性和中立性。调解机构或调解员通常具备丰富的经验和专业知识，能够客观地评估争议情况并提出合理的解决方案。调解过程中，调解员会引导双方当事人进行沟通和协商，帮助他们达成和解协议。调解成功后，同样应签订书面调解协议，明确双方当事人的权利和义务。

2. 仲裁与诉讼

当协商与调解无法解决争议时，仲裁与诉讼成为解决合同纠纷的最后手段。这两种方式都具有法律效力，但适用范围和程序有所不同。

仲裁是一种快速、高效的争议解决方式。仲裁机构根据合同约定或当事人申请进行仲裁，并作出具有法律效力的裁决。仲裁裁决具有终局性，当事人不能再向法院提起诉讼。仲裁的优势在于程序简便、效率高、保密性好等。但仲裁的劣势在于成本较高、灵活性较低等。在选择仲裁时，应考虑仲裁机构的专业性、裁决的可执行性以及双方当事人的意愿等因素。

诉讼是一种正式的争议解决方式。当事人向有管辖权的人民法院提起诉讼，由法院进行审理并作出判决。诉讼的优势在于法律效力强、程序规范等。但诉讼的劣势在于耗时较长、成本较高、公开性强等。在选择诉讼时，应考虑法院的审判能力、案件的复杂程度以及双方当事人的意愿等因素。

在选择仲裁与诉讼时，应根据具体情况进行权衡。例如，对于涉及重大利益或复杂法律问题的合同纠纷，可能更适合选择诉讼；对于涉及商业秘密或希望保持低调的合同纠纷，可能更适合选择仲裁。同时，应考虑双方当事人的意愿和利益，以及合同中关于争议解决方式的约定。

3. 预防措施

预防措施是避免合同纠纷的关键。通过采取有效的预防措施，可以降低合同风险并减少纠纷的发生。预防措施包括以下六点。

①明确沟通：在签订合同之前，应进行充分的沟通，确保双方对合同条款有共同的理解，包括对合同目的、权利义务、违约责任等关键条款的明确讨论和确认。在沟通过程中，应保持开放和诚实的态度，避免误解和歧义的产生。

②专业咨询：在签订合同之前，可以寻求专业律师或顾问的意见，确保合同条款的合法性和有效性。专业人士可以提供法律建议、风险评估和合同审查服务，帮助避免潜在的法律问题。

③培训与教育：对于涉及特定领域或行业的合同，应确保相关人员具备足够的知识和技能。这可以通过培训课程、研讨会或在线资源来实现。通过教育和培训，可以提高员工的合同意识和风险管理能力，降低合同风险。

④持续监控：在合同履行过程中，应持续监控合同的执行情况，包括定期检查合同条款的履行情况、记录合同履行过程中的变更或调整，以及及时发现并处理潜在的问题。通过持续监控，可以及时发现并解决问题，避免纠纷的产生。

⑤备份与存档：应妥善保管合同原件及相关文件资料，并进行备份和存档。这包括合同草稿、修订记录、通信往来等。在需要时，可以提供这些文件资料作为证明或参考。同时，应定期检查和更新备份文件，确保其完整性和准确性。

⑥争议解决机制：在合同中明确约定争议解决机制，如协商、调解、仲裁或诉讼等。这有助于在争议发生时提供明确的解决路径，减少争议的不确定性。

六、部分合同案例

（一）劳动合同

劳动合同

甲方（用人单位）：【公司全称】

地址：【公司地址】

法定代表人：【法定代表人姓名】

乙方（劳动者）：【员工姓名】

身份证号：【身份证号码】

地址：【员工住址】

鉴于甲乙双方在平等、自愿、公平、诚实信用的基础上，就建立劳动关系达成如下协议，现依照《中华人民共和国劳动法》及相关法律法规的规定，订立本劳动合同，以资共同遵守。

一、合同期限

本合同为固定期限劳动合同，自【开始日期】起至【结束日期】止。合同期满前，经双方协商一致，可以续订劳动合同。

二、工作内容与工作地点

1.乙方同意根据甲方的安排，在【具体岗位名称】岗位上从事【具体工作内容】工作。

2.乙方的工作地点为【具体工作地点】。如因工作需要，甲方可以调整乙方的工作地点，但应提前通知乙方，并征得乙方同意。

三、工作时间与休息休假

1.甲方实行标准工作制，每日工作时间不超过8小时，每周工作时间不超过40小时。具体工作时间安排如下：【具体工作时间安排】。

2.甲方依法保证乙方每周至少休息一天，并安排法定节假日休息。如因工作需要安排乙方加班，应按照国家法律法规支付加班费。

四、劳动报酬与福利待遇

1.乙方的月工资为人民币【具体数额】元，支付方式为【具体支付方式】，支付周期为【具体支付周期】。如遇法定节假日或休息日，应提前支付工资。

2.甲方按照国家法律法规为乙方缴纳养老保险、医疗保险、失业保险、工伤保险和生育保险。具体缴纳比例和基数按照国家及地方政府的相关规定执行。

3.甲方为乙方提供以下福利待遇：【具体福利待遇，如年终奖金、带薪年假、员工培训等】。

4.如因乙方原因造成甲方经济损失的，甲方有权要求乙方承担相应的赔偿责任。具体赔偿方式和金额由双方协商确定。

五、劳动纪律与规章制度

1.乙方应严格遵守甲方的劳动纪律和规章制度，服从甲方的管理。如违反劳动纪律或规章制度，甲方有权给予警告、记过、降职、解除合同等处罚。具体处罚措施由甲方根据情节轻重决定。

2.甲方应将劳动纪律和规章制度告知乙方，并在乙方入职后进行培训。如有更新或修改，应及时通知乙方并进行培训。

3.如因乙方原因造成甲方经济损失的，乙方应承担违约责任。具体违约责任由双方协商确定。

六、合同变更、续订与解除

1.本合同一经签订，即具有法律效力。双方应严格履行合同约定的义务。如需变更合同内容，应经双方协商一致，并签订书面变更协议。

2.本合同期满前，经双方协商一致，可以续订劳动合同。续订劳动合同的期限和条件由双方协商确定。如不续订劳动合同，应提前通知对方。

3.在合同期内，任何一方均不得擅自解除合同。如需解除合同，应提前通知对方，并按照国家法律法规的规定办理解除手续。如因一方违约导致合同解除的，违约方应承担相应的违约责任。具体违约责任由双方协商确定。

七、违约责任

1.如因甲方原因导致乙方无法正常工作的，甲方应承担违约责任。具体违约责任由双方协商确定。

2.如因乙方原因导致甲方遭受经济损失的，乙方应承担违约责任。具体违约责任由双方协商确定。

3.如因不可抗力因素导致合同无法履行的，双方均不承担违约责任。具体责任划分由双方协商确定。

八、其他事项

1.本合同未尽事宜，按照国家法律法规和相关政策执行。如有争议，应首先通过协商解决；协商不成的，可向劳动争议仲裁委员会申请仲裁；仲裁裁决是终局的，对双方均有约束力。

2.本合同一式两份，甲乙双方各执一份。本合同自双方签字（或盖章）之日起生效。

甲方（盖章）：【公司公章】

法定代表人（签字）：【法定代表人签字】

日期：【签订日期】

乙方（签字）：【员工签字】

日期：【签订日期】

（二）买卖合同

买卖合同

甲方（出卖人）：【公司全称】

地址：【公司详细地址】

法定代表人：【法定代表人姓名】

联系电话：【公司联系电话】

乙方（买受人）：【买方全称】

地址：【买方详细地址】

法定代表人：【法定代表人姓名】

联系电话：【买方联系电话】

鉴于甲乙双方在平等、自愿、公平、诚实信用的基础上，就买卖【模拟商品名称：高端智能手表】的有关事宜达成如下协议。

一、合同标的

1.1 甲方同意将其所有的【模拟商品名称】（以下简称"标的物"）出售给乙方，乙方同意购买甲方的标的物。

1.2 标的物的详细描述如下。

名称：高端智能手表。

型号：S9000。

数量：100只。

单价：每只人民币10000元。

总价：人民币1000000元。

生产日期：2023年2月。

质量状况：全新未开封。

其他特征：具备心率监测、睡眠分析、GPS定位等功能，采用最新的蓝牙技术与智能手机无缝对接。

二、交货与验收

2.1 甲方应于【交货日期】前将标的物交付给乙方，并确保标的物符合约定的质量标准。

2.2 乙方应在收到标的物后的【验收期限】内完成验收，并在验收合格后签署验收确认书。如有质量问题，应在验收期限内提出。

三、付款方式与时间

3.1 乙方应按照以下方式支付货款：

支付方式：银行转账。

支付时间：签订合同后X日内支付30%定金，余款在交货时支付70%。

3.2 如乙方未按时支付货款，甲方有权要求乙方支付违约金，并有权要求乙方继续履行合同。

四、质量保证与售后服务

4.1 甲方保证所售标的物符合国家相关标准，无任何质量问题。

4.2 甲方应提供标的物的质保期为【质保期】，自交货之日起计算。在质保期内，如标的物出现非人为损坏的质量问题，甲方应负责免费维修或更换。

4.3 甲方应提供必要的售后服务，包括但不限于产品安装指导、操作培训、软件更新等。

4.4 甲方应在收到乙方关于质量问题的通知后，在【售后服务响应时间】内做出响应，并在【售后服务处理时间】内解决问题。

五、违约责任

5.1 如一方违反合同约定，应承担违约责任，并赔偿对方因此造成的直接和间接损失。

5.2 如因不可抗力因素导致合同无法履行，双方均不承担违约责任。但应及时通知对方，并采取合理措施减少损失。

5.3 如因甲方原因导致标的物延迟交付，甲方应按照未按时交付的标的物价值的千分之五/日向乙方支付违约金，直至标的物交付完毕。

5.4 如因乙方原因导致合同无法履行，乙方应按照合同总价的10%向甲方支付违约金，并承担由此产生的所有费用。

六、争议解决

6.1 本合同的签订、履行、解释及争议解决均适用中华人民共和国法律。

6.2 如双方在履行合同过程中发生争议，应首先友好协商解决；协商不成的，可向甲方所在地人民法院提起诉讼。

6.3 在争议解决期间，除涉及争议部分外，其他条款仍应继续履行。

七、其他条款

7.1 本合同一式两份，甲乙双方各执一份。本合同自双方签字（或盖章）之日起生效。

7.2 本合同未尽事宜，可由双方另行签订补充协议。补充协议与本合同具有同等法律效力。

7.3 本合同的附件是本合同不可分割的组成部分，与本合同具有同等法律效力。

甲方（盖章）：【公司公章】

法定代表人（签字）：【法定代表人签字】

日期：【签订日期】

乙方（盖章）：【买方公章】

法定代表人（签字）：【法定代表人签字】

日期：【签订日期】

（三）租赁合同

租赁合同

甲方（出租人）：【公司全称】

地址：【公司详细地址】

法定代表人：【法定代表人姓名】

联系电话：【公司联系电话】

乙方（承租人）：【承租人全称】

地址：【承租人详细地址】

法定代表人：【法定代表人姓名】

联系电话：【承租人联系电话】

鉴于甲乙双方在平等、自愿、公平、诚实信用的基础上，就租赁【模拟租赁标的：商用写字楼】的有关事宜达成如下协议：

一、租赁标的

1.1 甲方同意将其所有的位于【租赁标的详细地址】的商用写字楼（以下简称"租赁物"）出租给乙方使用，乙方同意承租甲方的租赁物。

1.2 租赁物的详细情况如下：

建筑面积：【具体面积】平方米

楼层：【楼层数】层

结构：钢混结构

配套设施：空调系统、电梯、停车场、安保系统、宽带网络接口等

租赁用途：办公

二、租赁期限

2.1 本合同的租赁期限为【租赁期限，如"三年"】，自【租赁起始日期】起至【租赁终止日期】止。

2.2 租赁期满前，双方应提前【提前通知期限，如"三个月"】书面通知对方是否续租。如双方同意续租，应另行签订租赁合同。

三、租金及支付方式

3.1 租金金额：每月人民币【租金金额】元。

3.2 支付方式：乙方应于每月的【租金支付日期，如"第一天"】前通过银行转账方式支付租金至甲方指定账户。

3.3 租金调整：租金自租赁期限开始之日起每【租金调整周期，如"一年"】调

整一次，调整幅度根据市场行情确定，但涨幅不得超过当地同类物业租金市场平均涨幅。如需调整租金，甲方应至少提前【租金调整通知期限，如"三个月"】书面通知乙方。

四、保证金及押金

4.1 保证金：乙方应在签订本合同时支付人民币【保证金金额】元作为保证金。保证金在租赁期满且乙方履行完所有合同义务后无息退还。如乙方提前解除合同，保证金不予退还。

4.2 押金：乙方应在签订本合同时支付人民币【押金金额】元作为押金。押金在租赁期满且乙方履行完所有合同义务后无息退还。如因乙方原因导致租赁物损坏，甲方有权从押金中扣除相应费用。

五、维修与保养

5.1 日常维护：乙方应负责租赁物的日常清洁和维护，确保租赁物处于良好状态。对于租赁物的正常损耗，乙方应及时通知甲方，并由甲方负责维修。

5.2 重大维修：对于租赁物的重大维修，应由甲方负责。甲方应在接到乙方通知后的【维修响应时间，如"48小时"】内进行维修，并在【维修完成时间，如"30天"】内完成维修。如因甲方未能及时维修导致乙方损失的，甲方应承担相应的赔偿责任。

5.3 保养责任：甲方应定期对租赁物进行保养，确保正常运行。保养工作应提前通知乙方，并尽量避免影响乙方的正常使用。如因甲方未能履行保养责任导致租赁物损坏的，甲方应承担相应的赔偿责任。

六、违约责任

6.1 如一方违反合同约定，应承担违约责任，并赔偿对方因此造成的直接和间接损失。如因乙方原因导致租赁物损坏的，乙方应负责修复或赔偿。如因甲方原因导致租赁物无法正常使用的，甲方应承担相应的责任。

6.2 如因不可抗力因素导致合同无法履行，双方均不承担违约责任。但应及时通知对方，并采取合理措施减少损失。不可抗力因素包括但不限于自然灾害、战争、政府行为等。

6.3 如因乙方原因提前解除合同，乙方应支付剩余租期内的租金作为违约金。如因甲方原因提前解除合同，甲方应退还乙方已支付的租金和押金，并支付剩余租期内的租金作为违约金。

七、争议解决

7.1 本合同的签订、履行、解释及争议解决均适用中华人民共和国法律。

7.2 如双方在履行合同过程中发生争议，应首先友好协商解决；协商不成的，可向甲方所在地人民法院提起诉讼。在争议解决期间，除涉及争议部分外，其他条款仍应继续履行。

7.3 在争议解决期间，除涉及争议部分外，其他条款仍应继续履行。如因争议导致任何一方遭受损失的，应由败诉方承担全部责任。

八、其他条款

8.1 本合同一式两份，甲乙双方各执一份。本合同自双方签字（或盖章）之日起生效。本合同未尽事宜，可由双方另行签订补充协议。补充协议与本合同具有同等法律效力。

8.2 本合同的附件是本合同不可分割的组成部分，与本合同具有同等法律效力。附件包括但不限于租赁物平面图、设施设备清单等。

8.3 本合同经双方签字（或盖章）后生效。本合同一式两份，甲乙双方各执壹份。本合同自双方签字（或盖章）之日起生效。

甲方（盖章）：【公司公章】
法定代表人（签字）：【法定代表人签字】
日期：【签订日期】

乙方（盖章）：【承租人公章】
法定代表人（签字）：【法定代表人签字】
日期：【签订日期】

模块九
培养能讲的能力

模块导读

　　在日常生活和工作中，良好的口头表达能力对于个人的成功至关重要。本模块将帮助你提升演讲和谈判技巧，使你能够自信地站在台上发表演讲，以及在谈判桌上争取到自己的权益。通过系统的学习和实践，你将掌握有效的沟通策略，增强说服力和影响力，从而在各个领域展现出卓越的领导才能。

学习目标

1. 掌握演讲的基本技巧，提升自信心和表达能力。
2. 学会谈判策略和方法，有效争取自身利益。
3. 培养批判性思维和应变能力，应对各种复杂场合。

知识图谱

培养能讲的能力
- 学会演讲
  - 演讲基础
  - 演讲内容策划
  - 非语言沟通
  - 互动引导
  - 演讲的进阶技巧
- 学会谈判
  - 谈判基础
  - 谈判实战指南

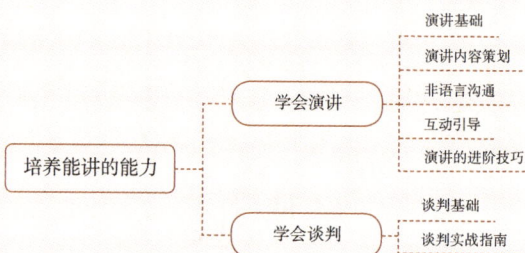

任务一　学会演讲

任务准备

（1）明确目标：确定演讲的目的，如传递信息、说服他人、启发思考或娱乐听众。

（2）了解听众：研究听众的背景、兴趣、需求和期望，以便选择与他们共鸣的主题。

（3）收集信息：查找相关资料，确保信息准确、可靠，与演讲目的相关。

（4）构建框架：设计演讲的结构，包括开场、正文和结尾，确保逻辑清晰。

（5）编写演讲稿：使用简洁明了的语言，结合生动的表达，确保演讲稿有吸引力。

（6）制作辅助材料：如PPT，确保内容相关、清晰易懂。

（7）练习演讲：模拟真实场景，练习语速、语调和肢体语言，观察听众反应。

（8）应对措施：准备应对设备故障、技术问题的应急方案。

任务实施

（1）开场吸引：简短介绍自己和主题，引起听众兴趣。

（2）正文阐述：详细讲解主题，提供支持信息，保持条理。

（3）肢体语言：协调与语言表达，增强说服力。

（4）互动交流：适时提问或引导讨论，增加听众参与。

（5）时间管理：控制演讲节奏，留出余地应对突发情况。

（6）结尾总结：强调重点，留下深刻印象。

任务分析

一、演讲基础

（一）演讲的定义与目的

演讲，作为一种直接、有力的沟通方式，是人们传递信息、表达观点、影响他人的重要手段。在现代社会，演讲在各个领域都扮演着至关重要的角色。无论是商业谈判、学术报告还是日常交流，演讲都是我们表达自己、说服他人的关键工具。

1. 演讲的定义

演讲，从广义上讲，是指一个人在公众面前通过言语、肢体语言等方式，向听众传达信息、表达思想、传递情感的行为。它不仅包括口头表达，还包括非言语元素，如肢体语言、面部表情、眼神接触等。演讲是一种动态的、互动的沟通过程，它要求演讲者能够吸引和维持听众的注意力，引导他们理解和接受自己的观点。

2. 演讲的目的

演讲的目的多种多样，具体取决于演讲的场合和背景。以下是一些常见的演讲目的。

①传递信息：演讲者通过演讲向听众传达特定的信息或知识点，使听众了解某个话题或问题。这种演讲通常用于教育、培训、新闻发布等场合。

②说服他人：演讲者试图说服听众接受自己的观点或立场，改变他们的态度或行为。这种演讲通常用于商业谈判、政治竞选、广告宣传等场合。

③启发思考：演讲者通过演讲激发听众的思考，引导他们探索新的观点或解决问题的方法。这种演讲通常用于学术报告、研讨会、创意工作坊等场合。

④娱乐听众：演讲者通过演讲为听众带来欢乐和愉悦，提高他们的情绪和心情。这种演讲通常用于喜剧表演、脱口秀、故事讲述等场合。

⑤树立形象：演讲者通过演讲展示自己的专业知识、能力和个性，树立良好的个人形象或品牌形象。这种演讲通常用于职业发展、个人品牌推广等场合。

3. 演讲的重要性

在现代社会，演讲的重要性日益凸显。以下是一些具体的例子。

①商业领域：在商业谈判中，有效的演讲能够帮助企业代表说服对方接受自己的条件，达成合作协议。在销售中，演讲者能够通过生动的产品介绍和演示，吸引客户的兴趣，提高销售额。在品牌推广中，演讲者能够通过讲述品牌故事和价值观，树立品牌形象，吸引消费者的关注。

②政治领域：政治家通过演讲向选民传达自己的政策主张和愿景，争取选票。在议会辩论中，议员通过演讲表达自己的观点，争取支持。在国际舞台上，国家领导人通过演讲展示国家形象，促进国际合作。

③学术领域：学者通过演讲分享研究成果，促进学术交流。在学术会议上，演讲者能够通过演讲展示自己的研究进展，与同行交流意见。在教学中，教师通过演讲传授知识，引导学生思考。

④社交领域：在社交场合，如婚礼、庆典等，演讲者能够通过致辞表达祝福和感激之

情，营造温馨的氛围。在面试中，求职者通过演讲展示自己的能力和经验，给面试官留下良好印象。

（二）演讲的类型与场合

演讲的类型和场合多种多样，每种类型和场合都有其特点和要求。以下是一些常见的演讲类型和场合。

1. 商业演讲

商业演讲是商业领域中最常见的演讲类型之一。它主要包括以下三种场合。

①销售演讲：销售人员通过演讲向客户介绍产品或服务的特点、优势和应用场景，以说服客户购买。这种演讲需要具备强烈的说服力和吸引力，能够引起客户的兴趣和购买欲望。

②商务报告：企业内部或外部的报告人通过演讲向听众汇报工作进展、业绩表现或市场分析等信息。这种演讲需要具备客观性和准确性，能够为听众提供有价值的信息。

③商业谈判：在商业谈判中，双方代表通过演讲表达自己的立场和条件，寻求达成共识。这种演讲需要具备策略性和灵活性，能够在谈判中占据有利地位。

2. 学术演讲

学术演讲是学术界中最常见的演讲类型之一。它主要包括以下三种场合。

①学术报告：学者通过演讲分享自己的研究成果、实验数据和分析结论等信息。这种演讲需要具备严谨性和逻辑性，能够为学术界提供有价值的贡献。

②研讨会：在研讨会中，与会者通过演讲交流学术观点、探讨问题和寻找解决方案。这种演讲需要具备开放性和互动性，能够促进学术交流和合作。

③学术辩论：在学术辩论中，正反双方通过演讲阐述自己的观点和论据，以说服评委和观众。这种演讲需要具备辩证思维和快速反应能力。

3. 社交演讲

社交演讲是社交场合中最常见的演讲类型之一。它主要包括以下三种场合。

①婚礼致辞：在婚礼上，新郎、新娘或家长通过演讲表达祝福和感激之情，营造温馨的氛围。这种演讲需要具备情感真挚和感人至深的特点。

②庆典演讲：在庆典活动中，主办方代表或嘉宾通过演讲表达祝贺和感谢之情，庆祝活动取得成功。这种演讲需要具备简洁明了和鼓舞人心的特点。

③社交聚会：在社交聚会中，与会者通过演讲交流彼此的经历、兴趣和见解等信息。这种演讲需要具备轻松愉快和互动性的特点。

4. 政治演讲

政治演讲是政治领域中最常见的演讲类型之一。它主要包括以下三种场合。

①竞选演讲：政治家通过演讲向选民介绍自己的政策主张和愿景，争取选票。这种演讲需要具备激情澎湃和感染力强的特点。

②政策宣讲：政府官员通过演讲向公众解释政策内容、目的和意义等信息。这种演讲需要具备权威性和可信度。

③国际会议：在国际会议上，各国代表通过演讲表达自己的立场和观点，促进国际合作。这种演讲需要具备外交辞令和跨文化沟通的能力。

（三）演讲的准备工作

准备充分的演讲内容是成功演讲的关键。以下是一些准备演讲的具体步骤和建议。

1. 明确演讲目的

在准备演讲之前，首先要明确演讲的目的。这有助于确定演讲的主题、内容和风格。例如，如果演讲的目的是说服听众接受某种观点，那么演讲内容应该更加有说服力；如果演讲的目的是娱乐听众，那么演讲内容应该更加有趣和生动。

2. 收集和整理信息

根据演讲目的，收集和整理相关的信息，包括查找资料、采访专家、收集数据等。确保所收集的信息准确、可靠，并与演讲目的相关。同时，对收集到的信息进行分类和整理，以便在演讲中有条理地呈现。

3. 构建演讲框架

构建演讲框架是组织演讲内容的关键。一个清晰的演讲框架可以帮助演讲者有条理地表达自己的观点，使听众更容易理解和接受。演讲框架通常包括以下三个部分。

①开场白：简短地介绍自己和演讲主题，引起听众的兴趣。

②正文：详细阐述演讲的主题和观点，提供相关的事实、数据和案例支持。

③结尾：总结演讲的主要观点，强调演讲的目的和意义，给听众留下深刻的印象。

4. 编写演讲稿

在构建好演讲框架后，开始编写演讲稿。演讲稿应该简洁明了、有条理，能够吸引和维持听众的注意力。注意使用生动、形象的语言，避免过于专业或晦涩难懂的术语。同时，要注意演讲稿的节奏和语调，使其更加自然、流畅。在编写演讲稿时，可以结合实际情况进行修改和完善。此外，还可以请教他人或进行模拟演讲练习，以提高演讲稿的质量和表达能力。

5. 制作辅助材料

为了使演讲更加生动有趣，可以制作一些辅助材料，如 PPT、视频、图片等。这些辅助材料可以帮助演讲者更好地展示信息、吸引听众的注意力并增强演讲的说服力。在制作辅助材料时，要注意选择与演讲内容相关的素材，并确保其清晰、易于理解。同时，要注意辅助材料的布局和排版，使其美观、大方。在使用辅助材料时，要注意与演讲内容的配合，使其能够自然地融入演讲中，而不是分散听众的注意力。

6. 练习演讲

练习演讲是提高演讲技巧的关键。通过反复练习，可以熟悉演讲内容、掌握演讲技巧并增强自信心。在练习演讲时，可以模拟真实的演讲场景，注意语速、语调和停顿的控制，以及肢体语言的运用。同时，要注意观察听众的反应，及时调整自己的表达方式和内容。此外，还可以录制自己的演讲并进行回放分析，找出自己的不足之处并进行改进。

7. 准备应急措施

在准备演讲时，要考虑到可能出现的意外情况，并准备相应的应急措施。例如，如果演讲设备出现故障，可以提前准备备用设备或现场开展无设备演讲；如果遇到技术问题或网络故障，可以提前准备纸质版的演讲稿或备用方案。同时，要保持冷静和自信，灵活应对各种突发情况。

（四）演讲的基本要素

演讲的基本要素包括以下几个方面。

1. 内容

内容是演讲的核心，决定了演讲的质量和效果。一个好的演讲内容应该具有以下四个特点。

①相关性：内容与演讲目的相关，能够满足听众的需求和兴趣。

②准确性：内容准确无误，避免误导听众或产生误解。

③有条理：内容有条理、有逻辑，能够清晰地表达演讲者的观点和思路。

④有吸引力：内容有趣、生动，能够吸引和维持听众的注意力。

2. 结构

结构是演讲的骨架，决定了演讲的组织和呈现方式。一个好的演讲结构应该具有以下三个特点。

①清晰：结构清晰、有条理，能够让听众容易理解和跟随演讲者的思路。

②连贯：各部分之间联系紧密，逻辑顺畅，没有突兀或断裂的地方。

③紧凑：结构紧凑、精练，避免冗长和啰唆，使演讲更加高效和有力。

3. 语言表达

语言表达是演讲的工具，决定了演讲的表达效果。一个好的语言表达应该具有以下三个特点。

①准确：用词准确、恰当，避免使用模糊或歧义的词语。

②清晰：语言清晰、易懂，避免使用复杂或晦涩的句子。

③有情感：语言有情感、有温度，能够打动听众的心弦。

4. 非语言沟通

非语言沟通是演讲的辅助手段，包括肢体语言、面部表情、眼神接触等。一个好的非语言沟通应该具有以下三个特点。

①协调：非语言动作与语言表达协调一致，能够增强演讲的说服力。

②自然：非语言动作自然、流畅，避免过于刻意或夸张。

③有表现力：非语言动作有表现力、感染力，能够突出演讲的重点和情感。

5. 演讲者的形象与气质

演讲者的形象与气质是演讲的外在表现，直接影响到听众对演讲者的印象和评价。一个好的形象与气质应该具有以下四个特点。

①自信：演讲者自信、从容，能够展现出自己的实力和能力。

②热情：演讲者热情、真诚，能够感染和带动听众的情绪。

③专业：演讲者专业、有知识，能够赢得听众的尊重和信任。

④亲和力：演讲者亲和力强、有魅力，能够拉近与听众的距离。

6. 互动与反馈

互动与反馈是演讲的重要环节，能够增强演讲的互动性和参与感。一个好的互动与反馈应该具有以下三个特点。

①及时：演讲者能够及时回应听众的问题和意见，与听众保持良好的互动。

②有效：演讲者能够有效地引导听众参与讨论和交流，使演讲更加生动有趣。

③积极：演讲者对听众的反馈给予积极的回应和肯定，鼓励听众发表自己的看法和意见。

7. 情境与氛围

情境与氛围是演讲的背景和环境，对演讲效果有一定的影响。一个好的情境与氛围应该具有以下三个特点。

①适宜：情境与氛围适合演讲的主题和目的，能够营造出有利于演讲的氛围。

②舒适：场地布置舒适、整洁，为听众提供良好的听讲环境。

③安全：场地安全、无隐患，确保听众的人身安全和财产安全。

8. 技术支持

技术支持是演讲的辅助手段，能够提高演讲的质量和效果。一个好的技术支持应该具有以下三个特点。

①稳定：技术设备运行稳定、可靠，避免出现故障或中断的情况。

②先进：技术设备先进、高效，能够满足演讲的需求。

③易用：技术设备操作简便、易用，方便演讲者和听众使用。

9. 准备与排练

准备与排练是演讲的前期工作，对演讲效果有重要的影响。一个好的准备与排练应该具有以下三个特点。

①充分：对演讲内容进行充分的准备和研究，确保内容的准确性和完整性。

②反复：进行反复的排练和练习，熟悉演讲内容和技巧，提高表达能力和自信心。

③针对性：针对不同的听众和场合进行有针对性的准备与排练，提高演讲的针对性和实效性。

10. 应对突发状况的能力

应对突发状况的能力是演讲的必备素质，能够保证演讲的顺利进行。一个好的应对突发状况的能力应该具有以下三个特点。

①冷静：面对突发状况时保持冷静、沉着，不慌乱、不紧张。

②灵活：根据突发状况采取灵活的应对措施，调整演讲内容和方式。

③果断：在必要时果断采取行动，解决突发状况带来的问题。

11. 时间管理

时间管理是演讲的关键因素之一，能够保证演讲的紧凑和高效。一个好的时间管理应该具有以下三个特点。

①合理安排：合理安排演讲的时间和内容，确保演讲的紧凑和高效。

②控制节奏：控制演讲的节奏和速度，避免过快或过慢影响听众的理解和接受。

③留出余地：留出一定的余地以应对突发状况或延长讨论时间。

12. 总结与回顾

总结与回顾是演讲的收尾环节之一，能够帮助听众回顾和巩固所学内容。一个好的总结与回顾应该具有以下三个特点。

①精练：对演讲内容进行精练总结，突出重点和核心观点。

②有意义：总结与回顾具有实际意义和价值，能够帮助听众更好地理解和应用所学内容。

③引导思考：引导听众进行深入思考和探讨，开阔思路和视野。

13. 结束语

结束语是演讲的最后环节之一，能够给听众留下深刻的印象。一个好的结束语应该具有以下五个特点。

①简洁明了：结束语简洁明了、有力度，能够给听众留下深刻的印象。

②感谢听众：对听众的参与和支持表示感谢，表达对他们时间的尊重。

③强调重点：再次强调演讲的核心观点和主题，加深听众的印象。

④留下悬念：如果有后续活动或演讲，可以留下悬念，激发听众的兴趣和期待。

⑤结束语的语气：结束语的语气应该积极向上、热情洋溢，给听众留下美好的印象。

二、演讲内容策划

（一）确定演讲主题

确定演讲主题是演讲内容策划的首要步骤。一个好的主题能够吸引听众的注意力，激发他们的兴趣，使演讲更加有意义和价值。以下是一些确定演讲主题的方法和技巧。

①明确目的：在确定主题之前，首先要明确演讲的目的和目标。这有助于确定演讲的范围和深度，以及所需的信息和资源。例如，如果演讲的目的是说服听众接受某种观点或行动，那么主题可以围绕这个观点或行动展开。

②了解听众：了解听众的背景、兴趣、需求和期望是确定主题的关键。这有助于选择一个能够引起他们共鸣和兴趣的主题。例如，如果听众是企业高管，那么可以选择一个与企业管理或领导力相关的主题。

③调研市场：调研市场和行业趋势可以帮助发现当前热门和受关注的话题。这有助于确定一个具有时效性和关注度的主题。例如，如果市场上正在讨论数字化转型，那么可以选择一个与数字化转型相关的主题。

④创新思维：尝试从不同的角度和视角来看待问题，寻找新颖、独特的主题。这有助于使演讲更加有趣和引人入胜。例如，可以从科技、文化、社会等多个角度来探讨某一话题。

⑤结合自身经验：结合自己的经验、知识和见解来确定主题。这有助于使演讲更加真实和可信，同时也能够展示自己的专业素养和能力。例如，可以分享自己在某个领域的成功经验或见解。

（二）收集与整理信息

收集与整理信息是演讲内容策划的重要环节。一个好的信息收集和整理能够为演讲提供丰富、准确、有用的素材，使演讲更加有说服力和感染力。以下是一些收集与整理信息的方法和技巧。

①广泛收集：利用各种渠道广泛收集与主题相关的信息和素材，包括书籍、期刊、报纸、互联网、专家访谈等。同时，要注意信息的来源和可靠性，确保收集到的信息准确无误。

②筛选信息：对收集到的信息进行筛选和分类，去除重复、无关或不准确的信息。这有助于提高信息的质量和可用性，使演讲更加精练和有条理。

③整理信息：对筛选后的信息进行整理和归纳，形成有逻辑、有条理的信息框架。这有助于使演讲更加清晰、易懂，便于听众理解和记忆。同时，要注意信息的组织和呈现方式，使其更加直观、生动。

④分析信息：对收集到的信息进行深入分析和研究，提炼出有价值的观点和结论。这有助于使演讲更加有深度和见解，提高演讲的说服力和感染力。同时，要注意分析的方法和技巧，如归纳法、演绎法、比较法等。

⑤更新信息：随着时间的推移和市场的变化，信息也会不断更新和变化。因此，要定期更新和补充收集到的信息，确保演讲内容的时效性和准确性。同时，要注意信息的来源和可靠性，避免使用过时或不准确的信息。

（三）构建演讲框架

构建演讲框架是演讲内容策划的关键步骤。一个好的演讲框架能够帮助演讲者组织思路、梳理逻辑，使演讲更加有条理、有逻辑。以下是一些构建演讲框架的方法和技巧。

①明确结构：明确演讲的结构，包括开头、正文和结尾。开头要吸引听众的注意力，正文要阐述主题和观点，结尾要总结演讲内容和强调主题。同时，要注意各部分之间的联系和衔接，使演讲更加流畅、自然。

②梳理逻辑：梳理演讲的逻辑关系，确保各部分之间的逻辑严密、合理。可以采用因果关系、并列关系、递进关系等逻辑关系来组织演讲内容。同时，要注意避免逻辑漏洞和矛盾点，确保演讲内容的逻辑性和说服力。

③突出重点：突出演讲的重点和核心观点，使听众能够快速抓住演讲的精髓。可以采用强调、重复、举例等方式来突出重点和核心观点。同时，要注意避免过多的细节和例子，以免分散听众的注意力。

④预留空间：预留一定的空间以应对突发状况或延长讨论时间。例如，可以准备一些额外的素材或案例以备不时之需；或者预留一些时间以回答听众的问题和意见。同时，要注意预留空间的合理性和必要性，避免影响演讲的整体效果。

⑤不断调整：根据实际情况不断调整和完善演讲框架。例如，根据听众的反馈和反应来调整演讲内容和方式；或者根据时间和场地的变化来调整演讲的结构和长度。同时，要注意调整的灵活性和适应性，以确保演讲的质量和效果。

（四）编写演讲稿

编写演讲稿是演讲内容策划的最终步骤。一个好的演讲稿能够准确地表达演讲者的观点和思想，使听众易于理解和接受。以下是一些编写演讲稿的方法和技巧。

①简洁明了：使用简洁明了的语言表达演讲者的观点和思想，避免使用过于复杂或晦涩的词汇和句子。同时，要注意语言的准确性和规范性，避免出现语法错误或拼写错误。

②有逻辑性：确保演讲稿的逻辑性和条理性，使听众能够清晰地理解演讲者的思路和

观点。可以采用因果关系、并列关系、递进关系等逻辑关系来组织演讲内容。同时，要注意避免逻辑漏洞和矛盾点，确保演讲内容的逻辑性和说服力。

③有情感：在演讲稿中加入情感元素，使演讲更加生动有趣、感人至深。可以通过描述亲身经历、表达情感等方式来增加演讲稿的情感色彩。同时，要注意情感的适度性和真实性，避免过度渲染或虚假表达。

④有互动：在演讲稿中设置互动环节，鼓励听众参与讨论和交流。可以通过提问、引导讨论等方式来增加演讲稿的互动性。同时，要注意互动的目的和方式，确保互动环节与演讲内容相匹配且有助于演讲目标的实现。

⑤反复修改：对演讲稿进行反复修改和完善，确保其质量和效果。在修改过程中可以请他人帮忙审阅和提出意见和建议，也可以根据实际情况进行调整和完善。同时，要注意修改的合理性和必要性，以确保演讲稿的质量和效果得到提高。

（五）演讲稿的撰写技巧

在撰写演讲稿时，还需要注意以下十九个技巧。

①使用故事化的手法：通过讲述故事来吸引听众的注意力，使演讲更加生动有趣。故事具有情节性和情感性，能够引起听众的共鸣和兴趣。同时，要注意故事的选择和叙述方式，确保其与演讲内容相关且有助于演讲的目的实现。

②使用比喻和类比：通过比喻和类比来解释抽象的概念或观点，使其更加容易理解和接受。比喻和类比能够将复杂的问题简化为易于理解的形式，提高听众的理解能力。同时，要注意比喻和类比的恰当性和准确性，避免出现误解或歧义。

③使用数据和事实：在演讲中使用数据和事实来支持自己的观点和结论，使其更加有说服力。数据和事实是客观存在的证据，能够增强演讲的可信度和说服力。同时，要注意数据和事实的来源和可靠性，确保其准确无误。

④使用幽默元素：在演讲中加入幽默元素来调节气氛，使演讲更加轻松愉快。幽默能够缓解紧张的氛围，提高听众的参与度和兴趣。同时，要注意幽默的适度性和适宜性，避免使用不当的幽默或冒犯听众。

⑤注意语速和语调：在演讲中注意语速和语调的变化，以适应不同的内容和场合。语速和语调是演讲的重要组成部分，能够影响演讲的效果和听众的感受。例如，在介绍重要观点时可以适当提高语速和语调；在讲述故事或案例时可以适当降低语速和语调。同时，要注意语速和语调的自然性和流畅性，避免出现生硬或机械的感觉。

⑥注意停顿和停顿的运用：在演讲中适当地运用停顿来突出重点、引导思考或调整节奏。停顿能够给听众留下思考的空间，提高演讲的效果和影响力。同时，要注意停顿的长度和频率，避免过长或过短的停顿影响演讲的连贯性和流畅性。

⑦使用视觉辅助材料：在演讲中使用视觉辅助材料如 PPT、图表等来辅助说明和展示内容。视觉辅助材料能够帮助听众更好地理解和记忆演讲内容。同时，要注意视觉辅助材料的设计和制作质量，确保其清晰、简洁、有吸引力。

⑧注意语言的多样性：在演讲中使用多样化的语言表达方式来增加演讲的趣味性和可听性。例如可以使用修辞手法如排比、对比等来增强语言的表现力。

⑨使用个性化的表达方式：在演讲中使用个性化的表达方式来展示自己的风格和特点。例如，可以使用自己的口头禅、幽默风格等来增加演讲的亲切感和感染力。同时，要注意个性化的表达方式要符合演讲的主题和场合，避免过于随意或不专业。

⑩注意语言的节奏和韵律：在演讲中注意语言的节奏和韵律的变化以增强语言的表现力和感染力。可以通过调整语速、语调和停顿的方式来创造出不同的节奏感。同时，要注意节奏和韵律的自然性和流畅性，避免过于刻意或机械的感觉。

⑪注意语言的简洁性和明了性：在演讲中使用简洁明了的语言表达自己的观点和思想，避免使用冗长复杂的句子和词汇。同时，要注意语言的准确性和规范性，避免出现语法错误或拼写错误。

⑫注意语言的礼貌和尊重：在演讲中使用礼貌和尊重的语言表达自己的观点和思想，避免使用攻击性或贬低性的言辞。同时，要注意语言的适度性和适宜性，避免过于激烈或情绪化的表达。

⑬注意语言的连贯性和流畅性：在演讲中注意语言的连贯性和流畅性，使演讲更加自然、流畅。可以通过使用过渡词、连接词等方式来连接各个部分，使演讲更加紧凑、有条理。同时，要注意语言的自然性和流畅性，避免出现生硬或机械的感觉。

⑭注意语言的适应性和灵活性：在演讲中注意语言的适应性和灵活性，根据不同的听众和场合调整自己的表达方式。例如，可以根据听众的年龄、文化背景等因素调整自己的语言风格和表达方式，以更好地与听众沟通和交流。同时，要注意适应性和灵活性的适度性和必要性，避免过于迎合或妥协影响演讲的质量和效果。

⑮注意语言的文化敏感性：在演讲中注意语言的文化敏感性，避免使用可能引起争议或冒犯的言辞。不同的文化和地区有不同的习俗和禁忌，因此要了解并尊重听众的文化背景和价值观，避免不必要的误解或冲突。

⑯注意语言的情感表达：在演讲中注意情感表达的适度性和适宜性，通过情感表达来增强演讲的感染力和说服力。可以通过描述亲身经历、表达情感等方式增加演讲稿的情感色彩，但要注意情感表达的真实性和适度性，避免过度渲染或虚假表达。

⑰注意语言的创新和独特性：在演讲中尝试使用创新和独特的表达方式来吸引听众的注意力，使演讲更加有趣和引人入胜。可以通过使用新颖的词汇、独特的比喻等方式来增加演讲稿的创新性和独特性，但要注意创新和独特性的合理性和必要性，避免过于刻意或另类影响演讲的质量和效果。

⑱注意语言的规范性：在演讲中注意语言的规范性，使用正确的语法、拼写和标点符号等。规范性的语言能够提高演讲的可信度和说服力，使听众更加信任和认可演讲者的观点和思想。同时，要注意规范性的适度性和必要性，避免过于刻板或僵化影响演讲的灵活性和生动性。

⑲注意语言的可读性和可听性：在演讲稿的撰写过程中还要注意其可读性和可听性。可读性和可听性是指演讲稿是否易于阅读和理解以及是否易于被听众接受和理解。可以通过使用简单明了的语言、避免使用过于专业或晦涩的词汇和句子等方式，提高演讲稿的可读性和可听性。同时，要注意可读性和可听性的适度性和必要性，避免过于简单或肤浅影

响演讲的深度和广度。

三、非语言沟通

在演讲中，非语言沟通同样起着至关重要的作用。非语言沟通包括肢体语言、眼神交流、面部表情以及服装与道具的选择等。这些元素能够传递出演讲者的情感、态度和信息，增强演讲的效果。以下是对非语言沟通的详细探讨。

（一）肢体语言的运用

肢体语言是演讲中非常重要的非语言沟通方式，它能够传递出演讲者的情感、态度和信息。以下是一些关于肢体语言的运用的建议。

①保持良好的姿势：站立或坐姿要端正，避免弯腰驼背或懒散的姿态。良好的姿势能够展现出自信和专业的形象。

②使用手势来强调重点：在需要强调的地方可以使用手势来引导听众的注意力。手势要自然、适度，避免过于夸张或频繁。

③避免封闭的手势：避免使用交叉双臂、双手抱胸等封闭的手势，这些手势可能会给人一种防御或不友好的印象。

④保持与听众的身体距离：根据演讲的场合和目的调整与听众的身体距离。在正式的场合中，保持一定的距离以显示尊重；在非正式的场合中，可以适当接近听众以增加亲近感。

（二）眼神交流的技巧

眼神交流是演讲中非常重要的非语言沟通方式，它能够建立与听众的联系并传达出自信和诚意。以下是一些关于眼神交流的技巧。

①保持眼神接触：在演讲过程中要与听众保持眼神接触，但要注意不要盯着某个人看太久，以免让对方感到不舒服。可以轮流与不同的听众进行眼神交流。

②使用眼神来传达情感：通过眼神来表达自己的情感和态度，如喜悦、兴奋、认真等。眼神能够传递出比语言更丰富的信息。

③避免过度眨眼或目光游移：在演讲过程中要避免过度眨眼或目光游移，这些行为可能会给人一种紧张或不自信的印象。要保持眼神的稳定和自信。

（三）面部表情的管理

面部表情是演讲中非常重要的非语言沟通方式，它能够传递出演讲者的情感和态度。以下是一些关于面部表情的管理的建议。

①保持微笑：在演讲过程中保持微笑可以给人一种友好和自信的印象。微笑能够缓解紧张的氛围并增加亲近感。

②避免负面表情：避免使用愤怒、沮丧、失望等负面表情，这些表情可能会给人一种消极的印象。要保持积极、乐观的面部表情。

③注意面部表情与语言的配合：面部表情要与语言相配合，确保它们能够准确地传达出相同的信息。例如，当说到高兴的事情时可以配合微笑，当说到严肃的事情时可以配合严肃的表情。

（四）服装与道具的选择

服装与道具的选择对于演讲的效果也有着重要的影响。以下是一些关于服装与道具的选择的建议。

①选择合适的服装：根据演讲的场合和目的选择合适的服装。在正式的场合中，选择正装以展现出专业和尊重；在非正式的场合中，可以选择休闲装以增加亲近感。同时，要注意服装的整洁、合身和颜色搭配。

②使用道具来辅助说明：在需要的时候可以使用道具来辅助说明演讲内容。例如，使用幻灯片、模型、图表等道具可以帮助听众更好地理解演讲内容，但注意道具的选择和使用要与演讲内容紧密相关且有助于演讲目标的实现。

③避免过度装饰：在演讲过程中要避免使用过于花哨或复杂的装饰，这些装饰可能会分散听众的注意力。要保持简洁、大方的风格以突出演讲的主题和内容。

（五）非语言沟通的综合运用

非语言沟通的综合运用对于演讲的效果至关重要。以下是一些关于非语言沟通综合运用的建议。

①保持一致性：在演讲过程中要确保非语言沟通的各个元素之间保持一致性。例如，如果演讲者想要展现出自信和专业的形象，那么他的肢体语言、眼神交流、面部表情以及服装都应该与这一形象相符。

②注意文化差异：在国际演讲或跨文化交流中要注意文化差异对非语言沟通的影响。不同的文化有不同的非语言沟通习惯和规则，要了解并尊重这些差异以避免误解或冲突。

③不断练习和改进：非语言沟通是一门技能，需要不断练习和改进。可以通过模拟演讲、录像回放等方式来观察自己的非语言沟通方式并进行改进。同时，要注意不断学习和提高自己的非语言沟通能力。

（六）非语言沟通的注意事项

在使用非语言沟通时，还需要注意以下四点。

①避免过于夸张或做作：在使用非语言沟通时要避免过于夸张或做作的行为。过于夸张或做作的行为可能会让听众感到不自然或不舒服。要保持自然、真实的态度和行为。

②注意非语言沟通的适度性：在使用非语言沟通时要注意适度性。过度使用非语言沟通元素可能会分散听众的注意力或让听众感到不舒服。要根据演讲的内容和场合来适度使用非语言沟通元素。

③避免使用负面的非语言信号：在使用非语言沟通时要避免使用负面的非语言信号，如交叉双臂、避免眼神接触等。这些信号可能会给人一种消极或不友好的印象。要使用积极、正面的非语言信号来传递出自信和诚意。

④注意非语言沟通与语言的配合：在使用非语言沟通时要注意与语言的配合。非语言沟通元素应该与语言相辅相成，共同传达出相同的信息。要确保非语言沟通元素与语言的内容和情感相匹配。

四、互动引导

互动与引导是演讲中非常重要的环节，它能够增强演讲的吸引力和参与感，使演讲更加生动有趣。以下是对互动与引导的详细探讨。

（一）问与回答的策略

提问与回答是演讲中常见的互动方式，它能够激发听众的思考和参与。以下是一些提问与回答的策略。

①提出开放性问题：开放性问题能够鼓励听众发表自己的观点和看法，而不是简单地回答"是"或"否"。例如，"您认为数字化转型对企业的影响是什么？"这样的问题能够激发听众的思考和参与。

②使用引导性问题：引导性问题可以引导听众朝着演讲者希望的方向思考，但要避免引导性过强或误导听众。例如，"在数字化转型的过程中，企业应该如何克服技术难题？"这样的问题可以引导听众思考解决方案。

③注意问题的难度：提问时要注意问题的难度，避免提出过于复杂或难以理解的问题。要根据听众的背景和知识水平来提出合适的问题。同时，要给予听众足够的时间来思考和回答问题。

④处理回答：在听众回答问题时要给予积极的反馈和肯定，即使回答不完全正确也要鼓励他们继续思考。同时要注意引导听众的思路，帮助他们更好地理解问题和答案。

（二）引导观众参与

引导观众参与是演讲中非常重要的环节，它能够增强演讲的吸引力和参与感。以下是一些引导观众参与的方法。

①使用互动游戏：互动游戏能够让听众在轻松愉快的氛围中参与到演讲中来，同时也能够增加演讲的趣味性和互动性。例如，可以设计一些与演讲主题相关的小游戏或问答环节，让听众参与其中。

②鼓励听众发言：鼓励听众发言可以让他们更加积极地参与到演讲中来，同时也能够增加演讲的互动性和参与感。例如，可以邀请听众分享自己的经验或观点，或者提出问题让听众回答。

③分组讨论：分组讨论可以让听众在小组内进行讨论和交流，同时也能够增加演讲的互动性和参与感。例如，可以将听众分成几个小组，让他们就某个主题进行讨论，并在最后汇报讨论结果。

（三）处理突发状况

在演讲过程中可能会遇到一些突发状况，如设备故障、听众提问过于尖锐等。以下是一些处理突发状况的方法。

①保持冷静：面对突发状况时要保持冷静，不要惊慌失措。要迅速评估情况并采取相应的措施。同时要保持自信和专业的形象，不要让听众看出你的慌乱。

②灵活应变：对于突发状况要灵活应变，根据实际情况采取相应的措施。例如，如果设备出现故障，可以尝试使用备用设备或手动操作；如果听众提问过于尖锐，可以委婉地回答或转移话题。

③与听众沟通：与听众保持良好的沟通可以缓解突发状况带来的尴尬和不便。例如，如果设备出现故障，可以向听众解释情况并请求他们的理解和支持；如果听众提问过于尖锐，可以与他们进行沟通并尝试化解矛盾。

（四）建立良好的听众关系

建立良好的听众关系对于演讲的成功至关重要。以下是一些建立良好的听众关系的方法。

①尊重听众：尊重听众是建立良好关系的基础。要尊重听众的观点、意见和需求，不要轻视或忽视他们的存在。同时要给予听众充分的尊重和关注，让他们感到受到重视和认可。

②倾听听众：倾听听众是建立良好关系的关键。要认真倾听听众的意见、观点和需求，了解他们的想法和期望。同时要给予听众足够的时间来表达自己的观点，不要打断他们的发言或急于表达自己的意见。

③与听众建立信任：与听众建立信任是建立良好关系的重要环节。要通过真诚、专业和负责的态度赢得听众的信任和支持。同时，要遵守承诺、履行责任并及时回应听众的需求和问题，以增强信任感。

④关注听众的需求：关注听众的需求是建立良好关系的重要方面。要了解听众的需求和期望，并尽可能地满足他们的需求。同时要关注听众的反馈和意见，及时调整自己的演讲内容和方式，以更好地满足听众的需求。

五、演讲的进阶技巧

（一）说服性演讲的技巧

说服性演讲的核心在于说服听众接受演讲者的观点或建议。以下是一些关于说服性演讲的技巧。

①明确目标：在开始演讲之前，要明确自己的说服目标。要清楚地知道自己想要说服听众接受什么样的观点或建议，并针对这个目标制定相应的演讲策略。

②了解听众：了解听众的背景、需求和价值观是说服性演讲的关键。要通过调查、研究或与听众交流等方式了解他们的兴趣、关注点和潜在的异议，以便更好地调整自己的演讲内容和方式。

③构建有说服力的论据：构建有说服力的论据是说服性演讲的基础。要收集充分的数据、事实和案例来支持自己的观点，并通过逻辑推理和情感诉求等方式增强论据的说服力。

④使用故事和案例：故事和案例是说服性演讲中非常有效的工具。通过讲述生动有趣的故事或具体的案例，可以吸引听众的注意力并增强他们对演讲内容的理解和记忆。同时，要注意选择与演讲主题相关的故事和案例，并确保其真实性和可信度。

⑤调动情感：调动情感是说服性演讲中非常重要的环节。要通过语言、肢体语言和情感诉求等方式激发听众的情感共鸣，使他们更容易接受演讲者的观点或建议。同时要注意情感的适度性和适宜性，避免过度情绪化或使用不当的情感诉求。

（二）说服的心理学原理

了解说服的心理学原理对于提高说服性演讲的效果至关重要。以下是一些关于说服的心理学原理的介绍。

①社会认同理论：社会认同理论认为，人们倾向于模仿那些被认为是权威或专家的人的行为。因此，在说服性演讲中，演讲者可以通过展示自己的专业知识和经验来增加自己的权威性和可信度，从而提高说服力。

②认知失调理论：认知失调理论认为，人们倾向于保持自己的信念和行为的一致性。当遇到与自己现有信念相冲突的信息时，人们会感到不适并试图消除这种不适。因此，在说服性演讲中，演讲者可以通过提供与听众现有信念相一致的信息来减少听众的心理抵抗，从而提高说服力。

③情感诉求理论：情感诉求理论认为，人们的决策往往受到情感的影响。因此，在说服性演讲中，演讲者可以通过调动听众的情感来影响他们的决策。例如，可以使用感人的故事、激动人心的音乐或强烈的视觉冲击力来激发听众的情感反应，从而提高说服力。

④互惠原则：互惠原则认为，人们倾向于回报别人对自己的帮助或好处。因此，在说服性演讲中，演讲者可以通过提供有价值的信息、帮助或资源来建立与听众的互惠关系，从而提高说服力。例如，可以提供实用的建议、解答听众的疑问或分享有价值的资源，以增加听众对演讲者的好感度和信任度。

（三）说服的策略与技巧

为了提高说服性演讲的效果，演讲者需要掌握一些有效的策略和技巧。以下是一些关于说服的策略与技巧的介绍。

①建立信任：建立信任是说服性演讲的基础。要通过展示自己的专业知识、经验和诚信来赢得听众的信任。同时要注意与听众建立良好的沟通和互动，以增强彼此之间的信任关系。

②使用强有力的开场：一个有力的开场可以吸引听众的注意力并激发他们的兴趣。要使用引人入胜的故事、惊人的统计数据或直截了当的问题等方式来开篇，以引起听众的注意并引导他们进入演讲的主题。

③使用重复和强调：重复和强调是说服性演讲中常用的技巧。通过重复关键信息或强调重要观点，可以加深听众对演讲内容的理解和记忆。同时要注意重复和强调的适度性，避免过度使用或显得单调乏味。

④使用比喻和类比：比喻和类比是说服性演讲中常用的修辞手法。通过将抽象的概念与具体的事物相比较或用已知的事物来解释未知的事物，可以使听众更容易理解和接受演讲者的观点或建议。同时要注意比喻和类比的贴切性和合理性，避免使用不当或误导听众的比喻和类比。

⑤使用反问和设问：反问和设问是说服性演讲中常用的互动技巧。通过向听众提出问题或引导他们思考，可以激发他们的参与感和思考能力。同时要注意问题的开放性和引导性，以便更好地引导听众的思考和回答。

任务二 学会谈判

任务准备

（1）目标设定：明确谈判目标，制定策略，如底线和让步点。

（2）信息收集：研究对方公司、产品信息，了解市场动态。

（3）团队组建：选择合适团队成员，进行培训和角色分配。

（4）模拟演练：模拟谈判场景，练习应对技巧。

任务实施

（1）开场交流：友好地介绍自己，简述谈判目的，提出问题引导对方。

（2）提问与回应：使用开放式和封闭式问题，倾听并回应对方需求。

（3）说服对方：运用逻辑和情感诉求，提供证据支持观点。

（4）妥协策略：明确底线，寻求双赢解决方案，灵活调整策略。

（5）非语言沟通：注意肢体语言、眼神交流、声音控制等。

（6）情绪管理：保持冷静，理解对方情绪，控制自身情绪表达。

任务分析

一、谈判基础

（一）谈判的定义与目的

谈判是指两个或多个当事人之间就某一问题进行讨论和协商，以达成共识或解决争议的过程。

谈判的目的通常是达成某种协议或解决某个问题，从而实现双方或多方的共同利益。

（二）谈判的基本原则

①诚信原则：在谈判中，双方应保持诚实守信，不隐瞒事实真相，不欺骗对方。

②平等原则：谈判双方应享有平等的地位和权利，不受任何不公正的待遇。

③互利原则：谈判的目的是实现双方或多方的共同利益，而不是单方面的利益。

④灵活性原则：在谈判中，双方应保持灵活性，根据实际情况调整策略和方案。

⑤保密原则：谈判过程中涉及的机密信息应得到妥善保护，不得泄露给第三方。

（三）谈判技巧

1. 开场白技巧

开场白在谈判中起到了非常重要的作用，它可以为整个谈判奠定基调和基础。以下是一些开场白技巧的详细说明。

①自我介绍：在开场白中，首先要进行自我介绍，包括姓名、职位和公司名称等信息。这有助于建立信任和良好的第一印象。例如："您好，我是来自 ×× 公司的 [您的名字]，负责销售业务。"

②表达友好态度：在开场白中，要表达友好和热情的态度，让对方感受到你的诚意和友好。例如："非常高兴与您见面，期待与您建立长期的合作关系。"

③简要说明谈判目的：在开场白中，可以简要说明谈判的目的和背景，让对方了解谈判的重要性和意义。例如："今天我们聚在一起，主要是为了探讨如何达成一份长期的销售合同。"

④提出问题：在开场白中，可以提出一些问题，引导对方谈论他们的需求和期望。例

如："您对我们的产品有什么具体的要求？"或"您希望我们在哪些方面给予支持和帮助？"

⑤倾听对方的回答：在开场白中，要注意倾听对方的回答，了解他们的需求和期望。这有助于为后续的谈判打下基础。例如："谢谢您的分享，我们会认真考虑您的需求和期望。"

2. 提问与回应技巧

提问与回应是谈判中非常重要的环节，通过提问可以了解对方的需求和期望，而回应是展示自己的专业性和诚意的重要方式。以下是一些提问与回应技巧的详细说明。

①开放式问题：开放式问题可以引导对方谈论他们的需求、期望、问题等方面的信息。例如："您认为我们的产品在哪些方面还有改进的空间？"或"您希望我们如何解决这个问题？"

②封闭式问题：封闭式问题可以获取具体、明确的答案，适用于验证某些信息或确认对方的意见。例如："您是否同意我们的报价？"或"您是否需要我们提供额外的支持？"

③倾听技巧：在提问与回应时，要注意倾听对方的回答，了解他们的需求和期望。要保持专注和耐心，不要打断对方的发言，同时要注意对方的语气、语速和情感变化。例如："我明白您的意思，让我再仔细考虑一下。"

④回应技巧：在回应时，要清晰、准确地表达自己的观点和要求，并注意语气和语速的控制。要尊重对方的意见和需求，并根据实际情况进行调整。例如："谢谢您的反馈，我们会认真考虑您的意见，并尽快给出答复。"

⑤引导对方回答：在提问时，可以引导对方回答自己想要了解的信息。例如："您能否详细描述一下您的需求和期望？"或"您认为我们应该如何解决这个问题？"

⑥确认对方的回答：在回应时，可以确认对方的回答是否准确、完整。例如："您的意思是说……对吗？"或"我理解您的观点是……对吗？"

⑦避免敏感问题：在提问时，要避免触及对方的敏感问题或隐私。例如，不要询问对方的个人信息、财务状况等。同时，也要注意避免提出具有攻击性或挑衅性的问题。

3. 说服技巧

说服是谈判中非常重要的环节之一，通过说服可以让对方接受自己的观点和建议。以下是一些说服技巧的详细说明。

①逻辑思考：逻辑思考是说服的基础。要清晰地阐述自己的观点和论据，并提供有力的证据来支持自己的论点。要避免使用模糊不清或模棱两可的词语，同时要注意避免逻辑谬误。例如，可以使用归纳推理或演绎推理来支持自己的观点。

②情感诉求：情感诉求是一种有效的说服手段。可以通过触动对方的情感来影响他们的决策。例如，可以使用故事、案例等方式来激发对方的情感共鸣，或者通过表达对对方的理解和关心来建立信任和好感。

③证据支持：在说服过程中，提供有力的证据可以支持自己的观点和建议。要收集相关的数据、事实和案例来证明自己的论断是正确的。同时，要注意证据的来源和可靠性，避免使用虚假或不准确的信息。

④让步策略：在说服过程中，适当地让步可以增加对方的信任和好感度。要了解对方

的需求和期望，并根据实际情况做出让步。例如，可以在价格、交货期等方面给予一定的优惠或让步.但需要注意的是，让步不能过多或过少,要根据实际情况和对方的反应来调整。

⑤建立信任和好感度：在说服过程中，建立信任和好感度是非常重要的。要表现出真诚和友好的态度，尊重对方的意见和需求。同时，要展示自己的专业性和能力，让对方相信你的建议是正确的和可行的。例如，可以分享自己的经验和成功案例来展示自己的实力和专业性。

⑥避免过度说服：在说服过程中，要避免过度说服或强迫对方接受自己的观点和建议。要尊重对方的意见和需求，并根据实际情况进行调整。同时，也要注意避免使用威胁、恐吓等手段来强迫对方做出决策。例如，可以采用温和的语气和态度来与对方沟通，并尊重对方的决定和选择。

4. 妥协技巧

在谈判过程中，妥协是不可避免的。通过妥协可以达成双方都能接受的协议或解决方案。以下是一些妥协技巧的详细说明。

①明确自己的底线：在妥协之前，要明确自己的底线和不可接受的条件。这有助于在谈判过程中保持清醒的头脑，避免被对方牵着鼻子走。同时，也要了解对方的底线和不可接受的条件，以便更好地进行妥协和协商。

②寻求双赢的解决方案：在妥协过程中，要努力寻求双赢的解决方案。要考虑双方的需求和利益，并寻找一个双方都能接受的解决方案。例如，可以通过调整价格、交货期等条件来达成双方都能接受的协议。同时，也要注意避免只考虑短期利益而忽视长期发展。

③灵活运用妥协策略：在妥协过程中，要灵活运用妥协策略。可以采用分阶段妥协、逐步让步等方式来达成协议。同时，也要注意不要过早地做出让步或过于保守，要根据实际情况和对方的反应来调整妥协策略。例如，可以先试探对方的反应和底线，然后根据实际情况做出相应的妥协。

④保持冷静和自信：在妥协过程中，要保持冷静和自信的态度。不要因为对方的强硬态度或压力而失去理智或信心。同时，也要尊重对方的意见和需求，并根据实际情况进行调整。例如，可以保持冷静的头脑和自信的态度，与对方进行深入的沟通和协商。

⑤避免过度妥协：在妥协过程中，要避免过度妥协或失去自己的利益。要明确自己的底线和不可接受的条件，并在妥协过程中保持清醒的头脑。同时，也要注意不要因为对方的压力而放弃自己的原则和底线。例如，可以根据实际情况和对方的反应来调整妥协策略，但不要过度让步或失去自己的利益。

5. 非语言沟通技巧

非语言沟通在谈判中也起着非常重要的作用。以下是非语言沟通技巧的详细说明。

①肢体语言：肢体语言是一种重要的非语言沟通方式。在谈判过程中，要注意自己的肢体语言，保持自信和从容的姿态。同时，也要观察对方的肢体语言，从中获取有用的信息。例如，对方的手势、面部表情和身体语言等都可以反映出他们的态度和情绪。

②眼神交流：眼神交流是一种有效的非语言沟通手段。在谈判中，要与对方保持适当的眼神交流，表达自己的诚意和信任。同时，也要注意对方的眼神变化，从中了解他们的

真实想法和感受。例如，对方的眼神躲闪或闪烁可能表明他们不太自信或有所保留。

③声音控制：声音控制是一种重要的非语言沟通技巧。在谈判过程中，要保持清晰、平稳的发音和语速。同时，要注意声音的音量和音调的控制，以表达自己的情感和态度。例如，声音的抑扬顿挫可以表达自己的自信和热情，而低沉的声音可以表达自己的严肃和认真。

④穿着打扮：穿着打扮也是一种非语言沟通方式。在谈判过程中，要注意自己的穿着打扮，保持整洁、得体的形象。同时，也要注意对方的穿着打扮，从中了解他们的文化背景和职业身份。例如，对方的穿着风格和品位可以反映出他们的性格特点和价值观。

⑤空间布局：空间布局也是一种非语言沟通方式。在谈判过程中，要注意空间布局的合理性和舒适度。例如，座位的安排、桌子的大小和形状等都可以影响谈判的氛围和效果。同时，也要注意对方的空间需求和习惯，以便更好地进行沟通和协商。例如，如果对方喜欢宽敞的空间，可以选择较大的会议室进行谈判。

⑥时间观念：时间观念也是一种非语言沟通方式。在谈判过程中，要尊重对方的时间安排和进度。同时，也要注意自己的时间管理，避免浪费对方的时间或拖延谈判进程。例如，如果对方提前到达会议室，可以表示感谢并尽快开始谈判；如果对方需要休息或处理其他事务，可以给予足够的时间和空间。

6. 情绪管理技巧

在谈判过程中，情绪管理是非常重要的。以下是一些情绪管理技巧的详细说明。

①自我意识：要认识到自己的情绪和需求，以便更好地控制自己的情绪。要时刻关注自己的情绪变化，了解自己的情绪触发因素和反应方式。例如，当感到紧张或焦虑时，可以尝试通过深呼吸、放松训练等方式来缓解情绪。

②情绪调节：要学会调节自己的情绪，使自己保持冷静和理性。可以通过深呼吸、放松训练等方式来缓解紧张和焦虑的情绪。同时，要学会转移注意力，将注意力从负面情绪上转移到积极的事物上。例如，可以通过听音乐、散步等方式来放松心情。

③同理心：要站在对方的角度思考问题，理解他们的情绪和需求。通过同理心，可以更好地与对方沟通和协商，建立良好的合作关系。要学会倾听对方的意见和感受，并给予积极的反馈和支持。例如，当对方感到愤怒或失望时，可以表达自己的理解和关心，并尝试寻求解决问题的方法。

④控制情绪表达：在谈判过程中，要控制自己的情绪表达，避免情绪化的言辞或行为。要保持冷静和理智的态度，用事实和逻辑来支持自己的观点和要求。同时，也要注意对方的情绪反应，避免激化矛盾或引发冲突。例如，当对方情绪激动时，可以尝试用平静的语气和态度来安抚对方的情绪。

⑤应对挑战：在谈判过程中，可能会遇到各种挑战和压力。要保持冷静和自信的态度，并采取有效的应对措施。要学会识别和理解对方的真实意图和需求，并根据实际情况调整自己的策略和方案。同时，要保持灵活性和适应性，以便在必要时做出让步或调整自己的要求。例如，当对方提出一个难以接受的要求时，可以尝试理解对方的需求并寻找双方都能接受的解决方案。

⑥保持积极心态：在谈判过程中，要保持积极的心态和乐观的情绪。要相信自己的能力和价值，并相信能够达成一个满意的协议或解决方案。同时，也要鼓励对方保持积极的心态和乐观的情绪，以便更好地进行沟通和协商。例如，可以分享自己的经验和成功案例来激励对方保持积极的心态和乐观的情绪。

二、谈判实战指南

（一）前期准备

1. 目标设定

明确谈判目标：在开始谈判之前，首先要明确自己的谈判目标。这些目标应该是具体、可衡量、可实现、相关性强和时限明确的。例如，如果你是一位销售人员，你的目标可能是在一个月内完成 10 笔交易，每笔交易的平均金额为 50000 美元。

制定策略：根据目标设定，制定相应的策略。这包括确定你的底线、可能的让步点以及如何应对对方的策略。例如，你可能决定在价格上给予一定的折扣，但要求对方承诺更长的合同期限。

2. 信息收集

了解对方公司：研究对方公司的背景、历史、市场定位、竞争对手以及行业动态。这些信息可以帮助你了解对方的谈判风格和潜在需求。例如，你可以通过查阅公司年报、新闻报道和行业分析报告来收集信息。

收集产品或服务信息：了解对方公司提供的产品或服务的详细信息，包括价格、质量、交货时间等。这些信息可以帮助你评估对方的谈判立场和潜在需求。例如，你可以通过与对方公司的客户或供应商交流来收集信息。

3. 团队组建

选择合适的团队成员：根据谈判的需要，选择具有相关专业知识和谈判经验的团队成员。团队成员的角色应该根据他们的专长和经验来分配。例如，你可能需要一位财务专家来处理价格和付款问题，一位技术专家来解释产品或服务的特点和优势。

培训团队成员：在谈判前对团队成员进行培训，确保他们了解谈判目标、策略和技巧。培训可以包括模拟谈判、角色扮演和案例分析等。例如，你可以组织一次模拟谈判，让团队成员在模拟的谈判环境中练习谈判技巧。

4. 模拟演练

模拟谈判场景：根据谈判的具体情况，模拟谈判场景。这可以包括模拟对方的谈判风格、策略和可能的问题。例如，你可以模拟对方公司的销售代表提出挑战或问题，并准备相应的应对策略。

练习应对技巧：通过模拟演练，练习应对各种谈判情况，包括如何处理突发状况、如何应对对方的挑战和如何达成共识。例如，你可以练习如何在对方提出不合理要求时保持冷静，并提出合理的解决方案。

（二）谈判后的跟进

1. 确认协议

①核对协议内容：在谈判结束后，仔细核对协议内容，确保所有细节都得到明确，没

有歧义。这包括价格、交货时间、付款方式等关键条款。例如，你可以与对方一起审查协议草稿，确保双方对协议内容没有异议。

②获取正式文件：确保获得对方签字的正式协议文件。这是法律保障和执行协议的重要依据。例如，你可以要求对方提供签署好的协议副本并保留备份。

2. 执行协议

①安排资源：根据协议内容，安排必要的资源，如生产、物流、财务等。确保所有资源都能够按时到位，以满足协议要求。例如，你可以与生产部门协调，确保按时交付产品；与物流部门协调，安排运输事宜。

②监控进度：定期监控协议执行进度，确保所有条款都得到遵守。如果发现问题或延误，及时采取措施解决。例如，你可以每周与对方进行进度汇报，确保双方了解协议执行情况。

3. 评估结果

①分析数据：收集并分析协议执行后的数据，如销售额、市场份额、客户满意度等。这些数据可以帮助你评估协议的效果和影响。例如，你可以通过销售报告来评估协议对销售额的影响。

②总结经验：根据协议执行结果，总结经验教训，为未来的谈判提供参考。分析哪些策略有效、哪些需要改进，以便在未来的谈判中取得更好的成绩。例如，你可以总结哪些谈判技巧在此次谈判中发挥了作用，哪些需要进一步提高。

4. 建立长期关系

①保持沟通：与对方保持定期的沟通，了解他们的最新动态和需求。这有助于建立长期合作关系，为未来的谈判打下基础。例如，你可以通过电话、电子邮件或社交媒体与对方保持联系。

②提供支持：在对方需要时提供支持和帮助，如市场推广、技术支持等。这有助于增强双方的信任和合作意愿，为未来的谈判创造更有利的条件。例如，你可以为对方提供市场推广资料或技术支持服务。

模块十
激发内在追求卓越的精神

模块导读

　　在追求卓越的道路上，我们不仅需要扎实的专业技能，还需要具备前瞻性的战略思维、关注组织与平台建设的意识，以及跨部门合作的能力。本模块旨在帮助你激发内在的卓越精神，提升你在这些关键领域的能力。通过学习，你将学会如何制订和执行战略计划，有效利用组织资源，促进不同部门之间的协作，从而推动个人和组织的持续发展。

学习目标

1. 培养战略思维，把握未来发展趋势。
2. 关注组织与平台建设，提升资源整合能力。
3. 加强跨部门合作，促进团队协同发展。

知识图谱

激发内在追求卓越的精神

战略思维
- 认识战略思维
- 工作中我们需要具备战略思维
- 培养战略思维

关注组织与平台建设
- 组织建设和组织能力发展是每个员工的职责
- 平台建设需要每个员工做贡献

跨部门合作
- 工作中需要跨部门合作
- 做好跨部门合作

扫码下载
模块学习资料

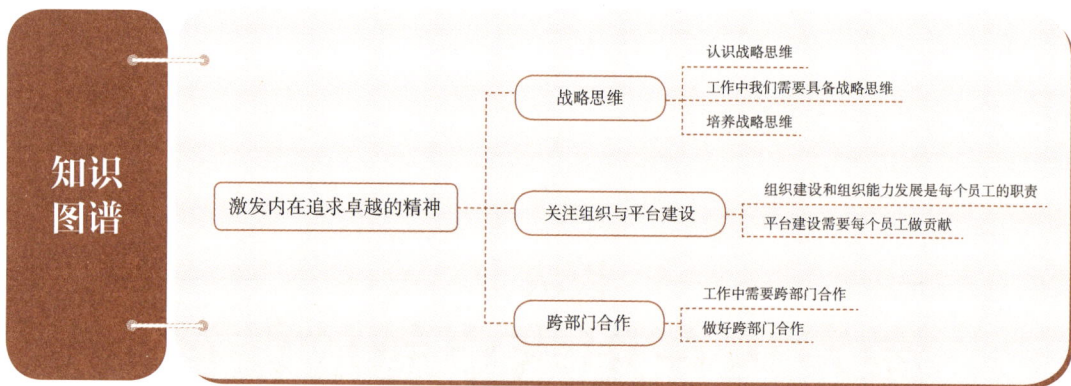

任务一　战略思维

任务准备

（1）建立概念理解：需要理解战略思维的基本概念，包括其定义、重要性以及与企业成功的关系。通过学习战略思维的理论，如彼得德鲁克的观点，理解战略思维的核心是围绕终局和布局。

（2）环境分析：研究组织所处的内外部环境，包括行业发展趋势、竞争对手策略、组织资源与能力等，为战略规划提供依据。

（3）培养系统思维：学习如何从整体和局部两个层面分析问题，理解战略思维的系统性，以及如何在复杂环境中寻找满意的战略目标。

（4）激发创新：培养对新知识、新理论的接纳态度，通过广泛涉猎和学习，提升个人认知水平，为战略思维提供创新的源泉。

（5）洞察人性与规律：理解人性的共性，通过历史和规律的学习，提升洞察力，为战略决策提供更深层次的视角。

任务实施

（1）制定战略：根据战略思维，制定组织的长期发展目标、使命与愿景，明确战略路径。

（2）沟通与执行：将战略目标向下传达，确保团队成员理解并接受，通过会议和日常沟通推动战略执行。

（3）决策与调整：在执行过程中，运用预见、挑战、阐释、决策和协调的能力，面对不确定性做出决策，根据环境变化调整战略。

（4）协调与合作：与各部门协同工作，确保战略目标的实现，通过跨部门合作解决潜在冲突。

任务分析

一、认识战略思维

（一）战略思维的概念

1. 什么是战略

有些人坚信领导力的本质在于"权威"，他们认为一旦拥有了权威，领导力便随之而来。另一些人则主张领导力的关键在于"组织"，他们认为具备了组织能力的人自然而然也就成为领导者。然而，这些观点并未触及领导力的真正核心。

领导力并非仅关乎权威或组织能力，而是在于领导者是否具备真正的战略思维和创新思维。当领导者拥有了这些思维能力后，他们在处理团队事务时能够敏锐地感应、顺应事务的内在规律，从而获得事务本身所蕴含的能量。这种能量具有强大的影响力，能够感染团队中的其他成员，使他们对领导者产生心服口服、依赖、信任和崇拜的情感。

战略思维能力是领导力模型中的重要组成部分，它赋予领导者前瞻性或高瞻远瞩的视野。在充满不确定性的商业环境中，领导者需要具备清晰的洞察力，能够准确把握组织或团队的发展方向、目标和路径。具备远见的领导者能够为团队制定长远策略，并正确预测未来趋势，从而引领团队实现目标。

以船长为例，一个优秀的船长需要了解风向和水流的情况，能够巧妙地驾驶船只航行在顺风顺水中。这样，船上的水手们自然会感到愉快，对船长充满信任和敬意。相反，如果船长经常盲目地逆着风向和水流行驶，甚至让水手们下水当纤夫，那么水手们的士气和忠诚度就会逐渐降低。

因此，真正的战略思维和创新思维才是领导者获得事务"系统自动力"能量的关键所在，这才是领导力的真正核心。只有具备了这些能力，领导者才能引领团队不断前进，创造更加辉煌的未来。

2. 什么是战略思维

战略思维的本质在于突破"有限理性"的束缚，通过扩展我们的认知边界，寻找到令人满意的长远目标和实施方案。这涉及一个从目标出发的逆向思考过程：首先明确我们想要达到的最终状态，然后反思当前的位置和状况，接着规划出一条从现状通向目标的最优路径。通过这种方式，战略思维不仅帮助我们确定方向，而且凸显了其在决策和规划中的重要性和实用性。

（1）战略思维是一种系统思维

从系统论角度分析，战略思维构成一个系统，其构成因素有以下三种。

①战略思维主体：企业家、CEO及相关的战略规划部门专业人员、咨询师等，主要功能是思考和谋划战略。

②战略思维对象：主要是企业的战略目标、使命与宗旨、战略实施步骤等。

③战略思维的环境：主要是战略思维所必须考虑的组织环境，包括自然、科技、经济、政治、法律等因素。

因此，战略思维过程是战略思维主体思考、分析、决策并实施、反馈和修正战略的过程。战略思维必须依靠思维主体取得与战略相关的环境情形、企业优劣状况等相关的信息，并借助思维方法和工具进行比较、判断、选择、决策等思维活动，这一过程与思考者的视角及境界密切关联。所以，从系统论的观点，战略思维可定义为战略管理者等思维主体基于对企业生存环境及自身资源与能力的认知，构建企业战略目标及行动方案的思维过程，这也是管理者能动适应环境提升自身境界的过程。

（2）战略思维是一种复杂的思维方式

战略思维不同于一般的科学的逻辑思维，很难通过分析和归纳找出某种规律性的结论，也很难通过统计建模揭示战略目标与行动方案之间的关联。因为战略思维是较为复杂的思维方式。

思维需考虑的因素众多，企业战略思维需考虑自身的状况和环境中的众多因素，如果是国家战略，则需要考虑政治、经济、社会及世界格局等因素，影响因子的数量级非常大。

战略目标具有多样性，有长期目标、短期目标，有总体目标、职能目标和事业目标。

战略目标与实现路径之间的联系具有多样性，有线性的关系，有网络关系，还有生态联系。

战略思维具有动态性，是由此及彼的过程，环境在变，思维主体在变，目标也在变，战略思维就是在环境和自身状态约束下，一个追逐移动目标的复杂动态过程。

（3）战略思维是一个认知过程

从心理学视角来看，战略思维是一个认知形成的心理过程。这当然是基于战略思考者的视角来分析的，认知战略的关键是管理者及其组成的高管团队。

在形成战略之前，他们有自己的认知模式，对行业环境、竞争优势、组织决策等有自己的思维框架和核心观点。他们戴着这个有色眼镜去感知环境，解释环境，在考量自身资源和能力后，确定定位和竞争策略，并将战略实施过程的绩效表现和竞争优势形成情况作为反馈变量，不断强化或者修正心智模式。

战略思维作为认知过程也是一个学习过程，如果考虑管理团队共同的战略思考，战略思维还应是一个共同学习的过程。

3. 战略思维的特点

（1）思维空间：具有广阔性和开放性

实现思维对象空间和思维主题空间的统一，避免两者不一致的情况出现。

（2）思维过程：超前性和预见性

战略思维的超前性和预见性是指思维主体对客观对象发展变化的超前认识。

科学预见是战略运筹的前导，战略一般要影响一个较长的时期，因而战略决策者必须具有明确的未来意识。

（3）思维结构：多维性和立体性

从多方面、多层次、全过程分析认识社会经济的运行变化，把握其内在的规律性和发展趋势，从而制定出科学的企业战略。

（4）思维主体：创新型和求异性

领导者能够推出新思想，提出新认识，发明新方法，制定新的符合事物变化发展规律的战略目标。

（5）思维结果：综合性和整体性

从思维对象的宏观整体出发，对发散思维结果的收敛、筛选和集中。

4. 没有战略思维的主要表现是什么？

（1）随波逐流

有些人对环境过于敏感、浮躁、投机、跟风，表现为强烈的机会主义，不能拒绝诱惑，没有战略定力，这就是随波逐流的体现。有些人太容易受他人影响，这就导致企业这艘船不能坚守主航道，最终难成大器，缺乏长久的坚持，总是受外界的影响不断改变自己的方向。

（2）只顾眼前

人总是现实的，但是如果一味追求落袋为安，只注重眼前利益，没有远见，自己还美其名曰为"务实"，其实是格局不行。在创业初期这样还可以，但是如果做到一定规模还如此"务实"，就成了致命伤。最常见的例子就是只顾眼前的营业收入与利润，只要有可观的利润就满足了，不愿意也不舍得为经营长线的价值而投入。

长线是什么？就是眼前看不到收益的事情，比如团队建设、人才孵化、企业核心竞争力的培育、具有划时代意义的产品迭代升级等，这些都是不可能偷懒的，都是需要长线思维和持续的大投入才行。

创业初期企业能活下来就行，生存才是王道，无所谓战略，然而当掘得第一桶金之后，只顾眼前必然导致"路径依赖"，也就是过于依赖现有的发展模式与赚钱方式，不愿意做出实质性的改变，结果错过战略机遇期，不能与时俱进。

（3）叶公好龙

有些人所谓的战略，其实只是"口头禅"，表现得很热爱战略，很尊重专业的战略策划，但基本都是夸夸其谈。这种人往往看上去很爱学习，是"听课狂"，甚至是"策划爱好者"，貌似很聪明，满口都是天下大事、前沿理论，但缺乏真正的智慧。当一个好的战略，呈现在其眼前的时候，他反而不以为好，甚至会抱怨："我花这么多钱来找你，你还要我做这么多东西，这么费劲，那我找你还有什么用呢？"这种人认为的好是什么呢？往往是神一样的奇迹，是灵丹妙药，是取巧，追求一夜暴富、一夜成名之类，反正就是不能太费劲。这种人为了找这些灵丹妙药，为了取巧，到处去学各种新颖奇特的理论、概念，追各种大师，花大价钱去买点子，一切的出发点都是为了走捷径，我们把这样的人总结为贪巧求速，越是热爱这样的"战略"，离战略的本质就越远。

（二）战略思维能力是领导力素质的核心

1. 领导力模型

鉴于领导力对组织产生巨大的影响力，各国研究者对领导力进行了大量的研究，产生了多种领导力理论。

领导力研究机构主要分三类：国有研究机构、合资研究机构和国际研究机构。相对而言，国有研究机构更具学术性，合资研究机构更务实，而国际研究机构则更着眼未来。

中国科学院课题组经过课题攻关，基于领导过程构建了领导力五力模型。根据领导力概念谱系，领导力是支撑领导行为的各种领导能力的总称，其着力点是领导过程；换言之，领导力是为确保领导过程的进行或者说领导目标的顺利实现服务的。基于领导过程进行分析，可以认为，领导者必须具备五种领导能力。

①对应于群体或组织目标的目标和战略制定能力（前瞻力）。

②对应于或来源于被领导者的能力，包括吸引被领导者的能力（感召力）以及影响被领导者和情境的能力（影响力）。

③对应于群体或组织目标实现过程的能力，主要包括正确而果断决策的能力（决断力）和控制目标实现过程的能力（控制力）。

领导力五力模型中的五种领导能力对领导者而言都非常重要，但这些领导能力并不处于同一层面，在五种领导力中，感召力是最本色的领导能力，一个人如果没有坚定的信念、崇高的使命感、令人肃然起敬的道德修养、充沛的激情、宽厚的知识面、超人的能力和独特的个人形象，他就只能成为一个管理者而不能修炼为一个领导者，因此，感召力是处于顶层的领导能力。但是，一个领导者不能仅追求自己成为"完人"，领导者的天职是带领群体或组织实现其使命。这样就要求领导者能够看清组织的发展方向和路径，并能够通过影响被领导者实现团队的目标，就此而言，前瞻力和影响力是感召力的延伸或发展，是处于中间层面的领导能力。同时，领导者不能仅指明方向就万事大吉，在实现目标的过程中随时都会出现新的意想不到的危机和挑战，这就要求领导者具备超强的决断力和控制力，在重大危急关头能够果断决策、控制局面、力挽狂澜，也就是说，作为前瞻力和影响力的延伸和发展，决断力和控制力是处于实施层面的领导能力。

（1）领导感召力

感召力是最本色的领导能力，领导学理论中最经典的特质论研究的核心主题就是感召力。感召力主要来自以下五个方面。

①具有坚定的信念和崇高的理想。

②具有高尚的人格和高度的自信。

③具有代表一个群体、组织、民族、国家或全人类的伦理价值观和臻于完善的修养。

④具有超越常人的大智慧和丰富曲折的阅历。

⑤不满足于现状，乐于挑战，对所从事的事业充满激情。

（2）领导前瞻力

前瞻力从本质上讲是一种着眼未来、预测未来和把握未来的能力。具体分析，前瞻力的形成主要与下述五种因素有关。

①领导者和领导团队的领导理念。

②组织利益相关者的期望。

③组织的核心能力。

④组织所在行业的发展规律。

⑤组织所处的宏观环境的发展趋势。

（3）领导影响力

影响力是领导者积极主动地影响被领导者的能力，主要体现为以下五个方面。

①领导者对被领导者需求和动机的洞察与把握。

②领导者与被领导者之间建立的各种正式与非正式的关系。

③领导者平衡各种利益相关者特别是被领导者利益的行为与结果。

④领导者与被领导者进行沟通的方式、行为与效果。

⑤领导者拥有的各种能够有效影响被领导者的权力。

（4）领导决断力

决断力是针对战略实施中的各种问题和突发事件而进行快速和有效决策的能力，主要体现为以下五个方面。

①掌握和善于利用各种决策理论、决策方法和决策工具。

②具备快速和准确评价决策收益的能力。

③具备预见、评估、防范和化解风险的意识与能力。

④具有实现目标所需要的必不可少的资源。

⑤具备把握和利用最佳决策及其实施时机的能力。

（5）领导控制力

控制力是领导者有效控制组织的发展方向、战略实施过程和成效的能力，一般是通过下述五种方式来实现的。

①确立组织的价值观并使组织的所有成员接受这些价值观。

②制定规章制度等规范并通过法定力量保证组织成员遵守这些规范。

③任命和合理使用能够贯彻领导意图的干部来实现组织的分层控制。

④建立强大的信息力量以求了解和驾驭局势。

⑤控制和有效解决各种现实的和潜在的冲突以控制战略实施过程。

而通过 IBM、GE、宝洁和摩托罗拉等公司的领导力模型比较，可以发现优秀领导者应该具备的素质。分别是高瞻远瞩（envision）、激情（passion）、执行力（execute）、鼓动力（energize）、决断力（edge）。

①高瞻远瞩。领导者能否为组织决策、设计建立一个有效合理的发展目标和战略规划，直接关系到组织的发展绩效。

领导者能敏锐地发现有利于利润增长的有意义、有新意的变革及其征兆，同时能够提出实现这一变革的设想、战略和切实可行的计划，也就是要有战略思维。

成功的领导者能够广泛听取、吸收信息意见，审时度势，从时间、战略和全局上考虑和分析问题，抓住时机，确立目标。同时，力图将目标明确化、愿景化，使下属真正理解并建立信心，持久投入，成为组织的信仰和价值观。

在组织目标的确立过程中，领导者的洞察力起了关键作用，确立产品的发展方向和服务范围，每项改革和创新都意味着对领导者洞察力的检验。高瞻远瞩是成功领导的必要条件。

②激情。我们平时在生活中接触到的上班的人，或是在电视媒体上看到的成功人物，不难发现，凡是事业成功的人，都是非常热爱自己的工作的。不会有一个人对自己的工作毫无兴趣甚至讨厌，却能在事业上成功。

激情不单单是领导者，也是每个员工应具备的素质。只不过，领导者应具备的激情又多了一个含义，不仅是指领导者本身要热爱自己的工作，对事业怀有激情。同时，领导者还要把这份对工作的激情传达给下属、员工，在团队中营造出积极工作。

当一个组织，从领导到员工都拥有对工作的极大热情，一定会全身心地投入到工作中，不畏艰难，甘愿付出，即使有时候工作辛苦，但也能从工作中获得极大的满足感和成就感，甚至能为自己的工作而感到幸福。身为一名领导，已经不是独善其身，而是更要对下属负责，和下属一起为公司工作。如果领导者自身拥有对工作的极大热情，并带动下属，一定会为公司创造更多的价值。

③执行力。执行力就是把决定付诸行动，公司是商业性质的，要求员工能高效率办公，保质保量按时完成工作，不可能下达一个任务后，左等右等员工把任务完成，这是不切实际的。

当公司确定战略目标后，把目标细化分配给部门，部门再把目标细化分配给员工。当领导者得知目标后，必须采取一系列的行动来实现目标。行动之前，必定会有构想。领导者要做的不仅是根据目标提出构想，更重要的是把构想变成切实可行的行动计划，并带领下属执行计划，实现目标。领导者可以通过适当的紧迫感将全团队的注意力集中到执行计划、取得成果上。

当然，在行动的过程中，会遇到困难或意外的干扰，领导者要和下属同心协力，克服困难，找到解决问题的办法，完成计划。

④鼓动力。领导者个人确立的组织目标对于组织发展是远远不够的，更重要的工作是要使这一目标成为组织共同的信仰和追求，在组织内形成共有的价值观。

只有组织成员共同拥有真心投入或遵从的群体目标，才能产生群体行动，并激发起更大的责任感和创新精神，从而使目标产生激励作用。所以，领导者必须拥有激励员工的能力，让员工努力工作，积极奉献。

⑤决断力。领导者在工作中，需要时常做出决策，决断力是领导者做出决策的关键。如果一个领导力拥有优秀的决断力，他能沉着冷静地面对内外部变化，迅速正确地做出最正确的决策。

即使在信息不完全的情况下也能果断地行动，也就是说能处理复杂和不确定的情况。在企业陷入危机时，领导者也能通过自己的判断力和决策力化解危机。

作为一个优秀的领导者，当然还需具备更多的素质，比如创新、组织能力、沟通能力、接受公司的价值观和企业文化等。

2. 领导力的核心是什么

有的人认为领导力的核心是"权威"，有了"权威"自然就有领导力，也有的人认为领导力的核心是"组织"，一个人有了组织能力，自然也就有领导力。

其实这些都不是领导力的"核心"。领导力，是领导者拥有真正战略思维、创新思维以后，在处理团队事务中，能感应、顺应事务的"系统自动力"，这样领导者就拥有了事务本身的能量，而这种能量本身就能影响团队中的其他人，其他人在这样的领导者身边，不仅是心服口服，而且会有依赖、信任、崇拜的感觉。

战略思维能力对应于领导力模型的前瞻力或高瞻远瞩，因为前瞻力就是在充满不确定因素的商业环境中，领导者能否看清组织或团队的发展方向、发展目标和发展路径，有远见地规划团队长远策略，正确预测未来，从而实现团队的目标。

所以，真正的战略思维、创新思维，能让领导者获得事务"系统自动力"的能量，这是真正的领导力的"核心"所在。

二、工作中我们需要具备战略思维

（一）战略思维是企业管理者必备的一种素质和能力

在风云变幻的市场经济环境中，面对着激烈的市场竞争，企业要想发展壮大，成为商业领域中的佼佼者，其管理者领导力的强弱，往往决定着企业兴衰与事业成败。而企业管理者本身战略思维能力是否过硬，更是深刻影响其领导力能否高效发挥的关键因素和重要支撑。

所谓企业管理者的战略思维，就是指管理者在面对错综复杂的局势时，善于把握事物变化的总体趋势，准确判断事物的发展方向，高瞻远瞩、谋划全局、精心博弈的一种综合性思维能力，往往体现着企业管理者洞察问题、分析问题和解决问题的高度、广度、深度。而战略思维的根本目的，就是围绕全局、把握全局、突出全局、掌控全局，追求全局利益的最优化，而不斤斤计较局部利益之得失。

试想，如果一名企业家不具备战略思维，或者战略思维不过硬，即使获得了雄厚的资金支持，也难以将企业做大做强。从一些典型的企业发展案例综合审视，在面临严峻风险及挑战时，只有战略思维过硬的企业管理者，才能做到临危不乱，未雨绸缪，冷静应对，科学制定发展战略，做出正确的决策部署，并带领员工们毫不动摇地向着既定目标奋进。

实践证明，企业管理者只有具备过硬的战略思维，才能从复杂多变的现象中，发现企业管理的基本规律，从而科学认识到企业管理的本质所在；才能聚焦企业发展的关键点和转折点，找到制约企业发展的短板和瓶颈，从而抓住机遇，抢占先机，夺取企业发展的战略制高点，在商场博弈中保持战略主动。而做到这些，必须提升企业管理者的战略思维能力。

（二）各级领导提升战略思维的必要性

战略思维能力是对更高层次领导的要求，也是对基层领导的更高标准的要求。

有的员工可能会说，总揽全局的战略思维是公司老板的事，是大领导的事，他们应当成为战略家，而我们在中、基层或部门工作，处于局部地位，做的是具体的事，何以有必要提高总揽全局的战略思维能力呢？我们认为是必要的，原因有以下几点。

第一，全局和局部的区别是相对的，不是绝对的。相对于全局而言，你是局部；相对于你所管辖的部分而言，你又是全局，也有一个总揽全局的问题。因此，每个企业管理者都应当具有战略思维能力。

第二，即使从你所处的局部地位来说，你也需要了解全局，具有全局意识，这样才能自觉服从和服务大局，而不是妨碍大局甚至危害大局。一切工作都有全局和局部关系问题，都必须懂得全局高于局部、局部服从全局的道理。这就需要有战略意识和战略思维能力。

有人说，没有战略思维的领导做产品，具有战略思维的领导做市场。这句话没错，但是如何把老板的战略思维落地，让公司其他管理层和员工跟上老板的思维，也是企业各级管理者该思考的问题。

制定经营策略：围绕公司战略方向，研判内外部环境，结合内部各系统及外部资源现状，确定经营目标和发展方向，制定实现组织目标的经营策略。

战略解码：充分理解公司战略目标，基于对行业理解、市场分析及管理经验等制定各业务的子目标并清晰阐明子目标与整体目标的必然关联。

战略执行：理解战略方向和目标，并向下级宣贯战略对于实现战略目标的意义，通过经营会议和日常工作沟通渠道向不同级别员工、管理者积极阐述愿景、战略及举措，促进员工理解公司整体战略，并带领团队按照公司的经营目标和策略完成相应的绩效指标。

（三）即使是普通员工，你的工作也需要战略思维

你是否经常陷入事务性的工作中？

你是否经常被自己的老板说高度不够，缺少战略思维？

你可能经常会有这样的疑问：我一个初入职场的小白、一个从事基层工作的小职员，需要培养"战略思维"吗？

答案是肯定的，无论职位高低，但凡一个想往上发展的人，都需要培养这种思维。因为不是说我等到了公司高层或创业了，才需要这种思维，而是你只有先具备了这种思维，你才能做到公司高层。"战略思维"就是站得高、看得远、有全局视野的能力。

阿里巴巴、腾讯刚起步的几年，有很多人当时面试成功，却没有选择这些公司，有些即使选择进入这些公司，却没坚持下来，在上市前夜离开，错过了成为亿万富翁的机会，虽然这些人很多过得也不错，但因为缺少战略思维，对中国互联网崛起的前景缺乏感知力和决断力，所以错过了大好机会。

战略思维是领导力的核心能力，你的工作需要战略思维，即使你是普通员工。同样，其他领导力，诸如感知力、影响力、决断力、执行力等，不只是领导才需要。领导力本质上一种影响他人的能力。成功的职场人，都有领导力，无论是做下属时，影响领导和同事，还是做领导时影响下属，以及创业时感召团队都需要。

三、培养战略思维

（一）用"以终为始"看待事情

一切成就与创新皆源自双重构思的过程，首先是内在心智的孕育，其次是现实世界中的具象化实践。无论是个人还是集体，在策划任何项目之初，皆需确立明确的愿景与目标，以此为蓝图构建未来，全身心地投入到最为珍视的事业之中。这一理念，即所谓的"以终为始"，乃是自我引导的核心原则。唯有坚守内心深处真正看重的愿景，矢志不渝地前行，方能最终达成目标。

在这一过程中，战略思维的重要性不言而喻，尤其是"点线面体"的战略抉择，其实质便是"以终为始"战略哲学的体现。对于个体而言，普通人与富裕阶层的差异在于，前者可能过于注重眼前点滴的辛勤耕耘与精细打理，然而这些孤立的瞬间并未带来显著的回报。而欲跻身富裕之列，则需要依附于蓬勃发展的面与体之上，即个人所在的平台、所参与的市场竞争环境以及所处的经济增长、衰退或停滞的经济体系。

例如，许多人在求职时往往忽视了"以终为始"的战略高度。特别是初入社会的职场新人，若仅将薪资待遇视为首要考量，可能会错过更为关键的成长机遇。相反，他们应当优先选择能够提供优秀学习环境和成长空间的团队，通过不断锤炼自身能力，从而在未来创造出更大的价值，届时，合理的薪酬自然随之而来。

综上所述，"以终为始"的战略思维不仅适用于企业层面的长远规划，同样适用于个人的职业生涯规划。它提醒我们要超越眼前的琐碎细节，放眼全局，立足长远，确保每一步行动都紧密围绕着最终目标展开，以此实现从点到线，再到面乃至整个经济体的全面跃迁，最终抵达成功的彼岸。

（二）广泛涉猎，拓宽视野

学习应被视为一种融入日常的生活态度。广泛涉足各类知识领域，不仅能极大地拓展个体的视野，深化对世界的理解，而且有助于提高认知层次和思维格局。

例如，学习英语的目的不仅是日常交流，更重要的是直接阅读原版的英文书籍，获取一手信息资源。投资理财的学习则旨在使资产保值增值，追求财务自由。研习认知心理学，有助于洞悉他人心理的同时，能增进自我认知。而阅读历史著作，不仅是对过往事件的回顾，更是对前人智慧与教训的深入探究，从中提炼规律，评估潜在风险，归纳成功与失败的经验，进而预测未来的发展趋势。

不论身处何种职业领域或担任何种职务，都不应将自己的学习范围局限在狭窄的专业范畴内。相反，应当积极跨越界限，广泛摄取多元化的知识养分，从而使自己的视野变得更加开阔，思维更具包容性与前瞻性。

根据沃顿商学院针对超过两万名管理人员开展的一项研究，战略性思维能力的培养离不开以下六大核心技能。

①预见力（Envision）：能够洞察未来趋势，形成清晰的战略愿景。

②挑战力（Challenge）：敢于质疑现状，勇于打破常规，寻求创新突破。

③阐释力（Interpret）：具备解读复杂信息，提取关键见解的能力。

④决策力（Decide）：能够在复杂情境下做出明智且果断的决策。

⑤协调力（Align）：擅长整合各方资源，构建协同合作的团队环境。

⑥执行力（Execute）：确保战略的有效落地实施，推动目标达成。

这些技能共同构筑起战略思维的框架，对于任何希望在职业生涯中取得长远发展的个体而言，都是不可或缺的重要素质。

1. 预见

在互联网行业，占有"首发"优势可以让企业赢在起跑线。要能够更准确判断未来的利益，预见的能力至关重要。

缺乏预见的能力，可能会导致公司来不及对市场趋势做出反应，如乐高的管理层错失了游戏和玩具领域的电子革命。如果阿里巴巴能够在之前就看到社交沟通工具的潜力，也许今天阿里巴巴也不会无法在这领域占一席重要的位子。

可以通过以下 6 种方式来锻炼自己的预见能力。

①通过与客户、供应商和其他合作伙伴交谈来了解他们的挑战，从而发现未来的商机。

②通过市场调查和分析竞争对手的战略及推行的项目来评估他们对新活动或者产品的反应。他们其实也在做未来的预测。

③研究快速成长的竞争对手，检查他采取的哪些行动让你困惑。当然他们做的不一定是对长期发展来说最优的。

④思考和想象未来的各种可能，通过这种方式把不可预料之事找出来，从而做准备。

⑤从流失的客户中找出可改进的地方。

⑥出席其他行业或者其他职能部门的会议和活动。

2. 挑战

战略性思考者质疑现状，不会因为过去是这么做，未来也继续那么做。他们挑战自己和别人的假设，鼓励不同视角。

开始时，周围的人会不习惯这种挑战性思维，甚至觉得他们具有"破坏性"。其实，他们只是想通过很多视角认真考虑并检视问题，然后才采取决定性行动，给企业找到最佳的方案。

在互联网行业，这方面的能力更是重要。不要停留在过去成功的做法，而停止寻找新的突破。互联网企业都在观察对手做什么，然后在对手的基础上做优化。

这种环境让企业只能拥有短暂的优势。一旦不挑战自己，挑战过去，那被淘汰只是时间问题。耐心、勇气和开放的心态是挑战性思维的基本条件。

可以通过这些方法提高挑战能力。

①专注于问题的根源而不是现象。

②找出行业或企业里存在已久的假设，并问不同的人这些假设的由来和是否成立。我们不一定能获得答案，但是沟通的过程能够协助同事开始思考。

③通过举行一些"安全区"会议鼓励讨论，鼓励大家在会议上提出想法，即使有冲突，也是被预期并受欢迎的。

④在决策过程中加入反对者，以便让挑战早日浮出水面。鼓励队友成为反对者并且允许反对的声音存在。

⑤向谁获取意见是关键，从不会直接被决定影响的人那里获取意见。他们的意见对挑战性思维没有任何帮助。

3. 阐释

阐释能力是其他能力的"润滑剂"。当领导者对常规提出挑战或对未来做预测时，所提出的观点和信息会是复杂、冲突和富有争议性的。

领导者在这个时候就需要善于阐释，协助同事更好地理解他们的观点。

芬兰前总统 J.K. 巴锡基维（J. K. Paasikivi）喜欢说："智慧源自识别事实，并加以辨别和重新思考，直至揭示其隐藏含义。"

可以通过这些方法来提高阐释能力。

①在分析模棱两可的数据时，列出你观察到的至少三种可能的解释，并邀请不同的利益相关者提供观点。

②强迫自己既关注细节又着眼大局。领导者不能只有宏观视野，没有对细节的洞察。

③积极寻找缺失的信息和证据来驳斥我们的假设，也许可以找到自己的盲点。

④用定量分析来补充观察。交叉检查可以让我们看到更全面的情况。

⑤通过散步、看电影、听音乐等方式来促使自己有开放的心态。通过放松自己来寻找更好的表达方式。

4. 决策

有些人习惯在没有完整信息的情况下快速做决策，他们知道在快速变化及竞争性强烈的行业是有必要这样做的。

对战略性思考者来说，他们倾向于坚持多种选择，并且不过早受困于简单地做或不做的选项。他们有一套基于平衡了精准和速度、考虑了各种因素的权衡和长短期目标的准则。因为他们是经过一套严密的决策流程才做出决策，相对之下，他们有（也需要）勇气坚持自己的信念。

在日新月异的互联网行业，做决策的周期就必须更有效率。做决策既要保持效率，又要思考严谨是这个行业带给领导者的挑战。

领导者可以通过以下的方法来提高决策能力。

①重构二元决定，坦率地问自己的团队："我们还有什么别的选择？"即使有了明确的选择，还是可以再探讨其他可能性。

②把大的决策细分成小块，理解其组成部分，从而更好地看到非预期的后果。这种方式有助于让自己看到一些夹在中间的机会。

③根据长期和短期项目定制你的决定标准。有了标准，我们才能培养自己的思考模式。

④让别人知道你在决策过程中处于什么阶段。你是否仍在寻求不同的想法和讨论？还是你已经在决策和选择的结束阶段？毕竟我们不可能无止境地寻求方案。

⑤决定哪些人需要直接参与进来，谁会影响到决策成功？调动起团队的力量来做最佳的决策。

对于风险较大的决策可以采用试行或实验计划而不要采取大的冒险行动，进行阶段性的投入。随着项目的进展来调整投入的力度能够让我们做出更合适的决策。

5. 协调

战略性领导者不只能想出战略，他们更需要推进战略的落地。这项工作必须与各个部门、分公司和关系企业协作，非常考验协调能力。

他们需要善于找到共同点，得到拥有不同意见和目的的利益相关者的认同，通过主动沟通、建立互信以及频繁参与来协调资源。

协调能力能够把可用的资源调动起来，把不同观点的人凝聚一起为共同的目标努力。

领导者可以通过以下的方法提高协调能力。

①不要怕和相关部门分享我们的计划方案，经常沟通，确保想支持我们的人知道如何提供协助，减少因为信息不同步出现两个最常见的抱怨："从来没有人问过我"和"从来没有人告诉过我"。

②确认内外部的关键利益相关者所关注和在乎的重点，试图找出隐藏的日程或者联盟。

③运用结构化有促进性的谈话来暴露有误解或者受抵制的领域。这需要耐心地沟通和理解。

④直接找到抵制者，了解他们的顾虑并进行相应处理。

⑤在开展我们的计划或战略时，谨慎关注利益相关者的立场。当他们的立场被考虑了，他们也会考虑我们的处境。

⑥认可、表扬并奖励支持团队协调的同事，让大家知道这是好的行为。

（三）学会洞察人性，看透规律

世事洞明皆学问，人情练达即文章。人性中有些东西是永恒的，这与是否是"80后""90后""00后"无关，某些规律不是按照代际来划分的。

1. 深刻理解公司的目标

在组织管理实践中，我们常常会遇到这样的情况：作为下属，尽管自认为已经充分领会了上级意图，但仍不时遭到上级的质疑，认为我们对任务目标的理解存在偏差。这背后的原因在于，组织的目标体系包含了两类不同性质的目标：显性目标与隐性目标。

显性目标是那些明确记录于书面文件、由管理层反复强调的关键指标，如销售增长率、市场份额占有率、公司长期愿景等，它们相对直观易懂。然而，隐性目标更为微妙，它们通常分散在各个职能部门的具体工作中，需要员工主动去挖掘、理解和整合。只有当我们能够系统性地梳理并把握整个目标体系时，才能真正运用"高层视角"来审视问题，并针对性地推进自身的工作。

以职场晋升为例，每个人都渴望得到上司的认可与提拔。但从上级的角度出发，员工是否真正理解自己在组织中的角色定位、公司在特定发展阶段的晋升标准，以及个人应如何聚焦核心竞争力等问题至关重要。例如，作为业务部门负责人，其职责不仅是优化现有的运营效率，更重要的是要为团队乃至整个公司带来新的增长机会。无论是在工作流程创新、产品服务升级、人才梯队建设还是营收规模扩张等方面，只要有实质性的突破，都能证明其价值所在。若未能展示出这种增量贡献，则难以说服上级认同其履职能力。

因此，要想在上级心中树立起具备"战略思维"的形象，就必须首先确保对岗位要求的理解与上级期望保持一致，同时在此基础上追求更高的执行标准。这意味着不仅要关注表面可见的任务指标，更要深入洞察背后的战略逻辑与组织需求，从而在实际工作中展现出超越常规的洞察力与行动力。通过这样的方式，才能有效弥合上下级之间的认知差距，实现更高效的工作协同与个人职业发展。

2. 想尽办法挖掘老板的想法

在与高层管理者进行有效沟通的过程中，选择合适的时机至关重要。理想的沟通窗口期往往出现在领导者较为宽松的工作间隙，此时他们更有可能抽出时间倾听并给予深入的反馈。因此，建议采取主动策略，利用这些宝贵的机会直接向领导提出富有洞察力的问题，以此激发讨论并促进问题的解决。

为了确保沟通效果最大化，应当预先精心准备一系列高质量的问题，这些问题应围绕团队目标的精细化调整、个人职业发展路径的校准以及所需技能的拓展等方面展开。例如，可以询问如何进一步提升部门绩效指标，探讨当前个人工作重心是否符合公司战略方向，或是请求指导哪些领域的知识与技能亟待加强。

灵活把握非正式场合下的沟通机会也同样重要。无须拘泥于正式会议或预约时间，诸如等待电梯的片刻、共同出差途中、共进午餐期间，甚至在团队建设活动中，都可以适时开启话题。在这些轻松自然的氛围中，有时仅需寥寥数语便能打破隔阂，建立起更为坦诚且高效的沟通渠道。总之，通过巧妙安排沟通时机，结合精心设计的问题，不仅能够加深对组织目标及个人角色的理解，还有助于构建与领导之间更为稳固的支持关系，从而推动个人与组织的共同进步。

3. 想问题时，不要只想一步

当你在做决策的时候，能多加一个思考的维度进去，从更长、更深、更高的维度来看问题。每次都能推演一下，你现在的决策引发的下一步、再下一步的结果，你就知道要如何取舍了。比如，下次再做自己的部门工作总结的时候，多考虑一下相关配合部门，甚至是关系不太好的部门的感受，想想怎么说能更好地调动这些部门一起合作，那在老板眼里，你就开始有一点战略思维了。

4. 多角度了解看问题

你可以试着从第三方视角看待公司面临的挑战和机遇。读书的时候多研究梳理一下产业发展史，工作的时候积极地去与行业专家建立个人关系，参加行业会议时多与同行聊天，多听听不同领域的专家对这个行业发展趋势的看法。如果你还能把这些信息带回公司，找机会和老板聊聊，再听听他的反馈，那你的思路就更容易被打通了。

5. 换位思考

在日常工作中，积极实践同理心驱动的换位思考是一项至关重要的自我训练。这种练习要求我们在实际决策过程中模拟高层管理者的视角，深入揣摩他们的决策逻辑、反馈机制以及目标设定策略。例如，在公司会议中，当尚未听到领导的具体意见时，我们可以尝试将自己置于领导的位置，设想应如何做出决策、给予何种反馈以及确立怎样的目标才最为适宜。随后，在领导实际表达观点后，我们将自己的预设与其对比，分析一致之处与分歧点。重要的是，不必过分关注预测准确性，而是通过持续不断的练习来逐步提升自身的全局观和战略洞察力。

这一过程的另一个显著益处在于，随着时间的积累，我们的自信心将逐渐增强，并在会议等正式场合中更愿意主动分享个人见解。这种战略思维的培养，无疑是职场生涯中的一次关键能力飞跃。它并非鼓励我们变得城府深沉，而是倡导我们成为一个善于观察、勤于思考的有心之人。唯有深刻理解并掌握游戏规则，我们才有可能在未来成为规则的制定者和引领者。将"以终为始"的思维模式应用于事务处理；广泛吸收知识，拓宽视野；精通人性解析，洞悉事物本质。这三项原则应成为我们日常生活和工作实践中的常态。在不断探索与反思之中，我们应当始终保持敏锐的感知力和永不满足的好奇心，坚持不懈地行动与思考，努力从更长远、更深入、更高远的角度审视问题，以便做出明智的抉择。在此，我们衷心祝愿每位职场人士都能成功培育出卓越的战略思维能力，不断超越自我，成就更加辉煌的职业道路。

任务二　关注组织与平台建设

任务准备

（1）明确责任：认识到组织建设和平台建设是每个员工的职责，而非仅限于HR（人力资源）或主管。

（2）了解业务流程：学习业务流程管理的基本概念和优势，理解其对企业效率和创新的重要性。

（3）文化意识：理解企业文化在企业长期发展中的核心作用，认识到业务体系和培训平台的重要性。

（4）培养参与意识：准备积极参与流程建设、资料完善和培训体系的构建，为部门和公司贡献智慧。

任务实施

（1）流程管理：参与流程的梳理、优化，提出完善建议，确保流程的执行和优化。

（2）资料建设：更新和维护公司资料，确保内容的准确性和时效性，为业务提供支持。

（3）培训参与：参与培训体系的构建，提供培训内容，确保员工能力的提升。

（4）平台贡献：为业务和培训平台贡献知识和经验，提升平台的实用性和价值。

任务分析

一、组织建设和组织能力发展是每个员工的职责

组织的定义有狭义和广义之分，这里组织的含义是指狭义的解释，即人们为实现一定的目标，互相协作结合而成的集体或团体。

从组织的定义中可以看出，组织是人的集合，为某一目标而存在，组织的运行依靠人的分工和协作。

组织建设包括组织发展、组织能力建设等，这些工作并不是HR或主管等个别人的事情，是属于团队每个员工都要关注和出力的工作。

（一）人人参与组织发展工作

组织发展工作的重要内容之一是招聘工作。对于任何一家公司来说，招聘员工都是很重要的工作。招聘员工应该招聘适合自己公司的员工，员工的思想和发展方向应当与公司的发展方向一致，如果你的员工的发展理念和公司是背道而驰的，那么这个员工对于公司来说是没有任何作用的，甚至还会阻碍公司的发展。同时，随着公司业务的发展，组织建设规模的需求也会增多。

所以，招聘初期 HR 可以配合用人部门领导人，明确该岗位到底需要哪方面的专业技能，有针对性地招人。之后，为了公司和部门业务的发展，还有一种招聘方式常常被采用，那就是全员招聘。

招聘往往会被认为是 HR 一个人的事，公司其他人都不会参与进来，HR 也很少会在公司说明公司正在招什么岗位，这就导致即使其他员工有合适的人员推荐，却因为不知道公司是否在招而错过。所以，我们每个员工都要关注并投入人员招聘工作中。

（二）组织能力发展需要全体员工投入

组织能力是建立能够快速应对外在环境改变的团队战斗力，它指的是团队的整体能力，不是个人能力。

组织能力有以下四层含义。

①组织能力是团队整体的战斗力。真正的组织能力深植于组织内部而非个人，具有可持续性；能够为客户创造价值，并得到客户认可；明显超越竞争对手。

②组织能力不是集中在几个人或几个部门内部，它必须是全员行动，是整个组织所具备的能力。而且，评价公司组织能力比较客观的裁判是客户，而不是管理团队自身。

③组织能力要聚焦、清晰。优秀的公司往往在两三个方面展示众所周知的组织能力。如果什么都做，反而无法集中资源建立优势，容易变成四不像，样样都不专不精。

④组织能力的打造和调整需要的时间长，涵盖的人数多，这也造成了约束企业成功更大的瓶颈是"组织能力"。当企业快速成长时，需要加强组织能力的打造，当企业外部环境变化时，需要重视组织能力的再造，而再造的难度高于打造。

企业内组织能力的发展之所以特别难，首先在于这件事从上到下的推动格外艰难。

天晴时修屋顶，业务增长时最适合做组织建设。在企业内，组织建设永远是一个动态的、流动的水，并且它是螺旋式上升的，干完一个接着干第二个，再干第三个，永远需要向上走。

如果 CEO 不能亲自带队，不能带动全员参与，企业的组织建设不可能持续地向前推进，没有组织能力，你的企业也无法生长出真正的"第二曲线"。

组织是人群的集合，组织能力实则是组织中人群的能力，所以企业组织能力建设主要围绕员工展开，包括员工意识、员工能力、员工治理。员工意识指员工是否有意愿为完成企业战略目标努力工作，员工能力指员工是否具备完成工作任务的能力，员工治理指企业能否为员工提供充分发挥才能的环境。

（三）打造组织能力

当确认企业的组织能力后，就面临如何打造组织能力的问题。组织能力的三支柱分别是员工能力、员工思维、员工治理。这里的员工不仅是指基层员工，还包括企业所有员工，特别是中高层的主管。

1. 员工能力

员工能力指员工有没有配备相应的知识、技能、素质。比如希望打造一个有创新精神的团队，那除专业知识外，还要看团队里的员工是否有好奇心、是否敢于挑战权威、是否有开放性思维。

2. 员工思维

员工思维指员工每天上班最关心的、最重视的东西，是否和企业追求的目标匹配。比如海底捞的员工上班时，会特别关注顾客的一举一动，挖空心思想着怎么提供卓越的服务体验，这与海底捞的组织能力——超出期待的服务就非常契合。

核心价值观是打造员工思维的第一步，但不要仅停留在口号和标语层面。很多企业会把客户第一作为核心价值观，但员工在做事的时候，脑子里优先考虑的是老板会怎么想，而不是客户导向思考，这样"员工思维"就无法支撑起企业希望打造的组织能力。

3. 员工治理

员工治理指公司给员工提供了什么管理的资源和支持，分为以下三种。

①有没有给员工足够的权责。比如你要求员工创新，那有没有给员工足够的空间让他可以放手去试错。权责往往是与整个组织架构、组织模式相关的，包括你的授权程度，组织是怎样架构的都会影响到员工权责。

②管理资源就是流程。不管是创新还是服务，都不是一个部门能搞得定的，需要其他部门的通力合作，不同部门合作的这个流程能不能简化、标准化、闭环。

③管理资源就是信息。组织内部信息的流动，决定了员工的绩效，是很关键的管理资源。企业遇到跨部门的协作，往往是很大的问题，员工治理最主要解决的就是组织内部的运作是否顺畅。

组织能力的这三个支柱，是解决打造组织能力的三个问题：团队会不会做？团队愿不愿意做？你容不容许他做？三个支柱需要互相平衡，不能顾此失彼，任何一个跛腿了，组织能力都构建不起来。而且三个支柱要共同聚焦，这样才能形成合力。

组织建设是一把手领导下的全员工程，涉及每个员工，尤其是各级管理者。在实施这个工程中，从上到下所有管理者都面临着意识和能力的转变。

组织能力建设意味着从上到下的每个人形成全新的能力，为公司的战略方向服务。"员工治理""员工意识""员工能力"要体现在各层经理对自己直接下属的日常行为调整上。既要各级管理者理解需要什么新技能，还要管理者把一系列的行为传递给员工队伍。

在企业中，管理层对员工的态度决定着企业能否有效提升组织能力，如果一个企业视员工为成本，预示着企业将不会在员工身上增加过多的投入，员工自然不会对企业产生强烈的责任感、归属感，这势必导致员工忠诚度大大降低；但是如果一个企业视员工为稀缺资源，管理层就会付出大量心血在员工的培养和员工治理上，重视员工价值实现，为员工打造发展路径，满足员工内外需求，而员工必然会毫无顾忌地将全部精力投入企业，心甘情愿为企业发光发热，员工的忠诚度将出现大幅提升。比如阿里巴巴、华为等大企业，它们的成功离不开优秀人才的贡献。所以组织能力建设应将重心放到员工身上，视员工为能够给企业带来效益的稀缺资源，并形成一种文化共识，在这种共识下才能更有效地开展组织能力建设。

二、平台建设需要每个员工做贡献

"平台"的概念很广，这里指所在企业或部门的业务管理体系和培训平台。

如果一个组织没有完善的业务流程管理体系和培训平台，业务运作起来就不会有秩序感，同时也很难鼓励自己的员工努力工作，快速成长。

（一）关注业务流程管理体系建设

1. 业务流程管理的概念

业务流程管理，是一种以规范化地构造端到端的卓越业务流程为中心，以持续提高组织业务绩效为目的的系统化方法。

2. 业务流程管理的优势

（1）节省时间金钱

业务流程管理是提供业务流程建模、自动化、管理与优化的准则与方法。一个成功的业务流程管理方案包括正确商业领导和技术的组合，可以大幅缩短流程周期（有时高达90%）和降低成本。这种效果在跨部门、跨系统和用户的流程中尤为突出。从技术角度来看，一个独立的业务流程管理系统能够轻易地与现有的应用软件如 CRM、ERP 和 ECM 相集成，而无须重新设计整个系统。

（2）提高工作质量

除节省时间和成本的优点外，已经实施业务流程管理的企业也发现了其他几项关键优点。

可以大幅降低甚至消除造成企业损失的错误，如丢失表格、文件或错误存档、遗漏重要信息或必要审查。

显著改善流程的可视化程度，所有参与流程者不仅被授权了解自己在流程中的角色，而且确切地了解流程在任何时候的状态。

有了可视化，也就明确了职责，所有人都完全清楚地知道什么时候应当完成哪些工作。不再有借口造成延误、误会或疏忽。

可提高一致性，公司内部和外部各方对工作都有明确的期望。结果使得员工、客户和合作伙伴都有了更高的满意度和向心力。

（3）固化企业流程

只要不是单个人独立完成全部工作的个人作坊性质，企业从它的诞生起，就存在着流程，并且随着企业的不断成长，其流程越来越多，越来越复杂。几乎每个企业都针对各类业务流程和事务流程有一套规章制度，随着管理的细化和规范化，企业的规章制度是越来越厚，而执行这些规章制度的人却越来越坠入谜团中。可想而知，这些影响着企业生命的核心流程的执行效果会是怎样的。

有些企业已经认识到了这点，甚至花巨资请专业的咨询公司来重新肃清流程、规划流程，但很多企业由于人的原因，如碍于情面、越级审批、不照章办事等，而造成应用的失败。

企业业务流程管理系统能在应用的初期阶段达到这样的首要应用目标，通过系统固化流程，把企业的关键流程导入系统，由系统定义流程的流转规则，并且可以由系统记录及控制工作时间，满足企业的管理需求及服务质量的要求，真正达到规范化管理的实质操作阶段。

（4）流程自动化

有人做过一个行为分析，发现一个流程的处理时间中90%是停滞时间，真正有效的处理时间很短；并且在流程处理过程中需要人员用"腿"、用"电话"等其他手段去推进，不仅耗时耗力，而且效果差，时时有跟单失踪或石沉大海的情况发生。通过业务流程管理系统，利用现有的成熟技术、计算机的良好特性，很好地完成企业对这方面的需求，信息只有唯一录入口，系统按照企业需要定义流转规则，流程自动流转，成为企业业务流程处理的一个"不知疲倦"的帮手。

（5）实现团队合作

传统的职能式企业组织架构，自有它的应用范围和优势，但我们发现企业的很多流程不仅仅靠一个部门来完成，更多的是企业部门间的协同合作，特别是有些企业还存在着跨地域的合作，如采购流程，它涉及生产部门、采购部门、库管部门、财务部门、商务部门、合同签署中的法律部门以及企业的高层管理部门。如果我们还以传统的职能部门的思维考虑流程，就可能患"近视眼"、注重部门利益忽视企业利益、重视部门上司的感觉忽视实效，并且还容易导致部门之间权责不清的灰色地带。企业的业务流程存在着各业务部门的天然联系，其流畅的业务处理是需要各部门以企业的利益为最高利益，协同工作。

业务流程管理系统以流程处理为面向，自动地串起各部门，即利用先进的互联网技术串起各地域，达到业务流程良好完成的目的，并且企业的很多高管人员的意识已远远超出一套业务流程管理系统，更多地希望凭借这样的系统，形成企业协同工作的团队意识，配合完成自己的企业文化。

（6）优化流程

流程在制定出来以后，没有人能保证这样的流程就是合理科学有效的，即使是当时合理科学有效的系统，由于我们身处的市场环境的变化、组织结构的变化、营销服务策略的变化，很难说能继续保持这种优势。

一套好的业务流程管理系统不仅可以具备以上的诸多好处，而且随着流程的执行流转，系统能够以数据、直观的图形报表报告哪些流程制定得好，哪些流程需要改善，以便提供给决策者科学合理决策的依据，而不是单靠经验，从而达到不断优化的目的，呈螺旋式上升的趋势。

3. 业务部门员工积极参与企业流程管理体系建设与完善

企业流程制度建设是流程部门和业务部门共同的工作职责，而不仅仅是流程管理部门的事情。流程管理部门在流程建设中更多是组织和管理工作，由这个部门来组织业务部门进行流程建设。

而一些人错误地认为：流程建设就是流程部门的事情，与业务部门无关，流程管理部门把流程建立好了，我们业务部门来执行就可以了。这种建立流程的方式会导致以下结果出现。

①编写的流程、模板、制度与公司的业务工作相距太远，可执行性差。

②由于业务部门没有参与流程制度制定，在执行时抵触情绪较大。

③由于业务部门没有参与流程制度建设过程，给流程培训带来压力较大。

所以，对于企业的流程管理体系，我们每个人都要积极参与建设，在使用中提出改建建议。

而具体到各部门的业务，公司的流程管理体系不一定能覆盖所有的业务，在工作中要直接负责这些业务流程的编写或完善，为部门业务的规范运作做出贡献。

（二）业务和培训平台需要你的贡献

"物质资源终会枯竭，唯有文化生生不息"，华为的任正非在《致新员工书》中这样的一句话被广为流传。赚钱是企业生存和发展的基础，不是企业生存和发展的目标，对于企业来说，企业文化是企业最根本层面的东西，是企业的基因，是企业的种子，它不但决定了一个企业的根基命脉，更左右了企业的发展格局。

企业管理就像一座冰山，70% 在水下，30% 在水上。对于企业而言，在水面上的部分是规章制度；而真正能让冰山长期漂浮在水中的是 70%，就是文化。

企业要想爬得高、走得远，要想实现不断发展壮大，就一定要有远大的使命追求，让企业核心骨干对未来有统一的愿景，有统一的价值观，让核心骨干具有企业家一样的远大追求，将企业从利益共同体上升到命运共同体的高度，这是企业文化的力量，对企业来说这是更为持久的发展动力。世界最长寿企业日本金刚组，之所以能够存活上千年，与其在成立之初就确立了为日本建造最好的寺庙建筑的使命密不可分，可以说正是文化的力量让日本金刚组历经千年而不倒。

其实，这里的"文化"不仅指企业文化，还包括企业的"软"实力，包括业务管理体系、业务支撑体系、产品软件平台、产品资料和员工培训平台等。企业可能垮掉，但有了"文化"，可以在一定条件下东山再起，重新振兴起来。

1. 企业的流程管理系统、业务支撑体系需要你的贡献

企业老板经常环顾员工下班后空荡荡的办公室，问自己我的企业还剩下什么，还值多少钱。而业务流程管理系统、业务支撑体系通过固化流程，让那些随着流程流动的知识固化在企业里，并且可以随着流程的不断执行和优化，形成企业自己的知识库，且这样的知识库越来越全面和深入，让企业向"有生命会呼吸"的知识型和学习型企业转变。

如一个新进入公司的员工，他能够通过企业业务流程管理系统很快地熟悉企业及企业的业务处理，并且可以通过流程固化形成的知识库不断充实自己及提高处理流程的难度和水平。

对于企业的流程管理系统、业务支撑体系，员工在使用中，要积极提出完善建议，所谓"小建议，大鼓励"就是体现在这些细节。

2. 企业所有的公司资料和产品资料，你既是使用者，也是修订者

公司的流程管理系统、业务支撑体系等只是平台，而里面的内容才是重点，可能是各种管理资料，如研发管理资料、市场营销管理资料、售后服务管理资料等，也可能是产品研发资料，如产品代码、市场接口资料、产品介绍等，或者市场营销资料包括公司介绍、解决方案和产品资料等，或者是售后服务资料等。

公司员工作为这些资料的使用者，要实时对资料进行修改和完善，保证更好地服务于公司客户；对于公司新产品，骨干员工要承担资料的开发等工作。这些资料也是公司文化的一部分，每个员工要传承、发扬光大。

3. 企业的培训体系和培训资料，更与员工的工作和成长息息相关

公司有健全的培养体系，而作为部门领导，可以摸索出一套部门的培养体系，比如针对入职新人的培训、对承担某些特殊任务的人的个别培训、技能进阶培训等，并让团队中的优秀成员一起参与培训体系的构建。

一个团队要进步，要持续发展，培养下属是要花去领导很大的精力的。如果构建出这样的体系，就不存在谁该培养、谁不该培养了，而是每个人都纳入培训的系统中。这个培训是普遍性的，以至于每个人都能掌握该部门相关岗位所需的所有技能，每个人都可以被本团队其他成员替代，在培养程度上，理想的状态是每个人一旦跳出公司在社会上都是响当当的。

同样，丰富且质量良好的培训资料才是最重要的"文化"资源，部门员工都要负责这些资料的编写、使用和更新。

另外，培训工作是要实实在在开展起来的，如几乎每周周末都有各种培训，员工可以挑选，可以参加任何感兴趣的培训，并不一定与自己的业务相关，但培训时间累积是有硬性要求的，也就是说，员工自我能力的培养是组织赋予他的权利和义务。

任务三　跨部门合作

任务准备

（1）跨部门合作的理解：认识跨部门合作的挑战和重要性，准备调整观念和提升沟通技巧。

（2）技巧学习：掌握凝聚共识、明确职责、遵守承诺等跨部门合作技巧。

任务实施

（1）领导确立：确定跨部门合作的最高领导者，建立沟通桥梁。

（2）协作请求：发起协作，明确任务和责任。

（3）沟通与冲突管理：有效沟通，处理冲突，责任共担。

（4）工具使用：善用沟通和任务管理工具，提高效率。

任务分析

一、工作中需要跨部门合作

一个企业无论规模大小，内部必然需要成立相互独立的部门，通过合理分工，让专业的部门专业的人才干专业的事情，才能实现每个部门单元有效运作，通过各个部门有效合作才能实现企业目标和组织绩效。

为了维持企业竞争优势，保持企业高效率，提高企业创新绩效能力，企业往往需要采取措施，通过问题导向和需求导向，加强跨部门信息交流，加强人与人之间的合作，促进跨部门协作能力，减少部门冲突，合理有效利用组织资源，提振组织活力、效率和绩效。

（一）什么是跨部门合作

跨部门合作是能带来更好的决策和结果、方法创新，以实现整个公司可持续发展的基本方式。

它确保了知识共享、所有关键问题和部门都得到适当的考虑，在适当的场合制定决策和采取行动。它在具体问题上动用整个部门资源和利益以共同达到具体的目标，它并不替代每个部门在各自负责的项目上的责任。

（二）跨部门合作的重要性

独木难撑大局，单打独斗的个人英雄主义时代已经过去。公司大部分流程是若干部门共同合作来完成的，只有加强部门合作，才能共同协助相互取长补短，提高作业效率并得以有效降低成本，一起实践理想。对于公司内部而言，共同协作可以满足员工主观能动性等情感上的需求，实现公司经营目标。对于公司内部而言，共同协作可以树立公司的良好形象，众志成城，成就大事业。

（三）跨部门合作的特点

在组织架构日益复杂的今天，仅靠一个人单打独斗完成工作或项目越来越难，也越来越不可能。我们都知道，几乎所有企业都在强调"团队合作"。这里的团队不仅是指同部门协作，还包括公司内部的跨部门合作，甚至是跨公司与客户团队一起工作。那么，跨部门合作有哪些特点呢？

①和部门团队合作不同，跨部门协作具有时效性，项目结束，项目组随之解散。

②目标一致，为实现既定目标共同合作。

③由一个部门牵头，成员来自其他部门。牵头部门成员一般担任项目组负责人，或称项目经理。

④项目成员基本是平级同事。项目经理和组员之间没有任何上下级汇报关系，无法使用行政命令要求成员，因此容易出现不积极、不配合的情形。

⑤因为该项目只是每个成员日常工作的一部分，不同部门的本职工作量不同，所以完成效率不高。

正因为跨部门项目具有如上特点，要想使项目如期且高质量完成，就需要各个环节提高效率，否则，整个项目就会如一盘散沙，一再延误，拖沓不前。

（四）跨部门合作是员工工作的重要部分

跨部门合作是我们工作中重要的一部分，而且，这种跨部门合作的难度和复杂性会随着公司的壮大而更难和更复杂。

通常在企业中存在两种跨部门协作的工作内容，一种是常规性跨部门协作，主要是基于工作流程的上下游协作，因为是常态化存在的工作内容，往往部门之间经过磨合之后，能够在衔接效率、结果质量方面有所保障；另一种则是基于特定任务的跨部门协作，这是协作配合度出现问题的高发场景。

一般来说，跨部门协作出现配合度的问题往往表现为以下三个方面。

1. 目标一致性的问题

往往项目总体目标是统一的、明确的，但是分解到不同部门时，部门往往容易从自身职责的视角出发理解目标，忽视本部门所承担的子目标与其他关联子目标、与总目标的关系，导致执行层面出现步调不同、结果质量要求不一致等情况，影响部门间协作的效果。

2. 过程管理弱的问题

对于跨部门的项目而言，如果是某个部门的负责人担任项目经理，情况往往还好些；如果是员工担任负责人，即便是资深专家级别的员工，由于项目组成员之间是平级关系，项目经理和项目组成员之间不存在任何硬性的汇报关系，无法用行政命令来要求项目组成员，故容易出现组员工作不配合、不积极的情况。

3. 执行效率低的问题

由于项目组成员在承担、完成项目工作的同时，往往还需要继续推进本部门、本岗位的既定工作任务，因此在不同工作的优先级安排上，项目组成员往往有不同的考虑。尤其是在缺乏相关机制保障的前提下，项目组成员多半更倾向于将所在部门、岗位的工作优先考虑，毕竟其考核结果是由部门经理给出的，而不是项目经理。

案例 22　李明的挑战：跨部门协作的考验

李明，一位 30 岁的活动策划专家，在重庆渝北啡特文化传媒公司担任小组长，负责策划各类大型活动。他的工作涉及与多个部门的紧密合作，以确保活动的顺利进行。然而，最近他遇到了一次前所未有的挑战。

5 月中旬，李明接到了一个重要任务：为永川一家酒店策划开业庆典。根据客户的要求，他设计了一场精彩的旗袍走秀活动。为了确保活动的成功，他召集了公司的策划部、设计部、工程部、活动服务部和摄影摄像部五个部门的负责人开会，共同讨论活动的细节。

然而，跨部门的协作并不容易。每个部门都有自己的工作流程和优先级，而且大家都有自己的事情要忙。李明发现，尽管他尽力协调各方，但仍然存在沟通不畅、任务延误等问题。例如，设计部迟迟未能提交宣传海报样刊，工程部也未能及时完成舞台搭建工作。这些问题直接影响了活动的进度和质量。

到了活动当天，李明发现了更多的问题。宣传海报上的酒店介绍出现了错误，音响效果也不尽如人意，现场人气冷清。客户对此非常不满，并扬言要公司赔偿。李明感到非常沮丧，他意识到这场活动的失败不仅是因为个别环节的失误，更是因为跨部门协作的不足。

回到公司后，老板召集策划部开会，对李明进行了批评。老板认为李明在沟通和协调方面存在问题，没有及时发现和解决问题。李明对此感到非常委屈，他认为自己已经尽力了，但问题仍然出现。他开始反思自己的工作方式和团队协作能力。

为了改进跨部门协作的问题，李明开始主动与其他部门的负责人沟通，了解他们的工作流程和需求。他尝试建立更好的沟通渠道，定期召开跨部门会议，共同讨论和解决问题。同时，他也意识到自己在沟通方面的不足，开始学习如何更好地与他人交流。

经过一段时间的努力，李明发现跨部门协作的问题有所改善。其他部门的负责人开始更加重视他的工作，也更加愿意配合他的工作。同时，他也发现自己在沟通和协调方面有了很大的进步。他开始更加自信地与他人交流，也更加能够理解和尊重他人的观点。

这次经历让李明深刻认识到跨部门协作的重要性。他意识到，要想在工作中取得成功，必须与其他部门建立良好的合作关系。同时，他也意识到自己在沟通和协调方面还有很大的提升空间。他决定继续努力学习和实践，不断提高自己的工作能力和团队协作能力。

正确理解和处理跨部门协作容易出现的问题，通常就是跨部门协作的临时团队（通常称为项目组）来解决。

作为企业员工，我们不仅要学会做好当前部门的工作，而且更要做好跨部门沟通。当你做好了跨部门合作，你在领导眼里就不是单纯的"你"了，你还是很多部门的优质对接人，价值更高了。

二、做好跨部门合作

跨部门协作作为现代组织管理中的核心议题，长期以来备受关注。相较于单一部门内的协同作业，跨部门合作牵涉到更为多元化的利益主体和目标冲突，其实施难度呈现非线性增长，即所谓的"协同效应"，意味着整合多个部门的资源与能力所面临的挑战远超过各部门独立工作的简单叠加。在跨部门协作场景下，当两个部门尝试联合行动时，其协作复杂度往往超越了简单的"1+1=2"模式，而是呈现"1+1＞2"的现象，这是因为除完成各自的任务，还需要处理部门间的沟通成本、文化差异、目标一致性等问题。随着参与协作的部门数量增加至三个或以上，这种协同难度将进一步加剧，可能演变为"1+1+1＞3"的态势，揭示了跨部门协作过程中固有的内在复杂性和不确定性。

（一）如何推动跨部门合作

1. 引导各级主管改善自己的观念

这是推动"跨部门合作"的基础。企业要打破部门墙，治愈好每个人习惯待在单独、封闭"筒仓"中不出来的问题，各级主管要树立以下三个观念。

①全局观念：放下本位主义，树立聚焦客户的全局观念。

②理解支持：理解是合作共赢的前提，支持是跨部门协作的保障。

③合作共赢：共赢是合作之因，合作是共赢之基。

2. 每个人学习人际合作的法则

随着观念的改善，逐渐让每个人都能坚持以下四个法则，在推动"跨部门合作"中会起到事半功倍的效果。

①人际黄金法则：人需要被赞同。

②通情达理法则：要想处理好事情，先处理好心情。

③情感账户法则：情感就是利益，今天你能取出多少，取决于昨天你存进多少。

④协同焦点法则：多说怎么做，少说为什么。

3. 制定跨部门合作的落地措施

当大家形成了共同的认知基础与共通的思维习惯，就可以从以下五个方面制定与实施组织层面的行动计划，提高跨部门合作与交流的质量。

①给大家充分发表意见的机会，表明立场，梳理利益，然后求同存异，找到最大利益公约数。

②通过头脑风暴和系统思考方法，构思出多项解决问题的备选方案。

③通过确立方案筛选标准，按照民主集中制原则，选出最佳决策方案。

④决策实施过程中，建立健全业务流程的跨部门沟通与协作的接口，在明确部门与岗位职责的基础上，厘清灰色地带。

⑤搭建跨部门沟通协作桥梁，通过建立敏捷式双向沟通机制与实时交互信息平台，确保行动计划有效落实。

（二）跨部门协作的技巧

跨部门协作的技巧有很多，此处列举一二。

1. 凝聚共识、有效沟通

达成合作绩效的过程常会有一些冲突，所以在凝聚团队共识的过程中，要注意与团队所有成员合作而达成成熟的决定。

为了设定的目标，把信息、思想和情感在个人或群体间传递，并达成共同协议的过程。有效沟通的步骤包括事前准备、确认需求、阐述观点、处理异议、达成协议和共同实施等。

2. 明确职责、规范作业

制定职务说明书，制定岗位职责表，明确跨部门合作责任。并制订作业说明书，拟订作业流程，规定前后手作业配合原则，制订作业手册。

3. 遵守承诺、换位思考

守信是合作的基石，在跨部门合作业务中或在处理跨部门问题时，一旦做出许诺，必须按时、保质、保量地完成；没有把握，不要轻易许诺；公司的各项制度、规章、作业规范所规定的内容是合作各方共同承诺的体现，必须信守执行。

部门合作需要各方互相了解、理解，换位思考是加强各方相互了解、理解的有效手段；换位思考的前提是要了解对方；换位思考的核心是思考，是以对方或对方的业务开展为中心考虑问题；最好的换位思考方式是岗位轮换。

4. 管理冲突、责任共担

冲突是阻碍合作的拦路石，但同时也是促进更加有效合作的催化剂；在强化冲突管理中，每次在讨论目标、责任分配的时候，冲突是最明显的；冲突并不可怕，唯有在冲突之下产生的共识，才是大家能一致共同遵守的目标；冲突的发生是合作的业务与原来有了新的发展，是业务发展的矛盾，不能上升为个人矛盾或部门间的矛盾；在跨部门合作中，胸怀坦荡、互敬互让，是化解冲突最好的方式。

5. 跨部门合作

跨部门合作时，任何一个配合环节出了问题，都不仅仅是哪一个环节或哪一个部门的问题；跨部门合作不仅仅是某一个部门按作业流程规定做完自己分内的事情，也有责任跟催和协助前后手完成任务；跨部门合作业务未达成预期指标的责任应由所涉部门共同担负。

6. 绩效分享

跨部门合作中绩效在形式上最终只体现在合作各方中的最末端一方；实质上，在跨部门合作中，离开任何一方业务都不能正常开展，更无法产生预期的绩效；在跨部门合作中由于分工的不同，对于绩效贡献的比例也不同；在绩效考核中对跨部门合作工作的绩效考评必须重视绩效分享问题。

7. 流程再造

流程，就是完成业务获得绩效的过程。流程再造提出了与以前解决思路（从企业内部寻找提高效率的突破口）完全不同的思路，"再造"就是"使流程最优"。站在企业外面，先看看企业运作的流程哪些是关键，并使之尽量简洁有效，必须扬弃枝节（当然还包括可有可无的人）；过程如果不合理，就重新设计企业流程；再看看企业是否以流程作为企业运作核心，如果不是，将企业再造成围绕流程的新型企业。

（三）做好跨部门协作的步骤

1. 确定最高领导者

在跨部门协作的框架下，独立运作是行不通的，需要所有参与者协同一致。然而，当多个部门共同参与一个项目时，一个关键的问题就出现了：各个部门的成员应遵循谁的指导呢？

在这种情况下，设立一个最高领导者作为跨部门的协调者至关重要。这个角色不直接参与日常执行工作，但拥有一定的决策权限，主要负责进行少数但至关重要的决策。这个协调者就像一座桥梁，连接着各个部门，确保信息的流畅传递。

通过协调者的角色，可以定期召集各部门的主管和关键负责人进行会议，共同探讨合作的进展，识别并解决出现的难题。这样的沟通机制使各部门之间能够及时分享信息，消除信息不对称，防止因沟通不畅而产生的"信息孤岛"现象，从而确保整个协作过程的高效和顺畅。

2. 发起协作请求

这个步骤和上一步骤的先后顺序并没有什么讲究，同步进行也是可以的。

发起协作请求可以很随意，也可以很正式。但是无论以何种方式开启协作之路，一封跨部门协作请求的邮件是一定要发的，邮件的内容可以简单说明一下协作的相关事宜，并且约好第一次跨部门协作会议，会上明确最高领导者、牵头人及重要的部门负责人，但是大可不必讨论那些细枝末节的问题，第一次会议主要是启动仪式，牵头人宣布协作计划、里程碑、协作制度的确立、分配主要的工作。毕竟最高领导人在场，时间都是宝贵的，不要纠结小问题。

此后，大大小小的各种会议充斥着整个跨部门协作的过程，如何高效召开会议也是各级管理者的一门必修课。

3. 沟通

整个跨部门协作的过程有大量的信息需要在各个干系人之间传达，为了能让这些信息更为精准地传达，需要进行大量的沟通工作。

关于沟通的重要性就不再强调了。不得不说，沟通是一项极具技巧性的能力。在实际工作中，运用这项技能有一些注意的事项。

（1）站在对方角度表述

因为在实际协作的过程中，不免会与不同层次、不同职位、不同知识背景的人打交道。设想以下情景：

一位项目经理对技术不甚理解，当他面对开发人员时，该如何表达自己的想法？

仍然是那位项目经理，当他面对运营人员时，又该如何表达自己的想法？

······

这种情景时常会遇到，其特点就是不太擅长某项技能的人面对这项技能的专业人员，该如何进行沟通。

首先，态度一定要温和，要抱有谦逊的学习姿态。

其次，有问题说问题，将表象说清楚，并诚恳地请求对方的帮助，切忌先入为主，"替"对方做出决策。

最后，花费时间研究自己不太擅长的技能，不求甚解，但也不可一知半解，只求能在沟通的过程中，使用对方能听得懂的专业术语，以期提高沟通效率。

（2）站在对方角度思考

在协作过程中，明明分配了一项工作，但是迟迟得不到贯彻，或者执行进度缓慢，工作无法切实推动是一个令人头疼的问题。

这个时候千万要冷静，因为稍不慎，情绪管理不当，很容易会陷入"争执"的局面，到那时候就难以收场了。

接着需要思考对方为什么迟迟没有执行。原因可以有很多：

①低估了这个任务的难度，对方需要花费比预期更多的时间。

②发现这个任务还需要其他人员配合完成，这也是事先没有预见的。

③这个任务在对方看来并不紧急，不在近期的工作计划内。

④即使完成了这个任务，对对方来说也无关痛痒，最重要的是，对提升 KPI 考核分无大的帮助。

（3）沟通对象

沟通对象很重要，如果沟通对象没选择正确，无疑是在浪费彼此时间。在跨部门协作中很多方面有所体现，比如召开会议，不要每次都是全员，或者召集了一些看似有关系，其实是可有可无的人员。

如果找不对人，那么极有可能是存在一些潜在的问题，部门之间的协作还是不到位。

4. 冲突管理

冲突管理其实算是沟通的一项重要的技能。因为这项技能太重要了，所以需要单独来讲解。

首先，我们需要把握一个原则：任何一项冲突都有可能随时升级成大问题，无论大小。

其次，冲突管理正是考验一个人的情商所在，因为所有冲突问题都可以归结为"人"

的问题，而人是有思想、有感情的动物，人不像机器，能做到说一不二，正因为有独立的人格和意志，管理者才需要费尽心思去揣摩，剖析冲突的关键点，以便更好地解决冲突。

大部分人的做法都提到了一点：搞好私人关系。没错，这就是个人情商的体现。如果再上升一个境界，那就是一个管理者能洞察人性，在他眼里，什么冲突都不是问题了。几个常见的处理方式如下。

①发现他人的长处，并让其在擅长的领域发挥作用。

②积极肯定他人的工作成果，必要时，在公众场合进行表扬和奖励。

③不要高姿态，学会退让，有原则地妥协。

④吃亏是福，主动承担一些责任，比那些事不关己高高挂起的人更容易取得他人的信赖。

⑤做一名认真耐心的倾听者。

⑥言必行，行必果，在合作伙伴中树立威望。

⑦求同存异，能够容忍人与人之间的性格差异。

最后，沟通还有一个升级原则，当发现一项冲突无法通过一己之力解决，那么可以请求上级的干预，由上级与对方的上级进行必要的交涉。

当然，沟通升级也要慎用，用多了的话，领导可能认为这位管理者沟通协调能力还不够强。

5. 善用工具

"工欲善其事，必先利其器"，如今的社会早已脱离了低效机械化的体力劳作时代，信息化时代，企业最注重效益。如果能有几样"神器"傍身，也能跻身成为高效能人士。

（1）沟通工具

工具可大可小，最可靠的工具就是人的五官和四肢。此外，还有一些基础的工具，如邮箱、电话、各类 IM（即时信息）系统（如微信、QQ）等。

其实，面对面沟通是最有效的沟通，但是如果缺乏必要的记录手段，存在"沟通漏斗"，也可能成为最低效的沟通。因此，沟通时，要做好沟通记录；在当面沟通结束之后，需要及时整理总结，必要时，再发一封沟通纪要的邮件给相关人员。

IM 系统也不例外，某种程度上，IM 系统可以有效代替面对面沟通，但还是要强调记录，将一些重要的消息历史记录截图或者导出保存在本地电脑上。

（2）工作任务工具

Microsoft Office 套件可是这类工具的经典。除常用的 Word、PowerPoint、Excel 这三类经典中的经典，还有 Visio、Project 这类优秀的工具。

近些年来，各种项目管理、团队管理、任务管理等工作的管理工具层出不穷，也产生了一批后起之秀。

国内有 Worktile、Teambition，国外有 Todoist、Xmind 以及 Atlanssian 团队开发的各种工具，比如 JIRA、Confluence、BitBucket、SourceTree 等。

这些工具就不再比较了，可自行了解分辨。当然，工具不在于用得多，而在于用得精。

6. 复盘总结

为了确保整个项目以最佳的方式收尾，组织一次总结性的复盘会议至关重要。会议的氛围可以根据公司的文化来调整，可以是轻松的交流，也可以是严谨的讨论，这完全取决于我们所秉持的企业精神。

然而，无论会议的形式如何，有几个核心环节是必不可少的。首先，由最高领导发表讲话，他们通常会围绕整个跨部门合作的经历，分享其中的经验和教训。其次，项目负责人将详细汇报执行情况，展示关键的绩效指标和数据，以量化我们的成就。最后，兑现承诺是关键，对表现出色的团队和个人，无论是发放奖金还是公开表彰都应及时进行，以激励未来更好的合作。

跨部门协作可能涉及的范围和规模各有不同，但其核心流程和面临的挑战却大同小异。解决团队间的沟通和协调问题，往往能为后续的工作扫清障碍。因此，担任跨部门协作协调者的角色并非易事，这需要具备高超的组织、沟通和领导能力。每个参与其中的人，无论角色大小，都能从这样的经历中汲取宝贵的经验，获得个人成长。

总的来说，跨部门协作的成功不仅取决于明确的议程和有效的执行，更在于培养和提升团队成员的综合素质，以及建立一个鼓励合作和学习的组织环境。

参考文献

［1］张志军，郭莹.高职学生职业核心素养培育路径探究［J］.中国职业技术教育，2017（4）：52-56，65.

［2］胡琴.高职院校学生职业心理素质培养研究［J］.中国学校卫生，2022，43（7）：1122.

［3］刘晶，吴国毅.基于工匠精神的高职学生职业素质培养［J］.教育与职业，2019（20）：103-108.

［4］毕结礼.职业素质教育［M］.北京：高等教育出版社，2019.

［5］穆学君，李良敏.高职学生职业素质培养［M］.3版.北京：高等教育出版社，2019.

［6］唐振明.IT职业素质训练［M］.北京：电子工业出版社，2012.

［7］郑姝.高校学生能力素质模型构建及其应用研究［D］.武汉：武汉大学，2013.

［8］王真文，向艳.ICT职业素养训练：基础篇［M］.北京：电子工业出版社，2021.

［9］蒋乃平.职业素养训练是职业院校素质教育的重要特点［J］.中国职业技术教育，2012（1）：78-83.

［10］黎光明.要重视高职学生职业素养教育［J］.当代教育论坛（宏观教育研究），2007（8）：125-127.

［11］冯天江，刘怡然.职业素质教育：基础篇［M］.重庆：重庆大学出版社，2024.